全国高等院校测绘专业规划教材

控制测量学

主　编　王　岩

副主编　刘茂华　钱如友　周保兴　杨立君

清华大学出版社

北　京

内 容 简 介

本书系统地介绍了控制测量学的基础理论与基本方法，全书共分为 9 章，分别从控制测量的基准、地球椭球与坐标系统的基本知识、控制网的技术设计与实施、控制测量数据处理的方法、GNSS 的基础知识等方面对控制测量工作所涉及的知识进行系统的阐述。

本书由沈阳建筑大学、滁州学院、山东交通学院、南京邮电大学、大连金源勘测技术有限公司"四校一企"联合编写，充分将理论知识与生产实践相结合，偏重于理论的应用，适合作为普通高校测绘工程专业的教材，也可作为测绘工作者的参考书。

图书在版编目(CIP)数据

控制测量学/王岩主编. —北京：清华大学出版社，2015（2020.8重印）
(全国高等院校测绘专业规划教材)
ISBN 978-7-302-39801-1

Ⅰ. ①控…　Ⅱ. ①王…　Ⅲ. ①控制测量—高等学校—教材　Ⅳ. ①P221

中国版本图书馆 CIP 数据核字(2015)第 080954 号

责任编辑：张丽娜
装帧设计：杨玉兰
责任校对：周剑云
责任印制：宋　林

出版发行：清华大学出版社
　　　　　网　　　址：http://www.tup.com.cn, http://www.wqbook.com
　　　　　地　　　址：北京清华大学学研大厦 A 座　　邮　　编：100084
　　　　　社 总 机：010-62770175　　　　　邮　　购：010-62786544
　　　　　投稿与读者服务：010-62776969, c-service@tup.tsinghua.edu.cn
　　　　　质量反馈：010-62772015, zhiliang@tup.tsinghua.edu.cn
　　　　　课件下载：http://www.tup.com.cn, 010-62791865
印 装 者：三河市金元印装有限公司
经　　销：全国新华书店
开　　本：185mm×260mm　　印　张：17.25　　字　数：419 千字
版　　次：2015 年 8 月第 1 版　　　　印　次：2020 年 8 月第 6 次印刷
定　　价：48.00 元

产品编号：057942-02

前　言

控制测量是测量工作中最为重要的环节之一，它直接决定着测量成果的准确性与可靠性。控制测量是一项复杂的、系统的工作，由于采用的方法和控制网所要求的等级不同，从而使控制测量工作从外业到内业都有较大的区别。所以，从理论到实践都对测绘专业的学生或测量从业者提出了较高的要求，需要深入学习与探讨。因此，历久以来，控制测量学都是测绘工程专业的一门主干课程，在专业课程体系中具有重要的地位，发挥着重要的作用。

本书从内容上按照控制测量工作的流程分为四大部分，共 9 章。第一部分为第 1～3 章，重点阐述控制测量工作的基本内容、控制测量的基准、地球椭球与坐标系统的基本知识；第二部分为第 4～6 章，详细阐述平面控制网和高程控制网的技术设计、布设与实施的方法；第三部分为第 7～8 章，详细阐述控制测量的计算内容与方法；第四部分为第 9 章，重点介绍目前控制测量的主要方法，即 GNSS 测量的基本知识。

本书由沈阳建筑大学、滁州学院、山东交通学院、南京邮电大学、大连金源勘测技术有限公司"四校一企"联合编写，将四所高校多年来控制测量学课程教学中所遇到的问题与企业生产实践中的具体要求紧密结合，使本书更具有针对性。

本书各章编写人员如下：

第 1 章由沈阳建筑大学王欣老师和孙立双老师共同编写；第 2 章由沈阳建筑大学王岩老师和王井利老师共同编写；第 3 章由南京邮电大学杨立君老师编写；第 4 章由沈阳建筑大学刘茂华老师编写；第 5 章由沈阳建筑大学王岩老师编写；第 6 章由滁州学院钱如友老师编写；第 7 章由滁州学院钱如友老师和王延霞老师共同编写；第 8 章由山东交通学院周保兴老师编写；第 9 章由大连金源勘测技术有限公司于树良工程师编写。

全书由王岩负责整体组织工作，刘茂华负责统稿工作，钱如友和周保兴负责核对工作。

本书在编写过程中参考了已有的相关书籍、资料、规范等，已在参考文献中详细列出，但是在网络上公开的部分高校的精品课程、网络上容易查找而无准确出处的资料等没有详细列出，谨在此对所有参考资料的作者表示衷心的感谢。

本书可作为普通高等院校测绘工程专业学生教材使用，也可供测量从业者阅读和参考。由于编者水平有限，本书中难免会存在错误和不足之处，敬请读者批评指正。

编　者

目　　录

第1章 绪 论

控制测量是科学研究、工程建设的基础性工作，其精度的高低直接决定着国家基准、工程项目的准确与否。控制测量工作在不同的阶段有着不同的工作内容与要求，应该根据国家控制网的等级、工程建设的进度，选择合适的方法。

1.1 控制测量学的基本概念

1.1.1 控制测量学的定义与分类

"从整体到局部，先控制后碎部"是测量工作的基本原则，其中，"控制"指的就是控制测量。控制测量是测绘工作中最为重要的环节之一，在测绘工作，乃至整个工程中都发挥着重要的作用。所谓控制测量，是指在一定区域内，按测量任务所要求的精度，测定一系列地面标志点(控制点)的水平位置或高程，建立平面控制网或高程控制网的测量工作。

在进行控制测量工作时，需要以数学、测量学、测量平差、大地测量学等学科为基础，共同为建立控制网、测定地面点位而服务，由此形成控制测量学。

控制测量学是研究精确测定和描绘地面控制点空间位置及其变化的学科。控制测量学是在大地测量学基本理论基础上，以工程建设和社会发展与安全保证的测量工作为主要服务对象而发展和形成的，为人类社会活动提供有用的空间信息。因此，从本质上说，它是地球工程信息学科，是地球科学和测绘学中的一个重要分支，是工程建设测量中的基础学科，也是应用学科。在测量工程专业人才培养中占有重要的地位。

控制测量按照工作用途分类可以分为大地控制测量和工程控制测量两类：在一个或几个国家及至全球范围内布设足够的大地控制点，将这些大地控制点以一定的关系连接构成大地控制网，按照统一的规程、规范所进行的控制测量，称为大地控制测量；为了某项工程的设计、施工、运营管理等需要，在较小区域内布设足够的控制点，将控制点以一定的关系连接构成工程控制网，按照国家或部门颁布的规程、规范所进行的控制测量，称为工程控制测量。

控制测量按照工作内容分类可以分为平面控制测量和高程控制测量两类：测定控制点平面位置(x, y)的工作称为平面控制测量；测定控制点高程(H)的工作称为高程控制测量。

1.1.2 控制测量学的任务与作用

从广义上来讲，控制测量学要为研究地球(或其他星体)的形状与大小提供基准与起算数据，而从狭义上来说，控制测量主要为工程建设而服务，根据工程施工的不同阶段，发挥着不同的作用。

一般的，一项工程从设计到竣工，可以分为勘察设计、工程施工和运营管理三个阶段，在不同阶段具有不同的特点，因此，在不同的阶段，工程控制测量有着不同的工作任务。

1. 勘察设计阶段

在工程的勘察设计阶段，设计人员需要获得施工区域及周边的大比例尺地形图，并以地形图为基础，进行工程所需要的地质勘察、区域规划和建筑物设计，并从地形图上获取设计所需要的各项数据。作为此阶段重要数据来源的大比例尺地形图，在测绘之前为了满足测图精度的要求，需要根据测区大小、地理位置、地物地貌的特点及地形图的比例尺建立相对应的图根控制网，以确保图中任意碎部点的点位精度都符合要求以及各图幅之间能够准确拼接。

2. 工程施工阶段

这一阶段的主要任务是将图纸上设计的建筑物、道路、设施、管线等放样到实地中去。放样，即测设，是根据控制点数据和设计数据反算得到的方向、距离、高差等放样元素，在实地标记出建筑物的平面位置和高程，放样包括平面位置放样和高程放样。由于工程建筑物形式多样，区域建筑物的设计位置和放样要求也不尽相同，例如，桥梁施工要确保桥轴线方向的精度高于其他方向、地下工程的纵向精度要高于横向精度、超高层建筑要使建筑物的主要轴线位置十分精确等，因此，为了保证施工放样的精度和整体性，需要建立满足施工要求，特别是关键部位施工要求的具有必要精度的施工控制网。

3. 运营管理阶段

在工程施工过程中，工程建设破坏了地面和地下土体的原有状态，地面荷载急剧增大，改变了地基的土力学性质，地基及其周围地层可能发生不均匀变化，进而引发建筑物的沉降、水平位移、倾斜等变形，如果变形值超过一定的限度或变形速率过快，就可能导致地基和建筑物失稳，影响工程的施工安全。当工程竣工后，在运营管理阶段，由于建筑物内部荷载变化以及环境变化等诸多因素的影响，地基及其周围地层也会发生一定的变化，加之建筑结构和材料的老化，工程建筑物也会发生一定的变形，如果变形超过一定的量值，将影响工程的运营安全。因此，对于大型工程，应该定期地进行变形监测。由于工程变形监测的项目较多，监测点分布于建筑物各个位置上，依靠一个或少数几个控制点难以完成全部监测工作，监测数据的准确性也难以保证，而且建筑物的变形量都十分微小。因此，需要建立能够满足各项变形监测工作要求的高精度变形监测控制网，并需要对控制网进行定期的复测，以确保变形监测结果的准确性。

控制测量学不仅仅是各类工程建设中不可替代的一个环节，在其他方面，控制测量学也发挥着重要的作用。首先，地形图是一切经济建设和城市规划发展所必需的基础性资料，为了测制地形图需要布设全国范围内或局域性的大地测量控制网，因此，必须建立合理的大地测量坐标系以及确定地球的形状、大小及重力场等参数。其次，控制测量学在防灾、减灾、救灾及环境监测、评价与保护中发挥着特殊的作用。近年来，地震、洪水、泥石流、海啸等自然灾害频繁发生，给人们的生命财产造成了巨大损失。各类自然灾害表面看来具有突发性和不确定性，但是，如果能够对自然灾害高发区或有隐患的区域进行长期不间断的监测，便可以对大多数的自然灾害进行预报或预警，大大减少灾害发生时人员伤亡和财产损失。无论何种监测手段与技术，都需要以高精度的控制网为基础，才能展开相应的监测工作。另一方面，在灾害发生后，灾情的评估、灾区的救援以及灾后的重建都需要以控制网为基础获取相应的数据。最后，控制测量在发展空间技术和国防建设中，在丰富和发展当代地球科学的有关研究中，以及在发展测绘工程事业中，都将发挥着越来越重要的作用。

1.2　控制网的布设方法

1.2.1　平面控制网的布设方法

平面控制网由于受到测区范围、精度要求、通视条件、植被状况等多种因素的影响，有多种布网方法可供选择，目前，平面控制网常用的布网方法主要有三角测量、导线测量、GNSS测量等。

1. 三角测量

1) 网形

如图 1-1 所示，在地面上选埋一系列点 A、B……尽量保持相邻点之间通视，将它们按基本图形即三角形的形式连接起来，构成三角网。图中实线表示对向观测，虚线表示单向观测，单线代表未知边，双线代表已知边。如果观测元素仅为水平角(或方向)，该网称为测角网；如果观测元素仅为边长，该网称为测边网；如果观测元素既有水平角(或方向)又有边长，该网称为边角网。边角网的观测元素可为全部角度(或方向)和全部边长、全部角度(或方向)和部分边长、全部边长和部分角度(或方向)、部分角度(或方向)和部分边长。

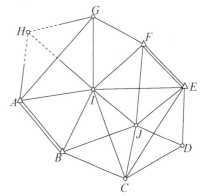

图 1-1　三角网

2) 坐标计算原理

以图 1-1 为例，在△ABI 中，已知 A 点的平面坐标 (x_A, y_A)、点 A 至点 B 的边长 S_{AB}、坐标方位角 α_{AB}，先根据角度观测值推算三角形各边的坐标方位角，然后根据正弦定理计算 AI 的边长：

$$S_{AI} = S_{AB} \frac{\sin B}{\sin I} \tag{1-1}$$

最后，根据 A 点坐标、AI 边的边长和坐标方位角求解 I 点坐标：

$$\left. \begin{array}{l} x_I = x_A + S_{AI} \cos \alpha_{AI} \\ y_I = y_A + S_{AI} \sin \alpha_{AI} \end{array} \right\} \tag{1-2}$$

3) 起算数据和推算元素

为了得到所有三角点的坐标，必须已知三角网中某一点的起算坐标 (x_A, y_A)、某一起算边

长 S_{AB} 和某一边的坐标方位角 α_{AB}，它们统称为三角测量的起算数据或起算元素。在三角点上观测的水平角(或方向)是三角测量的观测元素。由起算元素和观测元素的平差值推算出的三角形边长、坐标方位角和三角点的坐标统称为三角测量的推算元素。

对于控制网的起算数据一般可通过以下方法获得。

(1) 起算坐标。若测区附近有高等级控制点，则可联测已有的控制点传递坐标；若测区附近没有可利用的控制网点，则可在一个三角点上用天文测量方法测定其经纬度，再换算成高斯平面直角坐标作为起算坐标。对于小测区或保密工程，可假定其中一个控制点的坐标，即采用任意坐标系。

(2) 起算边长。当测区内有高等级控制网点时，若其精度满足项目的要求，则可利用已有网的边长作为起算边长；若已有网的边长精度不能满足测量要求或无已知边长可利用，则可采用高精度电磁波测距仪按照精密测距的方法直接测量控制网中的一条边或几条边边长作为起算边长。

(3) 起算方位角。当测区附近有高等级控制网点时，可由已有网点传递坐标方位角。若无已有成果可利用，可用天文测量方法测定网中某一条边的天文方位角，再换算为坐标方位角，特殊情况下也可用陀螺经纬仪测定陀螺方位角，再换算为起算坐标方位角。

如果三角网中只有必要的一套起算元素(如一个点的坐标、一条边长、一个坐标方位角)，则该网称为独立网；如果三角形网中有多于必要的一套起算元素，则该网称为非独立网。当三角形网中有多套起算元素时，应对已知点的相容性作适当的检查。

4) 三边网和边角网

三边网的网形结构与三角网相同，只是观测量不是角度而是边长，三角形各内角是通过三角形余弦定理计算而得到的。而边角网是指在三角网只测角的基础上加测部分或全部边长。

三角网、三边网和边角网中，三角网早在 17 世纪即被采用。随后经过前人不断研究与改进，无论从理论上还是实践上都逐步形成一套较完善的控制测量方法，称为"三角测量"。由于这种方法主要使用经纬仪完成大量的野外观测工作，所以在电磁波测距仪问世之前，三角网以其图形简单、网的精度较高、有较多的检核条件、易于发现观测中的粗差、便于计算等优点成为布设各级控制网的主要形式。然而，三角网也存在着一定的缺点，例如在平原地区或隐蔽地区易受障碍物的影响，布网困难大，有时不得不建造较高的觇标，布网效率低，平差计算工作量较大等，这些缺点在一定程度上制约着三角网的发展和应用。

随着电磁波测距仪的不断完善和普及，边角网逐渐得到广泛的应用。由于完成一个测站上的边长观测通常要比方向观测容易，因而在仪器设备和测区通视条件都允许的情况下，也可布设完全的测边网。在精度要求较高的情况下，例如精密的变形监视测量，可布设部分测边、部分测角的控制网或者边、角全测的控制网。

2. 导线测量

如图 1-2 所示，将测区内相邻控制点连成直线而构成的折线称为导线，导线测量就是依次测定各导线边的边长和转折角值，再根据起算数据，推算各导线点的坐标。导线包括单一导线和具有一个或多个节点的导线网。导线网中的观测值是角度(或方向)和边长。若已知导线网的起算元素，即至少一个点的平面坐标 (x, y)、与该点相连的一条边的边长和方位角，便可根据起算元素和观测元素进行平差计算,获得各边的边长、坐标方位角和各点的平面坐标,并进行导线网的测量精度评定。

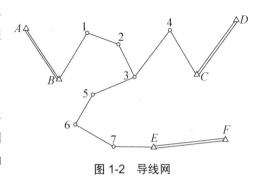

图 1-2　导线网

导线网起算元素的获取方法与三角网相同。同样的,如果导线网中只有必要的一套起算元素,则该网为独立导线网;如果导线网中的起算元素多于必要的一套,则该网为非独立导线网。当导线网中有多套起算元素时,应对已知点的相容性作适当的检查。

导线网与三角网相比,主要有以下优点:

(1) 导线网中各点上的方向数较少,除节点外,均只有两个观测方向,因此受通视要求的限制较小,易于选点和布网。

(2) 导线网较为灵活,选点时可根据具体情况随时改变,特别适合于障碍物较多的平坦地区或隐蔽地区。

(3) 导线网中的边长都是直接测定的,因此边长的精度较为均匀。

但是导线网也存在着一定的缺点,例如,其结构简单、检核条件较少,有时不易发现观测中的粗差,因此其可靠性和精度均比三角网低。由于导线网是采用单线方式推进的,因此其控制面积也不如三角网大。

3. GNSS 测量

GNSS 的全称是全球导航卫星系统(Global Navigation Satellite System),它泛指所有的卫星导航系统。

采用 GNSS 技术建立的平面控制网,称为 GNSS 网。网形的设计主要取决于接收机的数量和作业方式。如果只有两台接收机进行同步观测,则一次只能测定一条基线向量。如果能有三台接收机进行同步观测,则一般可以布设成如图 1-3 所示的点连式控制网。如果能有四台或更多接收机进行同步观测,则一般可以布设成如图 1-4 所示的边连式控制网或者网连式控制网。

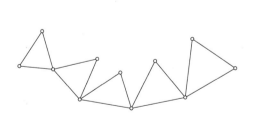

图 1-3　点连式 GNSS 网

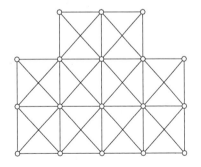

图 1-4　边连式 GNSS 网

在进行 GNSS 测量时,也可以在网的周围设立两个以上的基准点,在观测过程中,基准点上始终安放 GNSS 接收机进行观测,最后取逐日观测结果的平均值,这样可以显著提高基线观测的精度,并以此作为固定边来处理全网的成果,将有利于提高全网的精度。

GNSS 测量具有精度高、速度快、全天候、操作简单等优点，而且 GNSS 网布网较为简单，灵活性较大，控制点间无须通视，对控制网的网形也没有过多的要求，目前已成为建立平面控制网最常用的方法。但是，GNSS 测量也存在一定的弊端，如在树木茂密、城市街区、厂房内部等高空遮挡严重的地区，观测效果较差或者无法观测。而且 GNSS 观测精度受到高电压、强磁场、大面积水域等诸多因素的影响，并不能时时处处都发挥着高精度的优势，需要在实际工作中加以注意，尽量避开不利地区，同时可以加强相关理论的研究与改进。

1.2.2 高程控制网的布设方法

高程控制网按照精度由高到低可以分为一、二、三、四等四个等级，每个等级有其对应的应用范围。高程控制网主要有水准网、测距三角高程网、GNSS 高程网三种形式。

1. 水准网

水准网是目前高程控制网中最常用的一种布设形式，包括单一水准路线和具有一个或多个节点的水准网，水准网具有精度高、图形设计灵活、易于选点等优点，可以用于各个等级的高程控制网。

水准网中的高程起算点通常采用已知的高等级高程控制点，如果是小测区且与已知高程控制点联测有困难时，视情况可采用假定高程。如果水准网中只有一个已知高程点，则该网为独立水准网；如果水准网中的已知高程点多于一个，则该网为非独立水准网。在实际工作中，为了确保成果的准确性，一般均要求采用非独立水准网，水准网中的已知高程点个数一般不少于 2～3 个。当水准网中有多个已知高程点时，应对已知高程点的准确性和稳定性作适当的检查。

2. 测距三角高程网

测距三角高程是指通过观测测站点至照准点的竖直角，再用电磁波测距仪测取此两点间的距离，根据平面三角公式计算此两点间的高差，进而推求待定点高程的方法。按照此方法布设的高程控制网称为测距三角高程网。

根据控制网的用途和精度要求，测距三角高程网主要用于高差较大、水域较多等水准测量实施难度大的测区。测距三角高程网可以单独布设，但通常在平面控制网的基础上布设，或在导线网的基础上布设成测距三维导线网。为了提高观测精度，测距三角高程网中的点间高差应采用对向观测，当垂直角和水平距离的直觇测量完成后，应即刻迁站进行反觇测量。当仅布设高程导线时，也可采用全站仪中点法测量高差。

随着精密电磁波测距仪的出现与发展，测距精度越来越高，测距三角高程测量的精度也逐步提高，使得测距三角高程网替代三、四等水准测量成为可能。当其替代四等水准时，测距三角高程导线应起算于不低于三等水准的高程点；当其替代三等水准时，测距三角高程导线应起算于不低于二等水准的高程点。而在上述两种情况下，测距边长都不应大于 1km，高程导线的路线长度不应超过相应等级水准路线的长度限值。目前，随着技术的发展和仪器的进步，人们正在研究如何利用精密测距三角高程测量替代二等水准测量。

3. GNSS 高程网

GNSS 高程网一般用于四等或等外的高程控制测量。GNSS 高程网宜在平面控制网的基础上布设，与平面控制点共用一个测量标志。GNSS 高程网应与三等及以上的水准点联测，对联测的水准点应进行可靠性检验，联测的 GNSS 高程点应覆盖整个测区。联测点数应大于高程拟合计算模型中未知参数个数的 1.5 倍，高差较大的测区应适当增加联测点数。GNSS 高程测量应遵循 GNSS 测量的技术要求。

GNSS 高程拟合应充分利用当地的重力大地水准面模型及资料，GNSS 高程拟合模型应进行优化，拟合点不应超过拟合模型所覆盖的范围。对 GNSS 高程拟合点应进行检测，检测点数一般不少于全部高程点的 10% 且不少于 3 个点，高差检测可采用相应等级的水准测量或测距三角高程测量，高差较差不应大于 $30\sqrt{D}\,\text{mm}$，其中，D 为检测路线的长度，单位为 km。

1.3　控制测量学的发展概况

控制测量学作为测绘领域中的基础学科之一，与各门学科、各项技术的发展均密切相关，相关领域的任何一项进步与革新均会给控制测量学带来变革。控制测量学的发展主要体现在测绘新仪器、新技术的发展及数据计算与管理方法的发展等方面。

1.3.1　测量技术的发展

控制测量学离不开测量仪器，无论是图根控制网，还是施工控制网，或者是变形监测控制网，在控制网的布设过程中均需要有先进而精密的测量仪器作为观测工具，因此，从古至今，测量仪器的发展带动了控制测量技术的变革。

1. 精密测角仪器的发展

控制测量学中角度的测量离不开经纬仪，而且在过去距离测量主要依靠钢尺的情况下，难以获得高精度的测距结果，控制网主要是依靠经纬仪测量角度来完成布设。

经纬仪最初的发明与航海有着密切的关系。在 15—16 世纪，英国、法国等一些发达国家，因为航海和战争的原因，需要绘制各种地图、海图，以此为动机便发明了经纬仪。第一台经纬仪是由英国机械师西森(Sisson)约于 1730 年首先研制的。后经改进成型，正式用于英国大地测量中。直至 1922 年，玻璃度盘的经纬仪出现后，现代经纬仪才开始投入广泛应用。1921年，瑞士 Wild 公司研制了全球第一台光学经纬仪 T2，为测绘仪器指明了新的发展方向。20世纪 50 年代，经纬仪出现了竖直度盘指标自动归零补偿器，用以替代竖直度盘指标水准管，大大提高了竖直角观测的精度，并减弱了人为原因对竖直角观测精度的影响。同一时期，光学对中器的出现大大提高了对中的精度，使对中精度由 3mm 提高至 0.5～1mm。20 世纪 50年代末，随着电子技术的发展，出现了电子光栅度盘和电子编码度盘，电子经纬仪也应运而生，极大地提高了测角精度。由于经纬仪的不断发展，测角精度的不断提高，在整个 20 世纪，控制网的布设一直以三角网为主。

2. 精密测距仪器的发展

距离测量是人类最古老的测量内容之一，建立高精度的水平控制网，需要精密测定控制网的边长。长期以来，距离测量都是以钢尺类仪器作为测量工具，工作效率低，精度不高。若需要进行精密测距，一般采用因瓦尺进行测量，虽然因瓦尺量距可以达到很高的精度，但是测距工作受到地形条件的限制较大，速度慢，效率低，工作量大。

1947 年，瑞典 AGA 公司初步研制成功世界上第一台电磁波测距仪，命名为"大地测距仪"，它以白炽灯作为载波源，以 10MHz 高频调制波作为测距信号。基于该测距仪，该公司于 1953 年研制成功第一台远程光速测距仪 NASM-1，并于 1955 年改进为 NASM-2A 型光速测距仪，它由测距装置和光学装置两大部件构成，测距时，两大部件组成一个重达 94kg 的整机，还需要用几十公斤重的发电机供电，操作十分不便。NASM-2A 型测距仪采用高频测相方案，由可变光路和电延迟期共同提供距离观测值。测量时，在测线一端架设仪器，在测线的另一端安置反射棱镜阵列即可直接测出该测线的距离。它的测程可达到 30 余公里。

1960 年美国人梅曼研制成功了世界上第一台红宝石激光器，第二年就产生了世界上第一台激光测距仪；1969 年，瑞士 Wild 公司采用砷化镓发光管发射的红外光代替普通光源，推出了世界上第一台红外测距仪 DI10；1968 年，德国 OPTON 公司和瑞典的 AGA 公司，在光电测距和电子测角的基础上，研制生产出世界上第一台全站仪，该全站仪由电子经纬仪、电磁波测距仪、数据记录仪、反射镜和电源等部分组成，是现代全站仪的雏形。随后，电子全站仪进入了飞速发展阶段，特别是 20 世纪 90 年代中后期和进入 21 世纪以来，全站仪的测角、测距精度逐步提高。目前，全站仪的测距精度可以达到±0.6mm+1ppm，测角精度可达±0.5″。在精度不断提高的同时，全站仪也向一体化、自动化、综合化等方向发展，自动化测量、与 GNSS 相结合的超站仪也已投入实际应用。

测距仪和全站仪的产生与发展，进一步促进了测量向自动化、数字化方向发展，同时，由于测距工作变得越来越容易而且精度越来越高，使得测边网、边角网、导线网成为 20 世纪末期和 21 世纪初期控制网布设的主要方法。

3. 精密高程测量仪器的发展

高程测量是测量工作中的重要环节，高程测量中最主要的方法是水准测量，所以，水准仪的发展对高程测量的精度起着决定性的作用。

水准仪的雏形出现得较早，早在 17 世纪，望远镜和水准器发明之后便出现了最早的水准仪。19 世纪末 20 世纪初，在制作出内调焦望远镜和符合水准器的基础上生产出了微倾式水准仪。从 1908 年开始，瑞士 Wild 公司和德国 Zeiss 公司生产了一系列带有平行玻璃板测微器的精密水准仪和配套的钢瓦水准标尺，大大提高了水准测量的精度。20 世纪 50 年代初期，德国的 OPTON 公司和 Zeiss 公司相继推出了自动安平水准仪，降低了水准测量的劳动强度，极大地提高了测量的效率。

随着电子技术的发展，1990 年，瑞士 Wild 公司推出了全球第一台数字水准仪 NA2000，它集电子光学、图像处理、计算机技术于一身，具有测量速度快、精度高、使用方便、劳动强度低、实现内外业一体化等特点，可以实现水准测量的读数、记录与数据处理的自动化，有效提高了水准测量的速度和精度。从此之后，数字水准仪进入了飞速发展阶段，Trimble、

Zeiss 等公司也相继研发了数字水准仪。数字水准仪的诞生给水准测量带来了巨大的变革，使高精度、高速度、高效率完成水准测量工作成为可能。

另外，随着全站仪精度的不断提高，电磁波测距三角高程测量在高程测量中也日益发挥着重大的作用，经过严密的计算与改正，电磁波测距三角高程测量已经达到了三、四等水准测量的精度，在条件较好的区域甚至于能达到二等水准测量的精度要求。

4. 空间技术的发展对控制测量学的影响

20 世纪 70 年代，美国国防部开始研制全球性的授时测距定位导航系统(GPS)，几乎同一时期，苏联也开始研制相似的全球卫星导航系统(GLONASS)。1995 年，美国的 GPS 建成并投入使用，1996 年，GLONASS 满星座运行，但随着卫星寿命达到设计年限而后续卫星没有及时补充，GLONASS 并没有大面积的实际应用。进入 21 世纪之后，欧盟决定开始建设伽利略全球卫星导航系统(Galileo)，以摆脱美国 GPS 的控制。随后，中国也加入到卫星定位系统的行列，开始建设北斗卫星导航定位系统(COMPASS)，目前在亚太地区，“北斗”已经具备导航、定位等功能，并预计于 2020 年覆盖全球。

GPS、GLONASS、Galileo、COMPASS 四套卫星定位系统统称为全球导航卫星系统(GNSS)，GNSS 的出现给控制测量学带来了巨大的变革，它以全天候、高精度、高效率、多功能、操作简便等特点迅速得到了广泛的应用，使传统的三角网、边角网受到了极大的冲击。目前，大部分的平面控制网均采用 GNSS 方法布设，工作效率大大提高，极大地降低了控制测量工作的劳动强度。

1.3.2　数据计算与管理方法的发展

控制网的优化设计是传统控制测量工作中的重要环节，优化设计的结果直接关系到最终控制网的精度与质量，控制网的优化设计计算量大、方法复杂，一直以来都是学者重点研究与改进的领域。

1968 年，F.R.Helmert 发表了《合理测量之研究》，E.Grafarend 等人在这方面进行了较为深入的研究，尽管观测权的最佳分配和交会图形的最佳选择等问题得到研究，但由于科学技术和计算工具等条件的限制，优化设计并没有得到进一步的发展。20 世纪 70 年代之后，由于电子计算机在测量中的广泛应用和最优化理论进入测量领域的研究，测量控制网优化设计才得到迅速的发展。其理论和方法也从一般工程控制网扩展到精密工程控制网、变形监测网等专用测量控制网，主要的研究范围包括控制网的基准设计、图形设计、权设计、原网改进设计等方面。控制网优化设计往往同观测数据的数学处理结合在一起进行。其方法是在统一的多功能的软件包上，既可进行控制网的优化设计，也可实现观测数据的相应处理。

除了控制网的优化设计之外，控制网的平差和数据可靠性的检验一直是测量界理论研究的另一大方面。1794 年，高斯(C.F.Gauss)创立了经典最小二乘理论，马尔科夫(A.A.Markov)于 1912 年提出了高斯-马尔科夫模型，确立了最小二乘经典平差的基本方法。建立在高斯-马尔科夫模型基础上的经典平差与数据处理理论，将测量误差视为服从正态分布规律的偶然误差。

根据这一规律，不仅可以对观测数据进行平差处理，还可以利用假设检验的基本思想对观测值中所存在的粗差进行探测。这一思路可以追溯至 1968 年，荷兰的巴尔达(W.Baarda)发表论文《用于大地网的检验过程》，提出了用于粗差检验的数据探测法，奠定了粗差检验理论研究的基础。随后各国学者针对粗差探测都进行了深入的研究，先后提出了"丹麦法"、"拟准检定法"、"小波变换法"等方法，我国的李德仁院士于 1982 年提出了"选权迭代法"，其能够更加准确地对粗差进行探测，被国际测量界称为"李德仁法"。

随着计算机的出现与发展，测量数据处理的方法也在不断地改进。传统的测量数据处理方法要考虑人工计算的可行性，往往无法采用过于复杂的算法，而引入电子计算机辅助计算后，算法的复杂性可以忽略，更多要考虑的是算法的准确性。计算机辅助计算将测量工作者从繁重的数据计算中解放出来，既降低了劳动强度，又提高了计算的精度，同时几乎完全避免了人工计算出错的可能。计算完成后，所有的数据均可方便地存入数据库中，便于数据的管理与应用。

1.3.3　我国控制测量技术的发展

新中国成立后，我国的测量工作迅速起步，并快速发展。1956 年，国家测绘总局成立，随即颁布了大地测量法式和相应的规范细则，以此为依据在全国范围内进行国家控制网的布设与复测。我国的控制网主要分为平面控制网、高程控制网、重力基本网和 GPS 控制网。各个控制网均经过了不断地布设与完善，控制点数量逐渐增多，精度逐渐提高。

国家平面控制网是确定地貌地物平面位置的坐标体系，按控制等级和施测精度分为一、二、三、四等网。目前提供使用的国家平面控制网含三角点、导线点共 154 348 个，构成 1954 年北京坐标系、1980 年西安坐标系、2000 年国家大地坐标系三套系统。

国家高程控制网是确定地貌地物海拔高程的坐标系统，按控制等级和施测精度分为一、二、三、四等网。目前提供使用的 1985 年国家高程系统共有水准点成果 114 041 个，水准路线长度为 416 619.1 公里。

国家重力基本网是确定我国重力加速度数值的坐标体系。重力成果在研究地球形状、精确处理大地测量观测数据、发展空间技术、地球物理、地质勘探、地震、天文、计量和高能物理等方面有着广泛的应用。目前提供使用的 2000 年国家重力基本网包括 21 个重力基准点和 126 个重力基本点。

"2000 年国家 GPS 控制网"由国家测绘局布设的高精度 GPS A、B 级网，总参测绘局布设的 GPS 一、二级网，中国地震局、总参测绘局、中国科学院、国家测绘局共建的中国地壳运动观测网组成。该控制网整合了上述三个大型的、有重要影响力的 GPS 观测网的成果，共 2609 个点。通过联合处理将其归于一个坐标参考框架，形成了紧密的联系体系，可满足现代测量技术对地心坐标的需求，同时为建立我国新一代的地心坐标系统打下了坚实的基础。

随着电磁波技术、电子测角技术、计算机技术等技术的飞速发展，传统的常规测量工作正在向自动化、智能化、一体化、数字化、网络化、可视化等方向发展，同时，空间技术、卫星定位技术的发展给控制测量工作带来了新的发展空间，远程测量、非接触式测量、全天候测量等新的测量方式正在改变着控制测量的工作方式。科技的进步、技术的改进、工作的需求将会推动着控制测量工作的进一步发展，测量的精度也将越来越高，功能将越来越强，速度将越来越快，成果的适用性将越来越广。

习　　题

1. 名词解释：控制测量、控制测量学。
2. 控制测量有哪些分类方式？按照不同的分类方式各分为哪几类？
3. 控制测量在工程建设三个阶段的具体任务是什么？
4. 布设平面控制网的基本方法有哪些？请简述各种方法的优缺点。
5. 目前主流的平面控制测量的方法是什么？
6. 布设高程控制网的基本方法有哪些？请简述各种方法的优缺点。
7. 请简述控制测量技术的发展概况。

第2章 地球椭球的基本知识

所有的测量工作均在地球表面上进行，测量的外业工作以大地水准面为基准面，以铅垂线为基准线，而测量的内业工作却是以参考椭球面为基准面，以法线为基准线，在内外业成果进行相互转换之前，必须对地球椭球的基本知识有所了解，因此，本章将从地球椭球基本概念、椭球的相关参数、椭球表面的基础计算等方面进行讲解。

2.1 地球椭球的概念

地球是一个由极为不规则的曲面包围起来的近似于椭球的形体，在地球表面上，海洋的面积约占地球表面总面积的71%，陆地面积约占29%。其表面高低起伏，形态非常复杂，最高点珠穆朗玛峰的海拔高度达8844.43米，而最低点马里亚纳海沟则深达11 034米，尽管高低起伏近20 000米，但与6371公里的地球半径相比只能算是极其微小的起伏。由于不规则的表面形态不利于研究地球的运转及地面点的定位，因此为了便于科学研究，首先需要对地球的形体进行研究与分析，确定测量工作的基准面与基准线。

2.1.1 大地水准面与似大地水准面

1. 大地水准面

假想自由静止的水面将其延伸穿过岛屿和陆地，而形成的连续封闭曲面称为水准面，水准面因其高度不同而有无数个。

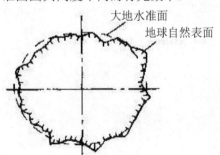

图 2-1 大地水准面

由于地球的自转，地球上任一点都受到离心力和地心吸引力的作用，这两个力的合力称为重力。重力的作用线称为铅垂线，水准面处处与重力方向垂直。在众多水准面中，与静止的平均海水面相重合并延伸向大陆岛屿且包围整个地球的闭合水准面称为大地水准面，如图 2-1 所示。它是一个没有褶皱、无棱角的连续封闭曲面。由它包围的形体称为大地体，可近似地把它看成是地球的形状。同时，大地水准面又是处处与其上的重力方向，即铅垂线方向正交的一个实际存在的物理面，具有其客观性和稳定性，因此适宜作为地面点高程的起算面，是测定和研究地球自然表面形状的参考面。

但是，由于地球内部质量分布不均匀，引起铅垂线的方向产生不规则的变化，致使大地水准面成为一个高低起伏不规则的复杂曲面，如图 2-2 所示。

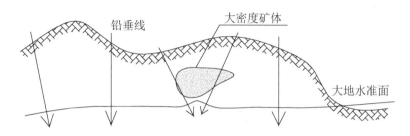

图 2-2　大地水准面的不规则性

由于大地水准面的形状和大地体的大小均接近地球自然表面的形状和大小，并且它的位置是比较稳定的，因此，测量工作中选取大地水准面作为外业工作的基准面，选取与其相垂直的铅垂线作为外业工作的基准线。

2. 似大地水准面

由于地球质量特别是外层质量分布的不均性，使得大地水准面的形状非常复杂。大地水准面的严密测定取决于地球构造方面的学科知识，按照目前的技术水平，尚不能精确确定。为此，苏联学者莫洛金斯基建议研究与大地水准面很接近的似大地水准面。

似大地水准面指的是从地面点沿正常重力线量取正常高所得端点构成的封闭曲面。似大地水准面严格说不是水准面，但接近于水准面，只是用于计算的辅助面。它与大地水准面不完全吻合，差值为正常高与正高之差。似大地水准面与大地水准面的差值与点位的高程和地球内部的质量分布有关系，在我国青藏高原等西部高海拔地区，两者差异最大可达 3m，在中东部平原地区这种差异约为几厘米，在海洋面上，似大地水准面与大地水准面重合。

似大地水准面不需要任何关于地壳结构方面的假设便可严密确定，尽管其不是水准面，但是对于与地球自然地理形状有关的问题，它可以较为严密地解决。

2.1.2　地球椭球、参考椭球和总地球椭球

尽管大地水准面和似大地水准面与地球表面较为接近，可以在一定程度上替代地球的自然表面，但是，大地水准面和似大地水准面都是一个高低起伏不规则的复杂表面，无法在这两个曲面上进行测量数据处理。因此，为了解决这一问题，通常用一个非常接近于大地水准面，并可用数学公式表示的规则的几何形体，即地球椭球，来代替地球。如图 2-3 所示，地球椭球是以自转轴为短轴、以赤道直径为长轴的椭圆绕短轴旋转而成的旋转椭球。

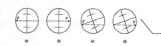

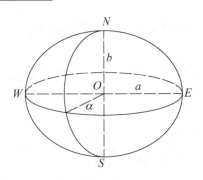

图 2-3　地球椭球

为研究全球性问题，需要用一个统一的地球椭球来代表整个大地体，这个椭球便是总地球椭球。即总地球椭球是与大地体最接近的地球椭球。

总地球椭球需要满足以下条件：

(1) 总地球椭球的中心应与地球质心重合。

(2) 总地球椭球的旋转轴应与地轴重合，赤道应与地球赤道一致。

(3) 总地球椭球的体积应与大地体的体积相等，大地水准面与总地球椭球面之间的高差平方和最小。

(4) 总地球椭球的总质量应等于地球的总质量。

(5) 总地球椭球的旋转角速度应等于地球的旋转角速度。

受到上述条件的限制，总地球椭球是很难精确求定的。多年来，各个国家的测量学者曾先后根据陆地上的天文、大地测量和重力资料，分别推算得到各自的地球椭球，即求解出椭球的长半径 a 和扁率 α 等参数。然而，由于 71% 的大洋面上的资料难以得到，使得这些地球椭球模型都不能与整个地球的大地水准面密切符合，只能与所用资料区域的局部大地水准面充分符合。所以过去各个国家或地区不可能统一采用一个总地球椭球，而都是各自采用与本国或本地区大地水准面密切符合的椭球面作为测量计算的基准面，这种椭球叫作参考椭球。所以，总地球椭球只有一个，而参考椭球有多个。

2.1.3　大地高、正高、正常高与垂线偏差

参考椭球描绘了地球的基本形状以及地面点在球面上的位置，但是却无法表示地面点在高程上的差异，因此需要引入相关高程的概念。

1. 大地高、正高、正常高

如图 2-4 所示，大地高 H 是指地面点沿法线至参考椭球面的距离 PP_1；正高 $H_正$ 是指地面点沿实际重力(垂)线到大地水准面的距离 PP_2；正常高 $H_{正常}$ 是指地面点沿正常重力(垂)线到似大地水准面的距离 PP_3。由图 2-4 可以看出，在同一点上，大地水准面与参考椭球面之间有 N 的距离，此距离称为大地水准面差距；似大地水准面与参考椭球面之间有 ζ 的距离，此距离称为高程异常。由此可得

$$\left. \begin{array}{l} H = H_正 + N \\ H = H_{正常} + \zeta \end{array} \right\}$$

(2-1)

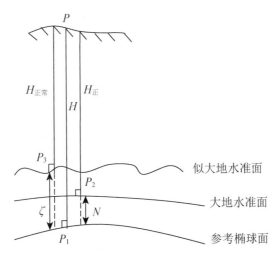

图 2-4　大地高、正高与正常高

2. 垂线偏差

地面一点上的铅垂线与该点椭球面上的法线之间的夹角称为该点的垂线偏差。如图 2-5 所示，以测站 P 为中心作任意半径的辅助球，PZ 方向为测站的法线方向，PN 方向为测站的垂线方向，则图中 u 即为垂线偏差，ξ 和 η 分别是垂线偏差在子午圈和卯酉圈上的分量。

由于选用的椭球不同，地面点的法线方向也不相同，因此，垂线偏差又分为绝对垂线偏差和相对垂线偏差。垂线与总地球椭球的法线构成的夹角称为绝对垂线偏差；垂线与参考椭球的法线构成的夹角称为相对垂线偏差。

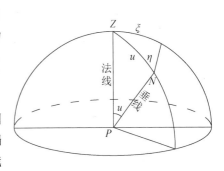

图 2-5　垂线偏差

由于总地球椭球是唯一的，所以过地面点的法线或正常重力线也是唯一的，因而垂线偏差具有绝对意义，它可以利用重力异常计算求得。由于不同的参考椭球过地面点的法线不同，所以相对垂线偏差也各不相同，它只具有相对意义，它可以利用天文经纬度和大地经纬度来计算。

2.2　地球椭球的基本参数及相互关系

2.2.1　地球椭球的基本参数

地球椭球通常作为地球的理论形体，决定地球椭球形状大小的基本几何参数共有 5 个，分别为椭球的长半径 a、短半径 b、扁率 α、第一偏心率 e、第二偏心率 e'。

其中，

$$\alpha = \frac{a-b}{a} \qquad (2-2)$$

$$e = \frac{\sqrt{a^2-b^2}}{a} \qquad (2-3)$$

$$e' = \frac{\sqrt{a^2-b^2}}{b} \qquad (2-4)$$

在以上 5 个基本几何参数中，a、b 为长度元素；扁率 α 反映了椭球体的扁平程度，数值越小，椭球越接近于球体，当 $a=b$ 时，$\alpha=0$，椭球变为球体，当 $b=0$ 时，$\alpha=1$，则变为平面；偏心率 e 和 e' 是子午椭圆的焦点离开中心的距离与椭圆半径之比，它们也反映椭球体的扁平程度，偏心率越大，椭球越扁，其数值恒小于 1。

决定旋转椭球的形状和大小，只需知道 5 个参数中的两个参数即可，但其中至少有一个长度元素。

为简化书写，还常引入以下符号：

$$c = \frac{a^2}{b^2}, \quad t = \tan B, \quad \eta^2 = e'^2 \cos^2 B \qquad (2-5)$$

式中：B 是大地纬度；c 有明确的几何意义，它是极点处的子午线曲率半径，将在本书第 2.3 节中详细阐述。

此外，还有两个常用的辅助函数：

$$\left.\begin{array}{c} W = \sqrt{1 - e^2 \sin^2 B} \\ V = \sqrt{1 + e'^2 \cos^2 B} \end{array}\right\} \qquad (2-6)$$

其中 W 又称为第一基本纬度函数，V 又称为第二基本纬度函数。

传统大地测量利用天文大地测量和重力测量资料推求地球椭球的几何参数。19 世纪以来，已经求出许多地球椭球参数，比较著名的有贝塞尔椭球、克拉克椭球、海福特椭球和克拉索夫斯基椭球等。20 世纪 60 年代以来，空间大地测量学的兴起和发展为研究地球形状和引力场开辟了新途径。国际大地测量和地球物理联合会(IUGG)第 16 届 IUGG 大会(1975 年)推荐了 1975 年国际椭球参数等。新中国成立以来，我国建立的 1954 年北京坐标系应用的是克拉索夫斯基椭球；建立的 1980 年国家大地坐标系应用的是 1975 年国际椭球；而全球定位系统(GPS)应用的是 WGS-84 系椭球参数。这 3 个椭球的基本参数如表 2-1 所示。

表 2-1　常用椭球的基本参数

参　数	克拉索夫斯基椭球体	1975 年国际椭球体	WGS-84 椭球体
a	6 378 245.000 000 000 0(m)	6 378 140.000 000 000 0(m)	6 378 137.000 000 000 0(m)
b	6 356 863.018 773 047 3(m)	6 356 755.288 157 528 7(m)	6 356 752.314 2(m)
c	6 399 698.901 782 711 0.(m)	6 399 596.651 988 010 5(m)	6 399 593.625 8(m)
α	1/298.3	1/298.257	1/298.257 223 563
e^2	0.006 693 421 622 966	0.006 694 384 999 588	0.006 694 379 901 3
e'^2	0.006 738 525 414 683	0.006 739 501 819 473	0.006 739 496 742 27

2.2.2 椭球参数的相互关系

由于椭球的诸多参数中,仅有 a 和 b(或 a 和 α)是相互独立的,其余所有参数均可以由这两个参数推算得到,所以,各参数之间都存在着相互换算的关系式,以下仅以 e 和 e' 为例进行推导。

由式(2-3)和式(2-4)可得

$$e^2 = \frac{a^2 - b^2}{a^2}, \quad e'^2 = \frac{a^2 - b^2}{b^2}$$

即

$$1 - e^2 = \frac{b^2}{a^2}, \quad 1 + e'^2 = \frac{a^2}{b^2}$$

所以

$$(1 - e^2)(1 + e'^2) = 1 \tag{2-7}$$

于是可得

$$e^2 = \frac{e'^2}{1 + e'^2}, \quad e'^2 = \frac{e^2}{1 - e^2} \tag{2-8}$$

其他元素间的关系式也可以推导得出,此处不再详细推导,归纳推导结果如下:

$$\left.\begin{array}{l} a = b\sqrt{1 + e'^2} = c\sqrt{1 - e^2} \\[4pt] b = a\sqrt{1 - e^2} \\[4pt] c = a\sqrt{1 + e'^2} \\[4pt] e' = e\sqrt{1 + e'^2} \\[4pt] e = e'\sqrt{1 - e^2} \\[4pt] V = W\sqrt{1 + e'^2} \\[4pt] W = V\sqrt{1 - e^2} \\[4pt] e^2 = 2\alpha - \alpha^2 \approx 2\alpha \\[4pt] W = \sqrt{1 - e^2} \cdot V = \left(\dfrac{b}{a}\right) \cdot V \\[6pt] V = \sqrt{1 + e'^2} \cdot W = \left(\dfrac{a}{b}\right) \cdot W \\[6pt] W^2 = 1 - e^2 \sin^2 B = (1 - e^2)V^2 \\[4pt] V^2 = 1 + \eta^2 = (1 + e'^2)W^2 \end{array}\right\} \tag{2-9}$$

2.3 椭球面上的计算

控制测量的外业工作以大地水准面为基准面,以铅垂线为基准线,而内业工作则以参考椭球面为基准面,以法线为基准线。所以,在进行控制测量工作时,为了将外业测量成果归算至参考椭球面,必然牵涉到椭球面上的计算,这就必须要了解椭球面上有关曲线的性质及相应的基础计算方法。

对于一条曲线来说，曲率半径是其重要的参数之一，数学上用曲率或曲率半径来表示曲线的弯曲程度，曲线越弯，曲率半径就越小；曲线越缓和，曲率半径就越大；当曲线变为直线，则曲率半径为无穷大。

过椭球面上任意一点可作一条垂直于椭球面的法线，包含这条法线的平面叫作法截面，法截面同椭球面的交线叫法截线(或法截弧)。包含椭球面一点的法线，可作无数多个法截面，相应有无数多个法截线。在球面上，任意一条法截线曲率半径都等于球的半径，而在椭球面上则有所不同，椭球面上不同方向的法截弧的曲率半径都不相同。

控制测量工作中，常用到的法截弧曲率半径主要有子午圈曲率半径、卯酉圈曲率半径、平均曲率半径等。

2.3.1 子午圈曲率半径的计算

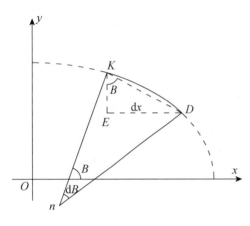

图 2-6 子午圈曲率半径

通过参考椭球面上一点且包含参考椭球南极点和北极点的平面，称为该点的子午面。而在参考椭球上通过某点和南北极的椭圆称为子午圈，也称子午椭圆。由于子午圈是一个椭圆，因此每个点上的曲率半径均不相同，若要求解子午圈曲率半径，必须从微分意义上来探讨。

如图 2-6 所示，在某一子午圈上取一微分弧 DK，其弧长为 $\mathrm{d}S$，微分弧两端点间的 x 坐标增量为 $\mathrm{d}x$，点 n 是微分弧 $\mathrm{d}S$ 的曲率中心，于是线段 Dn 及 Kn 便是子午圈曲率半径 M。因此，从图中可以得出

$$M = \frac{\mathrm{d}S}{\mathrm{d}B} \tag{2-10}$$

从微分三角形 DKE 中又可以得出

$$\mathrm{d}S = -\frac{\mathrm{d}x}{\sin B} \tag{2-11}$$

代入式(2-10)可得

$$M = -\frac{\mathrm{d}x}{\mathrm{d}B} \cdot \frac{1}{\sin B} \tag{2-12}$$

其中，$\dfrac{\mathrm{d}x}{\mathrm{d}B}$ 的关系可以根据后续第 3 章中子午面直角坐标系与大地坐标系之间的关系求得，

经过推导，可以求得子午圈曲率半径公式为

$$M = \frac{a(1-e^2)}{\left(\sqrt{1-e^2\sin^2 B}\right)^3} = \frac{a(1-e^2)}{W^3} \tag{2-13}$$

再参考式(2-9)，上式又可写成

$$M = \frac{c}{V^3} \tag{2-14}$$

由式(2-13)和式(2-14)可以看出，子午圈曲率半径仅与点的纬度有关，随着纬度的升高，子午圈曲率半径逐渐增大。当纬度为 0° 时，即在赤道上，子午圈曲率半径最小；当纬度为 90° 时，即在极点上，子午圈曲率半径最大。详细的变化规律见表 2-2。

表2-2　子午圈曲率半径变化规律

纬度 B	子午圈曲率半径 M	变化规律
$B = 0°$	$M_0 = a(1-e^2) = \dfrac{c}{\sqrt{(1+e'^2)^3}}$	在赤道上，M 小于赤道半径 a
$0° < B < 90°$	$a(1-e^2) < M < c$	此间 M 随纬度的增大而增大
$B = 90°$	$M_{90} = \dfrac{a}{\sqrt{1-e^2}} = c$	在极点上，M 等于极点曲率半径 c

由表 2-2 中可知，2.2.1 节中给出的参数 c 的几何意义就是椭球体在极点的曲率半径。

2.3.2　卯酉圈曲率半径的计算

如图 2-7 所示，过椭球面上一点 P 的法线 Pn，可作无限个法截面，其中一个与该点子午面相垂直的法截面 PP_1P_2 同椭球面相截形成的闭合的圈称为卯酉圈，卯酉圈的曲率半径一般用 N 表示。图 2-7 中，圆 $PO'P'$ 为 P 点的平行圈，其半径 $O'P$ 用 r 表示。

由图 2-7 可知，平行圈平面与卯酉圈平面之间的夹角，即为大地纬度 B，则有

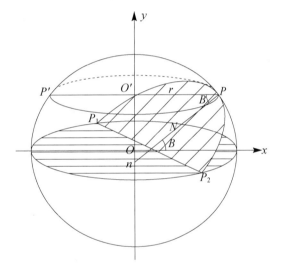

图 2-7　卯酉圈曲率半径

$$r = N \cos B \tag{2-15}$$

其中平行圈曲率半径 r 可以根据后续第 3 章中子午面直角坐标系与大地坐标系之间的关系求出，即

$$r = \frac{a \cos B}{\sqrt{1 - e^2 s \cdot n^2 B}} = \frac{a \cos B}{W} \tag{2-16}$$

由式(2-15)和式(2-16)可以得到卯酉圈曲率半径为

$$N = \frac{a}{\sqrt{1 - e^2 s \cdot n^2 B}} = \frac{a}{W} = \frac{c}{V} \tag{2-17}$$

式中，W、V 分别为第一基本纬度函数和第二基本纬度函数，详见式(2-6)。

由式(2-17)可以看出，卯酉圈曲率半径仅与点的纬度有关，随着纬度的升高，卯酉圈曲率半径逐渐减小。当纬度为 0° 时，即在赤道上，卯酉圈曲率半径最小；当纬度为 90° 时，

即在极点上，卯酉圈曲率半径最大。详细的变化规律见表 2-3。

表 2-3　卯酉圈曲率半径变化规律

纬度 B	子午圈曲率半径 N	变化规律
$B = 0°$	$N_0 = a = \dfrac{c}{\sqrt{1 + e'^2}}$	在赤道上，卯酉圈即为赤道，N 即为赤道半径
$0° < B < 90°$	$a < N < c$	此间 N 随纬度的增大而增大
$B = 90°$	$N_{90} = \dfrac{a}{\sqrt{1 - e^2}} = c$	在极点上，N 等于极点曲率半径 c

2.3.3　任意方向法截线的曲率半径

如图 2-8 所示，P 为椭球面上任意一点，PM 和 PN 分别为过 P 点的子午圈和卯酉圈，PX 和 PY 分别为 P 点上子午圈和卯酉圈的切线，PR 为 P 点上任意一条法截线，其切线为 PQ，PQ 的大地方位角为 A。由微分几何的欧拉(Euler)公式可知，根据子午圈和卯酉圈曲率可按其方位角求得任意方向的曲率，即

$$k_A = \frac{\cos^2 A}{M} + \frac{\sin^2 A}{N} \tag{2-18}$$

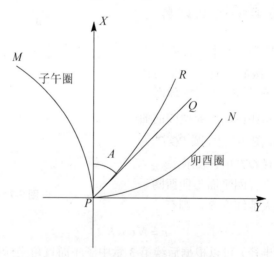

图 2-8　任意方向法截线曲率半径

大地方位角为 A 的任意方向上的法截线曲率半径 R_A 为

$$R_A = \frac{MN}{N \cos^2 A + M \sin^2 A} \tag{2-19}$$

由上面两式可知，当 A 变动时，相应的曲率 k_A 或曲率半径 R_A 也将随之而变动，为求得曲率 k_A 取极值时的方位角值，将式(2-18) 两边对 A 求导得

$$\frac{\mathrm{d}k_A}{\mathrm{d}A} = \left(\frac{1}{N} - \frac{1}{M} \right) \sin A \cos A = 0 \tag{2-20}$$

因通常 $N \neq M$，于是有 $\sin A \cos A = 0$。可见，当 A 为 0、$\pi / 2$、π、$3\pi / 2$ 时，k_A 取极

大或极小值，而这正是子午圈或卯酉圈的切线方向。

在微分几何中，把使法曲率达到极值的这两个方向称为主方向，其相应的法曲率称为主曲率。在过任一点的所有的法截线中，卯酉线曲率半径达到最大值，而子午线曲率半径最小。于是经线及纬线上每一点的切线都正好是椭球面在该点的主方向，因此按微分几何的定义，经线和纬线都是椭球面的曲率线。

2.3.4　平均曲率半径及相互关系

所谓平均曲率半径 R 是指经过曲面任意一点所有可能方向上的法截线曲率半径 R_A 的算术平均值。略去公式推导过程，给出最终结果，即

$$R = \frac{N}{V} = \frac{c}{V^2} = \sqrt{MN} \tag{2-21}$$

从式(2-21)可以看出，曲面上任意一点的平均曲率半径是该点上主曲率半径的几何平均值。

椭球面上某一点的 M、N、R 均是自该点起沿法线向内量取，它们的长度通常是不相等的，对式(2-13)～式(2-21)进行对比，可以看出在除了极点之外的其余任意点上三者有如下关系：

$$N > R > M \tag{2-22}$$

在极点上，三者相等，即

$$N_{90} = R_{90} = M_{90} = c \tag{2-23}$$

为了便于记忆，可以把 M、N、R 的公式写成有规律的形式，如表 2-4 所示。

表 2-4　三种曲率半径的对比

曲率半径	N	R	M
公式	$\dfrac{c}{V^1}$	$\dfrac{c}{V^2}$	$\dfrac{c}{V^3}$
	$\dfrac{a\sqrt{1-e^2}^{\,0}}{W^1}$	$\dfrac{a\sqrt{1-e^2}^{\,1}}{W^2}$	$\dfrac{a\sqrt{1-e^2}^{\,2}}{W^3}$

2.3.5　子午线弧长的计算

当取子午圈的一半时，其两个端点分别与两个极点重合，而赤道又把这一半的子午圈分成对称的两部分，因此，推导从赤道开始到已知纬度 B 间的子午线弧长的计算公式就足够使用了。

如图 2-9 所示，取子午线上某微分弧 $DK = \mathrm{d}x$，设 D 点纬度为 B，K 点纬度为 $B+\mathrm{d}B$，D 点的子午圈曲率半径为 M，于是有

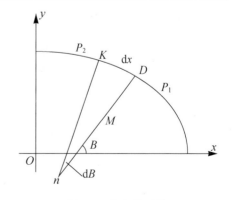

图 2-9　子午圈弧长

$$\mathrm{d}x = M\mathrm{d}B \tag{2-24}$$

因此，为了计算从赤道开始到任意纬度 B 的纬圈之间的子午圈弧长，必须求出下式的积分值：

$$X = \int_0^B M \mathrm{d}B \tag{2-25}$$

为了便于求解积分，把 M 按照牛顿二项式定理展开级数，取至 8 次项，则有

$$M = m_0 + m_2 \sin^2 B + m_4 \sin^4 B + m_6 \sin^6 B + m_8 \sin^8 B \tag{2-26}$$

式中：

$$\left. \begin{aligned} m_0 &= a(1 - e^2) \\ m_2 &= \frac{3}{2} e^2 m_0 \\ m_4 &= \frac{5}{4} e^2 m_2 \\ m_6 &= \frac{7}{6} e^2 m_4 \\ m_8 &= \frac{9}{8} e^2 m_6 \end{aligned} \right\} \tag{2-27}$$

为了计算方便往往将正弦的幂函数展开为余弦的倍数函数，于是可以得到

$$M = a_0 - a_2 \cos 2B + a_4 \cos 4B - a_6 \cos 6B + a_8 \cos 8B \tag{2-28}$$

式中：

$$\left. \begin{aligned} a_0 &= m_0 + \frac{m_2}{2} + \frac{3m_4}{8} + \frac{5m_6}{16} + \frac{35m_8}{128} + \cdots \\ a_2 &= \frac{m_2}{2} + \frac{m_4}{2} + \frac{15m_6}{32} + \frac{7m_8}{16} \\ a_4 &= \frac{m_4}{8} + \frac{3m_6}{16} + \frac{7m_8}{32} \\ a_6 &= \frac{m_6}{32} + \frac{m_8}{16} \\ a_8 &= \frac{m_8}{128} \end{aligned} \right\} \tag{2-29}$$

将式(2-28)带入式(2-25)进行积分，经整理后可得子午线弧长计算公式：

$$X = a_0 B - \frac{a_2}{2} \sin 2B + \frac{a_4}{4} \sin 4B - \frac{a_6}{6} \sin 6B + \frac{a_8}{8} \sin 8B \tag{2-30}$$

利用此公式计算子午线弧长时，只需将不同的椭球参数代入即可。

2.3.6　平行圈弧长的计算

1. 平行圈弧长的计算公式

平行圈又称为纬圈，由于地球椭球是一个旋转椭球，所以平行圈是一个圆。假设其半径为 r，则由图 2-7 可得

$$r = N \cos B = \frac{a \cos B}{\sqrt{1 - e^2 \sin^2 B}} \qquad (2\text{-}31)$$

如果在同一平行圈上有两点，其经差为 $l'' = L_2 - L_1$，则可以写出平行圈弧长的计算公式：

$$S = N \cos B \frac{l''}{\rho''} = b_1 l'' \qquad (2\text{-}32)$$

式中，$b_1 = \dfrac{N \cos B}{\rho''}$。

从式(2-32)可以看出，当经度差 l'' 相同时，在不同纬度的平行圈上的弧长是不相同的，而且相差较为悬殊。例如，经差 $1°$ 时，两点间在赤道上的弧长约为 115 公里，而当位于 $45°$ 纬度时，经差 $1°$ 对应的平行圈弧长约为 80 公里，平行圈弧长急剧变小。

2. 平行圈弧长与子午线弧长变化规律的比较

为了对比子午线弧长和平行圈弧长的变化，现将不同纬度处相应的一些弧长的数值列于表 2-5。

表 2-5　子午线弧长与平行圈弧长的变化对比　　　　　　　　　(单位：m)

B	子午线弧长			平行圈弧长		
	$\Delta B = 1°$	$\Delta B = 1'$	$\Delta B = 1''$	$l = 1°$	$l = 1'$	$l = 1''$
$0°$	110 576	1842.94	30.716	111 321	1855.36	923.000
$15°$	110 656	1844.26	30.738	107 552	1792.54	29.876
$30°$	110 863	1847.71	30.795	96 488	1608.13	26.802
$45°$	111 143	1852.39	30.873	78 848	1314.14	21.902
$60°$	111 423	1857.04	30.951	55 801	930.02	15.500
$75°$	111 625	1860.42	31.007	28 902	481.71	8.028
$90°$	111 696	1861.60	31.027	0	0.00	0.000

从表 2-5 中可以看出，单位纬度差的子午线弧长随纬度的升高而缓慢地增长；而单位经度差的平行圈弧长随纬度升高而急剧缩短。同时还可以看出，纬度差 $1°$ 的子午线弧长约为 110km，纬度差 $1'$ 的子午线弧长约为 1.8km，纬度差 $1''$ 的子午线弧长约为 30m。而平行圈弧长仅在赤道附近才与子午线弧长大体相当，随着纬度的升高，它们的差值越来越大。

2.3.7　椭球面上梯形面积的计算

我国国家基本比例尺地形图按比例尺进行分类共有 1∶100 万、1∶50 万、1∶25 万、1∶10 万、1∶5 万、1∶2.5 万、1∶1 万、1∶5000 八种，这八种比例尺的国家基本比例尺地形图的一个共同特点便是均采用了经纬线分幅法(又称梯形分幅)对图幅进行分割。经纬线分幅虽然具有系统性强、拼接方便等优点，但是由于经纬线分幅是按照固定的经纬差划分图幅，造成图幅大小不均衡，在需要计算面积时，不能按照图幅数量进行计算，而必须根据每一张

图的位置分别对其所表示的球面面积进行求解。

这种由两条子午线和两条平行圈围成的椭球表面称为椭球面梯形，所有经纬线分幅的地形图本质上来说均是椭球面梯形。如图 2-10 所示，在参考椭球表面取一微分椭球梯形，可以得到，其微分面积为

$$dP = dx \times dy \tag{2-33}$$

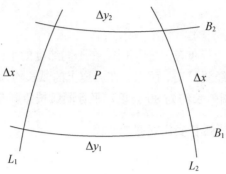

图 2-10　椭球面梯形面积的计算

从图 2-10 中，还可以看出

$$\left.\begin{aligned} dx &= MdB \\ dy &= NdL \end{aligned}\right\} \tag{2-34}$$

将式(2-34)代入式(2-33)可以得到

$$dP = \frac{a^2(1-e^2)\cos B}{W^4} dBdL \tag{2-35}$$

由于

$$\left.\begin{aligned} a^2(1-e^2) &= b^2 \\ W^2 &= 1-e^2\sin^2 B \end{aligned}\right\} \tag{2-36}$$

则对式(2-35)积分后可得

$$P = b^2 \int_{L_1}^{L_2} \int_{B_1}^{B_2} \left(1-e^2\sin^2 B\right)^{-2} \cos B dBdL \tag{2-37}$$

即

$$P = b^2(L_2-L_1) \int_{B_1}^{B_2} \left(1-e^2\sin^2 B\right)^{-2} \cos B dB \tag{2-38}$$

将上式的被积函数展开级数，然后再分项进行积分可得：

$$P = b^2(L_2-L_1) \int_{B_1}^{B_2} \left(\cos B + 2e^2\sin^2 B\cos B + 3e^4\sin^4 B\cos B + 4e^6\sin^6 B\cos B + \cdots\right)dB \tag{2-39}$$

求解后可得：

$$P = b^2(L_2-L_1)\left[\sin B + \frac{2}{3}e^2\sin^3 B + \frac{3}{5}e^4\sin^5 B + \frac{4}{7}e^6\sin^7 B + \cdots\right]_{B_1}^{B_2} \tag{2-40}$$

式(2-40)即为椭球面上梯形图幅面积的计算公式。

在式(2-40)中，若取 $L_2-L_1=2\pi$，$B_1=0$，$B_2=\dfrac{\pi}{2}$，则所获得的面积即为地球椭球一半的

表面积，将其值乘 2，即可得到地球椭球的全面积，即

$$P_E = 4\pi b^2 \left(1 + \frac{2}{3}e^2 + \frac{3}{5}e^4 + \frac{4}{7}e^6 + \cdots\right) \tag{2-41}$$

以克拉索夫斯基椭球为例，将椭球参数代入，可得整个地球椭球的面积约为 510 083 058.777 km^2；以 1975 年国际椭球为例，将椭球参数代入，可得整个地球椭球的面积约为 510 066 100.124 km^2。

2.4　大　地　线

众所周知，在平面上，两点之间直线最短，在球面上，两点之间大圆弧最短。那么，在作为旋转椭球的参考椭球面上，两点之间最短的线应该是什么线呢？在大地测量学中，将椭球面上两点间距离最短的线定义为大地线。以下将从大地线的产生原因入手，详细讲解大地线的性质。

2.4.1　相对法截线

如图 2-11 所示，假设在参考椭球面上有两点 A 和 B，其纬度分别为 B_1 和 B_2，经度分别为 L_1 和 L_2，且 $B_1 \neq B_2$、$L_1 \neq L_2$。分别作 A 和 B 的法线，各自与参考椭球旋转轴相交于 n_a 和 n_b，由于 A 和 B 两点的经纬度各不相同，所以 n_a 和 n_b 不重合。在通过 A 点法线 An_a 的所有法截面中，必然有一个通过 B 点，该法截面在椭球面上形成一条法截线 AaB；同理，在通过 B 点法线 Bn_b 的所有法截面中，必然有一个通过 A 点，该法截面在椭球面上形成一条法截线 BbA。因此，当椭球面上两点不在同一子午圈上，也不在同一平行圈上时，两点间就有两条法截线存在。

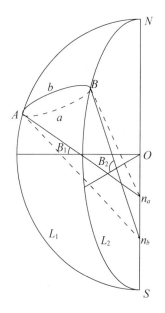

图 2-11　相对法截线

在 A、B 间的两条法截线中，由法截面 An_aB 所形成的法截线 AaB，叫作 A 点的正法截线，或 B 点的反法截线；同理，由法截面 Bn_bA 所形成的法截线 BbA，叫作 B 点的正法截线，或 A 点的反法截线；通常把 AaB 和 BbA 称为 A、B 两点的相对法截线。可以看出，当 An_a 和 Bn_b 不相交时，即 A、B 两点不在同一子午圈上也不在同一平行圈上时，A、B 两点的相对法截线不重合。

A、B 两点间正反法截线的相对位置关系与 AB 方向所在的象限关系有关。当 AB 方向位于第一象限和第四象限时，A 点的正法截线在下，反法截线在上；当 AB 方向位于第二象限和第三象限时，A 点的反法截线在下，正法截线在上；如图 2-12 所示。

正反法截线的存在会对控制测量工作，特别是对高等级控制测量工作造成较大的影响，最显著的影响体现在测角工作上。如图 2-13 所示，对椭球面上的三角形 ABC 进行观测时，在三个点上测得的三个角度并不能构成闭合的三角形，也就无法形成有效的检核条件。

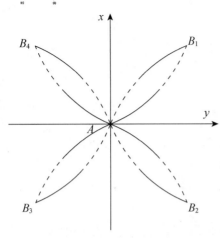

图 2-12　正反法截线

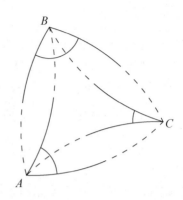

图 2-13　正反法截线影响下的椭球面三角形

为了解决这一问题，需要在两点之间找出唯一一条曲线，代替正反法截线，将所有的观测成果均归算至该条曲线上，进而形成一个唯一的三角形。这条曲线便是大地线。

2.4.2　大地线的基本知识

前文已经提到，椭球面上两点间的最短曲线称为大地线，又称为测地线。微分几何中为研究曲面上曲线的性质，将曲线上一点的曲率向量(其方向是曲线在该点的主法线方向上)分解为法曲率向量(在曲面法线方向上)及测地曲率向量(曲线的曲率向量在曲面切平面上的投影向量)。由于大地线上每点的主法线方向与椭球面法线方向一致，因此它在每点上的法曲率就是该点上的曲率，测地曲率则等于零。于是大地线的另一个相等价的定义是：每点的测地曲率都等于零的椭球面上的曲线。

由于除了同一子午圈和同一平行圈外，椭球面上一点的正法截线和反法截线不重合，它们之间存在一个小的夹角 Δ。大地线位于相对法截线之间，并靠近正法截线，如图 2-14 所示，大地线与正法截线之间的夹角为：$\delta = \dfrac{1}{3}\Delta$。

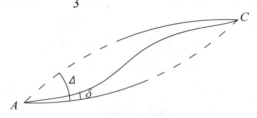

图 2-14　大地线

角度方面，在一等三角测量中，δ 数值可达 $0.001 \sim 0.002$ 秒，此数值对于一等三角测量或相当于一等三角测量精度的工程三角测量中是不容忽略的，而在其他等级的三角测量中，可以根据具体要求适当取舍或忽略不计。距离方面，大地线与法截线长度之差只有百万分之一毫米，所以在实际计算中，这种长度差异是可以忽略不计的。

习　　题

1. 名词解释：大地水准面；大地体；似大地水准面；参考椭球；地球椭球；总地球椭球；大地高；正高；正常高；垂线偏差；法截面；法截线；子午面；子午圈；卯酉圈；平均曲率半径；平行圈；大地线；相对法截线。

2. 为什么大地水准面不能作为测量计算的基准面？

3. 大地高、正高、正常高三者有什么区别？三者之间如何相互换算？

4. 唯一确定一个参考椭球的形状和大小，至少需要知道椭球的几个参数？

5. 子午圈曲率半径、卯酉圈曲率半径、平均曲率半径与纬度有何关系？同一点上，三者之间有何种关系？

6. 两点 A、B 之间正反法截线的相对位置与 A、B 所在的象限有何关系？

7. 正反法截线的存在会对控制测量工作造成哪些影响？

第 3 章　坐标系统的建立与转换

由于坐标系统的建立方式不相同，其应用范围也不相同，所以控制测量工作中存在着不同的坐标系统。本章将重点探讨测量中坐标系统的建立方式、适用范围以及各坐标系统的转换方法等内容。

3.1　椭球面上的坐标系

控制测量的主要任务之一是对地面点进行定位，而外业工作是在形状复杂、形体不规则的地球自然表面上进行的，在这样的自然表面上无法准确定位。因此，控制测量中用参考椭球面代替地球的自然表面进行定位，相应的，坐标系统也均以参考椭球为基准建立而成。

3.1.1　椭球面上坐标系的建立

椭球面上的坐标系均以参考椭球为基准，在其表面上或整体内根据相关条件建立不同的坐标系统，椭球面上的坐标系主要包括大地坐标系、空间直角坐标系、子午面直角坐标系、大地极坐标系等。

1. 大地坐标系

大地坐标系是测量中的基本坐标系之一，其坐标值由大地经度和大地纬度组成。如图 3-1 所示，过地面点 P 点的子午面 NP_1S 与起始子午面 NQS 所构成的二面角 L 称为 P 点的大地经度。由起始子午面起算，向东为正，称为东经(0°～180°)；由起始子午面起算，向西为负，称为西经(0°～180°)。过地面点 P 点的法线 Pn 与赤道面的夹角 B 称为 P 点的大地纬度。由赤道面起算，向北为正，称为北纬(0°～90°)；由赤道面起算，向南为负，称为南纬(0°～90°)。

在大地坐标系中，如果 P 点不在参考椭球面上，而是高出参考椭球面一定的距离 H，则除了大地经度 L、大地纬度 B 之外，还需要用到第三个量，即大地高 H 来表示地面点的位置。

大地坐标系是数学上严密规范的坐标系，是大地测量的基本坐标系。它对于地面点精确位置的表示、大地

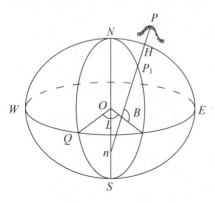

图 3-1　大地坐标系

测量计算、研究地球形状和大小、编制地图都具有不可替代的重要作用。

2. 空间直角坐标系

空间直角坐标系以参考椭球为基础而建立，其坐标值由 x、y、z 坐标组成。如图 3-2 所示，以参考椭球中心 O 为坐标原点，以椭球的旋转轴为 Z 轴，向北极方向为正；以起始子午面与赤道面的交线为 X 轴，由 O 点指向起始子午线与赤道的交点方向为正；Y 轴垂直于 XOZ 平面，与 X 轴、Z 轴构成 O-XYZ 右手空间直角坐标系。地面点 P 在空间直角坐标系中的坐标值用 (x, y, z) 来表示。

3. 子午面直角坐标系

子午面直角坐标系以地面点所在子午面为基础而建立的，如图 3-3 所示，设地面点 P 的大地经度为 L，在过 P 点的子午面内，以子午圈椭圆中心 O 点为原点，以 O 点指向子午圈与赤道交点方向为 X 轴，向右为正；以 O 点指向北极点方向为 Y 轴，向北为正，建立平面直角坐标系。在子午面直角坐标系中，P 点的位置用 (L, x, y) 表示。

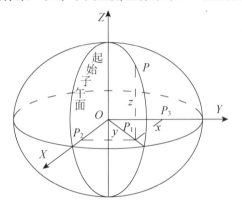

图 3-2　空间直角坐标系

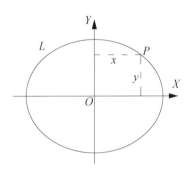

图 3-3　子午面直角坐标系

4. 大地极坐标系

大地极坐标系是以过地面点的子午线和大地线为基础而建立的，如图 3-4 所示，O、P 为椭球面上的任意点，ON 为过 O 点的子午线方向，OP 为 O、P 两点间的大地线，长度为 S，则从子午线方向 ON 起顺时针至大地线方向 OP 之间的夹角 A 称为大地线在 O 点的大地方位角。则大地极坐标系是指以 O 点为极点，以 ON 为极轴，以 S 为极半径，A 为极角所构成的坐标系。在大地极坐标系中，P 点的位置用 (S, A) 来表示。

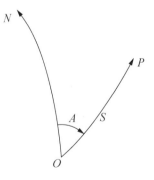

图 3-4　大地极坐标系

3.1.2　坐标系之间的相互关系

椭球面上坐标系统众多，各套系统虽然表示方式不同，坐标规定也不相同，但是由于各套坐标系均在参考椭球面上完成，所以它们之间必然存在着内部联系。因此，必须寻找出各

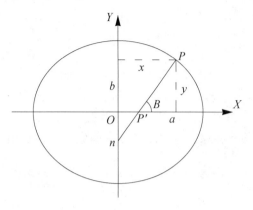

图 3-5　大地坐标系与子午面直角坐标系的关系

坐标系的内在联系和规律，从而解决各种坐标系的变换问题，为之后的理论推导做必要的准备。

1. 大地坐标系与子午面直角坐标系之间的关系

椭球上同一个点 P 在大地坐标系与子午面直角坐标系中，大地经度 L 是相同的，因此，研究两套坐标系之间的关系重点在于推求子午面直角坐标系中的 (x, y) 与大地坐标 B 之间的相互关系。

如图 3-5 所示，不难看出，P 点在子午面直角坐标系中的 x 坐标即为 P 点的平行圈半径，由 2.3 节中式(2-15)可以得到

$$x = r = N \cos B \tag{3-1}$$

即

$$x = \frac{a \cos B}{\sqrt{1 - e^2 \sin^2 B}} = \frac{a \cos B}{W} \tag{3-2}$$

又由于 P 点位于参考椭球面上，所以必然满足

$$\frac{x^2}{a^2} + \frac{y^2}{b^2} = 1 \tag{3-3}$$

由式(3-1)和式(3-3)可得

$$y = \frac{a(1 - e^2) \sin B}{\sqrt{1 - e^2 \sin^2 B}} = \frac{a}{W}(1 - e^2) \sin B = \frac{b \sin B}{V} \tag{3-4}$$

式(3-2)和式(3-4)即为大地坐标系与子午面直角坐标系之间的关系。

2. 子午面直角坐标系与空间直角坐标系之间的关系

如图 3-2 和图 3-3 所示，在子午面直角坐标系与空间直角坐标系中，二者的经度 L 相同，不难得出：

$$\left. \begin{array}{l} X = x \cos L \\ Y = x \sin L \\ Z = y \end{array} \right\} \tag{3-5}$$

式中，(X, Y, Z) 为 P 点在空间直角坐标系中的坐标，(L, x, y) 为 P 点在子午面直角坐标系中的坐标。

3. 大地坐标系与空间直角坐标系之间的关系

直接建立大地坐标系与空间直角坐标系之间的关系式较为复杂，因此把子午面直角坐标系作为中间参数，即首先将大地坐标系或空间直角坐标系的坐标转换至子午面直角坐标系下，然后再转换至目标坐标系，利用式(3-2)、式(3-4)和式(3-5)可以得到

$$\left.\begin{array}{l} X = N \cos B \cos L \\ Y = N \cos B \sin L \\ Z = N(1 - e^2) \sin B \end{array}\right\} \tag{3-6}$$

或

$$\left.\begin{array}{l} X = \dfrac{N \cos B}{W} \cos L \\ Y = \dfrac{a \cos B}{W} \sin L \\ Z = \dfrac{b \sin B}{V} \end{array}\right\} \tag{3-7}$$

以上两式中，(X, Y, Z) 为 P 点在空间直角坐标系中的坐标，(L, B) 为 P 点在大地坐标系中的坐标。

3.2　地球的运转与时间系统

坐标系统均以参考椭球为基础，而地球的公转、自转等运转活动的直接后果是使椭球短轴的指向在各个时刻均不相同，由此造成参考椭球的指向时刻发生变化。因此，坐标系统的建立与地球的运转和时间系统均密切相关，在研究坐标系统的相关内容前需要首先研究地球的运转和时间系统。

3.2.1　地球的运转

地球的运转主要分为四类，第一类是地球与银河系一起在宇宙内运转，第二类是地球与太阳系一起在银河系内运转，第三类是地球与其他行星一起在太阳系内运转，即地球的公转，第四类是地球绕其自身旋转轴运转，即地球的自转。对于控制测量学和坐标系统的建立，其研究对象主要是地球表面和近地空间，所以，一般与前两类运动无关，只与后两类运动，即公转和自转有关。

1. 地球运转的基本概念

在了解地球运转的基本知识时，常用到以下概念。

(1) 天球：以地球质心为中心，以无穷大为半径的假想球体。

(2) 天轴与天极：地球自转轴的延伸直线为天轴，天轴与天球的交点称为天极。

(3) 天球子午面与天球子午圈：包含天轴并通过地球上任一点的平面为天球子午面，其与天球相交的大圆为天球子午圈。

(4) 天球赤道面与天球赤道：通过地球质心与天轴垂直的平面为天球赤道面，它与天球相交的大圆为天球赤道。

(5) 黄道：地球公转的轨道面与天球相交的大圆称为黄道，黄道面与赤道面的夹角称为黄赤交角，约为 23.5°。

(6) 春分点与秋分点：当太阳在黄道上从天球南半球运行至北半球时，黄道与天球赤道的交点称为春分点；当太阳在黄道上从天球北半球运行至南半球时，黄道与天球赤道的交点称为秋分点。

(7) 白道：月球绕地球旋转的轨道。

2. 地球的公转

与其他行星的运转类似，地球的公转可以用开普勒三大行星运动定律来描述：

(1) 行星轨道是一个椭圆，太阳位于椭圆的一个焦点上。

(2) 行星运动中，行星与太阳的连线在单位时间内扫过的面积相等。

(3) 行星绕轨道运动周期的平方与轨道长半轴的立方之比为常数。

由开普勒定律可以看出，地球绕太阳旋转的黄道是椭圆的，地球的运动速度在轨道的不同位置是不同的，当靠近太阳时，运动速度变快，当远离太阳时则变慢，距离太阳最近的点称为近日点，距离太阳最远的点称为远日点，近日点和远日点的连线是椭圆的长轴。开普勒定律描述的是理想的二体运动规律，但在现实世界中，其他行星和月球等星体会对地球的运动产生影响，使其轨道产生摄动，并不是严格的椭圆轨道。

3. 地球的自转

地球在公转的同时，也绕地轴进行周期性的自转，由此形成了昼夜变化。地轴是过地球中心和两极的轴线，在某一时刻的旋转轴称为瞬时旋转轴。受到多方面因素的影响，瞬时旋转轴在空间的指向、与地球体的相对关系、地球绕地轴的旋转速度等均是不断变化的，其主要影响因素有以下几项。

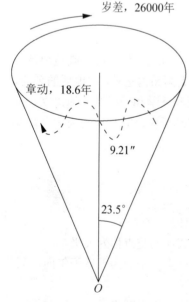

图 3-6　岁差与章动

1) 岁差

如图 3-6 所示，地球绕地轴旋转，可以看作是巨大的陀螺旋转，由于日、月等天体的影响，类似于旋转陀螺在重力场中的进动，地球的旋转轴在空间围绕黄极发生缓慢旋转，形成一个倒圆锥体，其锥角等于黄赤交角，即 $\varepsilon = 23.5°$，旋转周期为 26000 年，这种运动称为岁差。岁差的本质是地轴方向相对于空间的长周期运动。岁差使春分点每年向西移动 50.3″，以春分点为参考点的坐标系将受到岁差的影响而发生变化。

2) 章动

由于白道对于黄道有约 5° 的倾斜，这使得月球引力产生的转矩的大小和方向不断变化，从而导致地球旋转轴在岁差的基础上叠加 18.6 年的短周期圆周运动，振幅为 9.21″，如图 3-6 中虚线部分所示，这种现象称为章动。在岁差和章动的共同影响下，地球在某一时刻的实际旋转轴称为真旋转轴或瞬时轴，对应的赤道称为真赤道。假定只有岁差的影响，则地球旋转轴称为平轴，对应的赤道称为平赤道。由于章动引起的黄经和黄赤交角的变化，分别称为黄经章动和交角章动。

岁差与章动均是地轴方向相对于空间发生的变化。

3) 极移

地球自转轴除了上述的在空间的变化外，还存在相对于地球体自身内部结构的相对位置变化，从而导致极点在地球表面上的位置随时间而变化，这种现象称为极移。某一观测瞬间地球北极所在的位置称为瞬时极，某段时间内地极的平均位置称为平极。

极移直接导致地面点的纬度发生变化，同一经线上的点，纬度变化相同；经度相差 180°的经线上的点，纬度变化符号相反。

为了研究地球的极移并确定基准点，国际天文学联合会(International Astronomical Union，IAU)和国际大地测量与地球物理联合会(International Union of Geodesy and Geophysics，IUGG)在 1967 年于意大利共同召开的第 32 次讨论会上，建议采用国际上 5 个纬度服务站(ILS)以1900—1905 年的平均纬度所确定的平极作为基准点，通常称为国际协议原点(Conventional International Origin, CIO)，它相对于 1900—1905 年的平均历元 1903.0。另外，国际极移服务(IPMS)和国际时间局(BIH)等机构分别用不同的方法得到地极原点，与 CIO 相应的地球赤道面称为平赤道面或协议赤道面。

4) 日长变化

日长的变化主要是由于地球自转速度的变化所造成的，地球自转速度的变化，存在着多种短周期变化和长期变化，短周期变化是由于地球周期性潮汐影响，变化周期包括两个星期、一个月、六个月、十二个月等，长期变化表现为地球自转速度缓慢变小。地球的自转速度变化，导致日长的视扰动和缓慢变长，从而使以地球自转为基准的时间尺度产生变化。

3.2.2 时间系统

建立坐标系统时，其坐标轴的指向一般均为瞬时位置或一个时间段内的平均位置，因此，坐标系统的建立与时间密切相关。以 GNSS 测量为代表的现代大地测量方法中，其原始观测值都包含有时间信息，如果卫星和接收机的时间出现偏差或有不同步的现象，将严重影响测量精度。因此，时间系统对于控制测量和坐标系统来说都有着重要的作用。

任何一个周期运动，如果满足以下三项要求，就可以作为计量时间的方法：

(1) 运动是连续的。

(2) 运动的周期具有足够的稳定性。

(3) 运动是可观测的。

根据此条件，定义了多套时间系统，主要有以地球自转运动为基础的恒星时(ST)和世界时(UT)、以地球公转运动为基础的历书时(ET)、以物质内部原子运动特征为基础的原子时(TAI)等。

1. 恒星时(ST)

恒星时是指以春分点作为基本参考点，由春分点的周日视运动所确定的时间，恒星时又包括恒星日、恒星时、恒星分、恒星秒。

恒星日是指春分点连续两次经过同一子午圈上中天的时间间隔。1 恒星日等于 24 恒星时；1 恒星时等于 60 恒星分；1 恒星分等于 60 恒星秒。

由于受到岁差和章动的影响，导致春分点的位置实时发生变化，受其影响，相应于某一时刻瞬时极的春分点称为真春分点，相应于平极的春分点称为平春分点，据此把恒星时分为真恒星时和平恒星时。真恒星时等于真春分点的地方时角(LAST)，平恒星时等于平春分点的地方时角(LMST)，真春分点的格林尼治时角(GAST)、平春分点的格林尼治时角(GMST)与LAST、LMST 的关系如图 3-7 所示。

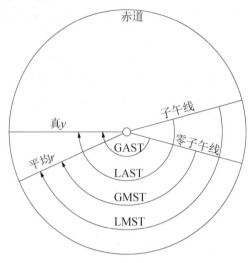

图 3-7　恒星时

2. 平太阳时(MT)

以真太阳作为参考点，由它的周日视运动所确定的时间称为真太阳时。由于真太阳的视运动速度是不均匀的，因而真太阳时不是均匀的时间尺度，为此引入虚拟的在赤道上匀速运行的平太阳，其速度等于真太阳周年运动的平均速度。以平太阳为参考点，由它周日视运动所确定的时间，称为平太阳时。平太阳时也包括平太阳日、平太阳小时、平太阳分、平太阳秒，其中，平太阳连续两次经过同一子午圈的时间间隔，称为一个平太阳日，其分为 24 个平太阳小时，1 个平太阳小时等于 60 平太阳分，1 平太阳分等于 60 个平太阳秒。

平太阳连续两次经过平春分点的时间间隔为一回归年，等于 365.242 198 79 个平太阳日。平太阳时与日常生活中使用的时间系统是相一致的，通常钟表所指示的时刻正是平太阳时。

3. 世界时(UT)

以格林尼治子夜起算的平太阳时称为世界时，未经任何改正的世界时表示为 UT0，经过极移改正的世界时表示为 UT1，经过地球自转速度的季节性改正后的世界时表示为 UT2，则

$$\left.\begin{array}{l} UT1 = UT0 + \Delta\lambda \\ UT2 = UT1 + \Delta T \end{array}\right\} \tag{3-8}$$

其中

$$\left.\begin{array}{l} \Delta\lambda = \dfrac{1}{15}\left(x_p \sin\lambda - y_p \cos\lambda\right)\tan\varphi \\ \Delta T = 0.022\sin(2\pi t) - 0.012\cos(2\pi t) - 0.006\sin(4\pi t) + 0.007\cos(\sin 4\pi t) \end{array}\right\} \tag{3-9}$$

上式中，λ、φ 为天文经纬度，t 为白塞尔年岁首回归年的小数部分。

4. 原子时(AT)

原子时是以物质内部原子运动的特征为基础建立的时间系统。原子时的基本单位是原子时秒，原子时秒是指在零磁场下，铯-133 原子基态两个超精细能级间跃迁辐射 9 192 631 770 周所持续的时间。1967 年第 13 届国际计量大会把在海平面实现的原子时秒作为国际参照时标，规定为国际单位制中的时间单位。

国际时间局对世界各地原子钟数据进行比较与综合后，确定了统一的原子时，称为国际原子时，简称 TAI。TAI 起点定在 1958 年 1 月 1 日 0 时 0 分 0 秒(UT2)，即规定在这一瞬间原子时时刻与经过地球自转速度的季节性改正后的世界时刻重合。但事后发现，在该瞬间 TAI 与世界时的时刻之差为 0.0039 秒，而这一差值就作为历史事实被保留下来。

5. 协调世界时(UTC)

由于地球自转速度长期变慢的趋势，原子时与世界时的差异将逐渐变大，为了保证时间与季节的协调一致，便于日常使用，建立了以原子时秒长为计量单位、在时刻上与平太阳时之差小于 0.9 秒的时间系统，称为世界协调时(UTC)。当 UTC 超过平太阳时之差超过 0.9 秒时，拨快或拨慢 1 秒，称为闰秒。闰秒由国际计量局向全世界发出通知，一般在格林尼治时间的 12 月份最后一秒钟或 6 月份的最后一秒钟进行。到目前为止由于地球转速越来越慢，都是拨慢 1 秒，即 60 秒改为 61 秒，出现负闰秒的情况还没有发生过。最近的一次闰秒出现在 2012 年，北京时间 7 月 1 日 7 时 59 分 59 秒全球闰秒调整，即出现了 7:59:60 的特殊现象，而在北京时间 2015 年 7 月 1 日 7 时 59 分，将再次出现闰秒现象。

6. 历书时(ET)和力学时(DT)

由于地球自转速度不均匀，导致用其测得的时间不均匀。1958 年第 10 届国际天文学联合会(IAU)决定，自 1960 年起开始以地球公转运动为基准的历书时来量度时间，用历书时系统代替世界时。历书时的秒长规定为 1900 年 1 月 1 日 12 时整回归年长度的 1/31 556 925.9747，起始历元定在 1900 年 1 月 1 日 12 时。

历书时对应的地球运动的理论框架是牛顿力学，根据广义相对论，太阳质心系和地心系的时间将不相同，1976 年国际天文学联合会(IAU)定义了这两个坐标系的时间：太阳系质心力学时(TDB)和地球质心力学时(TDT)，当时称为"力学"，这两个时间尺度可以看作是行星绕日运动方程和卫星绕地运动方程的自变量(亦即时间)。TDT 和 TDB 可以看作是 ET 分别在两个坐标系中的实现，TDT 代替了过去的 ET。

7. GPS 时间系统(GPST)

时间系统对于 GNSS 测量至关重要，因此，以美国 GPS 为代表的卫星定位系统均有其专门的时间系统，GPS 所采用的时间系统称为 GPST，它是基于美国海军观测实验室(USNO)维持的原子时。GPST 属于原子时系统，它的秒长即为原子时秒长，GPST 的原点与国际原子时 TAI 相差 19s，即有：

$$TAI - GPST = 19s \tag{3-10}$$

3.3 参考系的定义与分类

控制测量主要研究地球的形状、大小、重力场、地表形态及地球椭球等内容，若要对这些内容进行紧密研究，就必须建立一套精密、准确、全面的参考系或坐标系或参考基准，并以此参考基准作为起始原点。

3.3.1 参考系的分类

按照不同的用途与建立方法，参考系也存在着多种形式，因此，可以按照不同的标准对参考系进行分类。

1. 按照参考系原点的位置分类

根据参考系原点的不同位置可以分为地心坐标系和参心坐标系两类。地心坐标系的原点与地球质心重合，参心坐标系的原点与某一地区或国家所采用的参考椭球中心重合，通常与地球质心不重合。

2. 按照研究对象进行分类

按照研究对象的不同，可以将坐标系分为两类。一类是与地球运动无关的，即天球坐标系，其主要用途是用来研究人造卫星、行星运动、恒星运动等。其原点一般是地球的质量中心，z轴一般指向北极星。另一类是与地球固定在一起的，即地球坐标系，或称为地固坐标系，其与地球自身的相对位置保持不变，便于研究和描绘地球。其原点可以是地球的质心，也可以是参考椭球的中心，z轴一般与地球自转轴重合，x轴一般指向通过格林尼治天文台的子午线与赤道的交点。

3. 按坐标的表示方式分类

按坐标的表示方式可以把坐标系分为三类，即笛卡儿(直角)坐标系、曲线坐标系和平面直角坐标系。笛卡儿坐标系即空间直角坐标系，按照坐标原点的不同，又可以将笛卡儿坐标系分为地心空间大地直角坐标系、参心空间大地直角坐标系和站心直角坐标系三种。其中，地心空间大地直角坐标系包括地心空间大地协议直角坐标系和地心空间大地瞬时直角坐标系两种；站心直角坐标系包括站心法线直角坐标系和站心垂线直角坐标系两种。

按照参考面的不同，曲线坐标系又可以分为以总地球椭球面为参考面的地心大地坐标系、以参考椭球面为参考面的参心大地坐标系和以大地体为参考面的天文坐标系。

综上所述，测量中所采用的坐标系统多种多样，每一类坐标系统都有其固有的特点和适用范围，在实际工作中，应该根据具体的要求选择合适的坐标系统。

3.3.2 大地测量参考框架

大地测量参考框架是大地测量参考系统的具体实现，是通过大地测量手段确定的固定在地面上的控制网(点)所构建的，分为坐标参考框架、高程参考框架、重力参考框架。国家平面控制网是全国进行测量工作的平面位置的参考框架，国家平面控制网按控制等级和施测精度可分为一、二、三、四等网。国家高程控制网是全国进行测量工作的高程参考框架，按控制等级和施测精度可分为一、二、三、四等网。

国家重力基本网是确定我国重力加速度数值的参考框架，目前提供使用的 2000 年国家重力基本网包括 21 个重力基准点和 126 个重力基本点，重力成果在研究地球形状，精确处理大地测量观测数据，发展空间技术、地球物理、地质勘探、地震、天文、计量和高能物理等方面有着广泛的应用。

3.4　参心坐标系

参心坐标系是以参考椭球的几何中心为基准的大地坐标系，通常可以分为参心空间直角坐标系和参心大地坐标系。

3.4.1　参心坐标系的建立

建立参心坐标系需要进行以下工作。

(1) 确定椭球的几何参数。

参考椭球的基本几何参数共有 5 个，即长半径 a、短半径 b、扁率 α、第一偏心率 e、第二偏心率 e'。建立参心坐标系时，需要知道其中任意的两个量即可，通常情况下是确定长半轴 a 和扁率 α。

(2) 椭球定位。

椭球定位是指确定椭球中心的位置，以确保椭球面与局部地区的大地水准面或全球范围内的大地水准面最佳吻合。

(3) 椭球定向。

椭球定向是指确定椭球旋转轴的方向，以确保参考椭球与地球保持形状、质量和方向的最佳统一。

(4) 确定大地原点。

参考椭球的定位和定向是通过大地原点的大地起算数据来实现的，而确定起算数据又是椭球定位和定向的结果。不论采取何种定位和定向的方法来建立国家大地坐标系，总得有一个而且只能有一个大地原点，否则定位和定向的结果就会产生多值性，从而无法明确地将其表示出来。

3.4.2　椭球的定位与定向

所有的大地坐标系都是建立在一定的大地基准上的用于表达地球表面空间位置及其相对关系的数学参照系，其中，大地基准即为能够最佳拟合地球形状的地球椭球的参数及椭球定位与定向。选定椭球参数后，椭球的定位与定向便是建立参心坐标系的最基本工作。

1. 椭球定位与定向的分类

按照定位的类型可以分为两种，即局部定位和地心定位。局部定位要求在一定范围内椭球面与大地水准面有最佳的符合，而对椭球的中心位置无特殊要求；地心定位要求在全球范围内椭球面与大地水准面有最佳的符合，同时要求椭球中心与地球质心一致或最为接近。

为了简化大地坐标、大地方位角与天文坐标、天文方位角之间的换算，规定椭球定向时，无论是局部定位还是地心定位，都应满足两个平行条件，即椭球短轴需要平行于地球的自转轴；大地起始子午面需要平行于天文起始子午面。

2. 椭球定位与定向的方法

如图 3-8 所示，以地球中心 O_1 为原点，以地球地轴为 Z 轴，向北为正，以地球中心指向起始天文子午线与赤道的交点方向为 X 轴，并作为正方向，建立右手系空间直角坐标系 $O_1\text{-}X_1Y_1Z_1$；以椭球中心 O 为原点，以椭球短轴作为 Z 轴，向北为正，以椭球中心指向起始大地子午线与赤道的交点方向为 X 轴，并作为正方向，建立右手系空间直角坐标系 $O\text{-}XYZ$。两个坐标系原点之间的相对位置关系可以用三个平移参数 X_0、Y_0、Z_0 来表示；两个坐标系坐标轴之间的相对位置关系可以用三个旋转参数 ε_x、ε_y、ε_z 来表示。

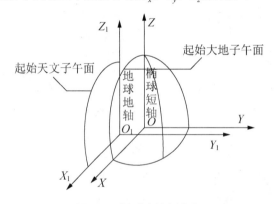

图 3-8　椭球定位与定向

进行转换时，首先选定某一适宜的点 K 作为大地原点，在该点上实施精密的天文大地测量和高程测量，由此得到该点的天文经度 λ_K、天文纬度 φ_K、正高 $H_{正K}$、至某一相邻点的天文方位角 α_K。以大地原点垂线偏差的子午圈分量 ξ_K、卯酉圈分量 η_K、大地水准面差距 N_K 和 ε_x、ε_y、ε_z 为参数，并顾及椭球定向的两个平行条件，即

$$\left.\begin{aligned}\varepsilon_x&=0\\\varepsilon_y&=0\\\varepsilon_z&=0\end{aligned}\right\} \tag{3-11}$$

可以得到

$$\left.\begin{aligned}L_K&=\lambda_K-\eta_K\sec\varphi_K\\B_K&=\varphi_K-\xi_K\\A_K&=\alpha_K-\eta_K\tan\varphi_K\\H_K&=H_{正K}+N_K\end{aligned}\right\} \tag{3-12}$$

按照参与椭球定位与定向的点的个数，可以将椭球定位与定向的方法分为一点定位与多点定位两种方法。

1) 一点定位

一点定位是指利用大地原点进行定位，使椭球面与大地水准面在大地原点 K 处相切，并使大地原点 K 处参考椭球的法线方向与铅垂线方向重合，即式(3-12)变为

$$\left.\begin{array}{l} L_K = \lambda_K \\ B_K = \varphi_K \\ A_K = \alpha_K \\ H_K = H_{\text{正}K} \end{array}\right\} \tag{3-13}$$

由式(3-13)可知，仅仅根据大地原点上的天文观测和高程测量的结果，即可确定椭球的定位与定向。但是由于定位与定向时，仅仅采用大地原点一点的观测数据，往往不能准确地反应整个区域的整体特征，存在一定的偏差，在较大范围内往往难以使椭球面与大地水准面有较好地密合，因此，一点定位一般仅供一个国家或地区在天文大地测量工作的初期时使用，以解决资料缺乏的问题。

2) 多点定位

由于一点定位准确性较差，所以，当某一国家或地区的天文大地测量工作进行到一定程度的时候或基本完成后，利用若干拉普拉斯点，即测定了天文经度、天文纬度和天文方位角的大地点的测量成果和已有的椭球参数，按照广义弧度测量方程，按 $\sum N^2 = \min$ 或 $\sum \zeta^2 = \min$ 这一条件，通过计算进行新的定位和定向，从而建立新的参心大地坐标系。按这种方法进行参考椭球的定位和定向，由于包含了许多拉普拉斯点，因此通常称为多点定位法。

多点定位的结果使椭球面在大地原点不再同大地水准面相切，但在所使用的天文大地网资料的范围内，椭球面与大地水准面有最佳的密合。

3.4.3　大地原点的确定

确定大地原点是建立参心坐标系的重要工作之一，参考椭球的定位和定向，一般是依据大地原点的天文观测和高程测量结果，通过确定 ξ_K、η_K、N_K 和 ε_x、ε_y、ε_z，计算出大地原点上的 L_K、B_K、H_K 和至某一相邻点的大地方位角 A_K 来实现的。如图 3-9 所示，依据 L_K、B_K、A_K 和归算到椭球面上的各种观测值，可以精确计算出天文大地网中各点的大地坐标，其中，L_K、B_K、A_K 被称作大地测量基准，又称大地测量起算数据，大地原点也叫大地基准点或大地起算点。

由此可以看出，椭球的形状和大小以及椭球的定位和定向与大地原点上大地起算数据的确定是密切相关的。对于建立参心大地坐标系而言，参考椭球的定位和定向是通过确定大地原点的大地起算数据来实现的，而确定起算数据又是椭球定位和定向的结果。不论采用何种定位和定向方法来建立国家大地坐标系，必须有且只有一个大地原点，否则定位和定向的结果就无法明确地表现出来。

因此，一定的参考椭球和一定的大地原点起算数据，确定了一定的坐标系。通常就是用参考椭球和大地原点上的起算数据的确立作为一个参心大地坐标系建成的标志。

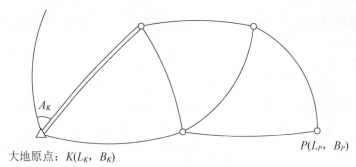

图 3-9　大地原点与大地起算数据

3.4.4　代表性的参心坐标系

我国曾经先后颁布并实施了三套参心坐标系，即 1954 年北京坐标系、1980 西安坐标系和新 1954 年北京坐标系。

1．1954 年北京坐标系(BJ54)

新中国成立以后，我国大地测量进入了全面发展时期，在全国范围内开展了正规的、全面的大地测量和测图工作，迫切需要建立一个参心大地坐标系。由于当时特殊的政治趋向，故我国采用了前苏联的克拉索夫斯基椭球参数，并与苏联 1942 年坐标系进行联测，通过计算建立了我国大地坐标系，定名为 1954 年北京坐标系。因此，1954 年北京坐标系可以认为是苏联 1942 年坐标系的延伸，它的大地原点不在北京而是在苏联的普尔科沃。

1954 年北京坐标系不是按照椭球定位的理论独立建立起来的，而是采用克拉索夫斯基椭球参数，即长半轴 a=6 378 245.0000m，短半轴 b=6 356 863.0188m，扁率 α=1/298.3，并经过东北边境的呼玛、吉拉林、东宁三个基线网，同苏联的大地网联接，通过计算建立起我国的大地坐标系。

1954 年北京坐标系采用多点定位法对椭球进行定位与定向，其高程基准为 1956 年青岛验潮站求出的黄海平均海水面，高程异常以原苏联 1955 年大地水准面重新平差结果为起算数据，按我国天文水准路线推算而得。

1954 年北京坐标系是我国建立的第一套坐标系，自建立以来，在该坐标系内进行了许多地区的局部平差，其成果得到了广泛的应用，为我国国防、科研、建设等方面都提供了重要的参考依据，在各个领域都曾发挥了重要的作用。但是随着测绘新理论、新技术的不断发展，该坐标系的缺点也逐渐显现出来，主要体现在以下几个方面。

(1) 椭球参数有较大误差。克拉索夫斯基椭球参数与现代精确的椭球参数相比，长半轴约偏大 109m。

(2) 参考椭球面与我国大地水准面存在着自西向东明显的系统性的倾斜，在东部地区大地水准面差距最大达到+68m。这使得大比例尺地形图反映地面的精度受到严重影响，同时也对观测量元素的归算提出了更严格的要求。

(3) 几何大地测量和物理大地测量应用的参考面不统一。我国在处理重力数据时采用赫尔默特 1900—1909 年正常重力公式，与这个公式相应的赫尔默特扁球不是旋转椭球，它与克拉索夫斯基椭球不一致，给实际工作带来了较大的麻烦。

(4) 定向不明确。椭球短半轴的指向既不是国际普遍采用的国际协议原点(CIO)，也不是我国地极原点 $JYD_{1968.0}$；起始大地子午面也不是国际时间局(BIH)所定义的格林尼治平均天文台子午面，从而给坐标换算带来一些不便和误差。

(5) 坐标系采用局部平差方式进行计算，误差较大，而且全国计算成果的精度不统一。

2. 1980 年国家大地坐标系(GDZ80)

鉴于 1954 年北京坐标系的弊病，在全国天文大地网平差前，必须考虑建立一个更合适的新的坐标系。所以，1978 年 4 月在西安召开了全国天文大地网平差会议，确定重新定位，建立我国新的坐标系，命名为"1980 年国家大地坐标系"。坐标系的大地原点选在陕西省西安市泾阳县永乐镇，因此又称为 1980 西安坐标系，通常称为"西安 80 坐标系"。

1980 年国家大地坐标系采用国际地理联合会(IGU)第十六届大会推荐的椭球参数，即 1975 国际椭球的参数，具体如下：

长半轴：a=6 378 140±5m；

短半轴：b=6 356 755.2882m；

扁率：α =1/298.257。

西安 80 坐标系中，椭球短轴 Z 轴平行于地球质心指向我国地极原点 $JYD_{1968.0}$ 方向；大地起始子午面平行于格林尼治平均天文台子午面；X 轴在大地起始子午面内通过椭球中心与 Z 轴垂直指向经度 0°方向；Y 轴与 Z、X 轴成右手坐标系。椭球定位参数以我国范围内高程异常值平方和等于最小为条件求解，其高程以 1956 年青岛验潮站求出的黄海平均海水面为基准。

综合分析，可以得到以下结论：

(1) 西安 80 坐标系是在 1954 年北京坐标系基础上建立起来的。

(2) 采用多点定位模式，使椭球面同似大地水准面在我国境内最为密合。

(3) 由于椭球定向明确，起始大地子午面平行于我国起始天文子午面，即 $\varepsilon_X = \varepsilon_Y = \varepsilon_Z = 0$。

(4) 该坐标系建立后，对全国天文大地网进行了整体平差，确保了全国控制网精度的统一。

3. 新 1954 年北京坐标系(BJ54 新)

建立新 1954 年北京坐标系的主要原因在于在全国的以西安 80 坐标系为基准的测绘成果建立之前，北京 54 坐标系下旧的测绘成果仍将存在较长的时间，而北京 54 坐标系下旧的成果与西安 80 坐标系下新的成果两者之间差距较大，给成果的使用带来不便，所以建立了新 1954 年北京坐标系作为过渡坐标系。

新 1954 年北京大地坐标系是将 1980 年国家大地坐标系下的全国天文大地网整体平差成果，以克拉索夫斯基椭球体面为参考面，通过坐标转换整体换算至 1954 年北京坐标系下而形成的大地坐标系统。其坐标不但体现了整体平差成果的优越性，它的精度和 1980 年国家大地坐标系坐标精度一样，克服了原 1954 年北京坐标系是局部平差的缺点。又由于恢复至原 1954 年北京坐标系的椭球参数，从而使其坐标值和原 1954 年北京坐标系局部平差坐标值相差较小，在全国超过 80%的地区，新旧北京 54 坐标系下的坐标值之差小于 5m。所以，如果地形图比例尺小于 1∶5 万时，由于坐标差值造成的影响在图上将不超过 0.1mm，这一精度完全符合相应比例尺地形图的要求。

综上所述，新 1954 年北京坐标系具有如下特点。

(1) 采用克拉索夫斯基椭球参数，综合 GDZ80 和 BJ54 新建立起来的参心坐标系。

(2) 采用多点定位，但椭球面与大地水准面在我国境内不是最佳拟合。

(3) 定向明确，坐标轴与 GDZ80 相平行，椭球短轴平行于地球质心指向我国地极原点 $JYD_{1968.0}$ 方向，起始大地子午面平行于我国起始天文子午面，即 $\varepsilon_X = \varepsilon_Y = \varepsilon_Z = 0$。

(4) 大地原点与 GDZ80 相同，但大地起算数据不同。

(5) 大地高程基准采用 1956 年黄海高程系。

(6) 与 BJ54 采用的椭球参数相同，定位相近，但定向不同。

(7) 与 GDZ80 相同，坐标系采用整体平差。

3.5　地心坐标系

地心坐标系是以地球质量中心为原点的坐标系，其椭球中心与地球质心重合。

3.5.1　地心坐标系的产生与分类

20 世纪 50 年代之前，各个国家或地区都是在其所选择的参考椭球与其所在地区的大地水准面最佳拟合的条件下，按弧度测量方法来建立各自的局部大地坐标系的，而各国家的局部大地坐标系间几乎没有联系。不过在当时的科学发展水平上，局部大地坐标系已能基本满足各国大地测量和制图工作的要求。但是，为了研究地球形状的整体及其外部重力场以及地球动力现象，特别是 20 世纪 50 年代末，人造地球卫星和远程弹道武器出现后，为了描述它们在空间的位置和运动，以及表示其地面发射站和跟踪站的位置，需要建立全球范围内统一的坐标系，因此便产生了全球地心坐标系，也称为世界坐标系。

地心坐标系又可以分为地心空间直角坐标系和地心大地坐标系两类。地心空间直角坐标系的原点 O 与地球质心重合，Z 轴指向地球北极，X 轴指向格林尼治平均子午面与地球赤道的交点，Y 轴垂直于 XOZ 平面并与 X、Z 轴构成右手坐标系，任意一点的位置可用 (X, Y, Z) 坐标来表示。

地心大地坐标系也称为地理坐标系，是大地测量中以地球椭球赤道面和大地起始子午面为起算面并以地球椭球面为基准面建立起来的坐标系，以大地经度 L、大地纬度 B、大地高 H 来表示地面或空间点的位置。地心大地坐标系中地球椭球的中心与地球质心重合，椭球面与大地水准面在全球范围内最佳符合，椭球的短轴与地球的自转轴重合，即过地球质心并指向北极，大地纬度 B 为过地面点的椭球法线与椭球赤道面的夹角，大地经度 L 为过地面点的椭球子午面与格林尼治的大地子午面之间的二面角，大地高 H 为地面点沿椭球法线至椭球面的距离。地球北极是地心坐标系的基准指向点，地球北极点的变动将引起坐标轴方向的变化。

3.5.2　地心坐标系的建立

建立一个地心坐标系，需要满足以下 3 个条件：

(1) 确定地球椭球体。地球椭球的大小、形状、质量要与大地体最佳吻合。

(2) 地心的定位和定向。坐标系原点位于地球(含海洋和大气)的质心；定向为国际时间局(BIH)测定的某一历元的协议地极(CTP)和零子午线，称为地球定向参数 EOP，如 $BIH_{1984.0}$ 是指 Z 轴和 X 轴指向分别为 BIH 历元 1984.0 年的协议地极(CTP)和零子午线；定向随时间的演变满足地壳无整体运动的约束条件。

(3) 采用广义相对论下某一局部地球框架内的尺度作为测量长度的尺度。

根据上述原则，建立地心坐标系的方法可分为直接法和间接法两类。

直接法是指通过一定的天文观测、重力观测、卫星观测等资料直接求得点的地心坐标的方法，如天文重力法和卫星大地测量动力法等。

间接法是指通过一定的资料，其中包括地心系统和参心系统的资料，求得地心坐标系和参心坐标系之间的转换参数，而后按其转换参数和参心坐标，间接求得点的地心坐标的方法，如应用全球天文大地水准面差距法以及利用卫星网与地面网重合点的两套坐标建立地心坐标转换参数等方法。

20 世纪 60 年代以来，美国和苏联等国家利用卫星观测等资料，开展了建立地心坐标系的工作。美国国防部曾先后建立过世界大地坐标系(World Geodetic System，WGS)WGS-60、WGS-66 和 WGS-72，并于 1984 年开始，经过多年修正和完善，建立起更为精确的地心坐标系统，称为 WGS-84，该系统一直延续至今，主要应用于 GPS 测量中。

我国在建立地心坐标系方面也已取得一定的进展，1978 年建立了地心一号(DX-1)转换参数，1988 年建立了更精确的地心二号(DX-2)转换参数，用于将 1954 年北京坐标系与 1980 年国家大地坐标系的坐标换算为我国地心坐标系 DXZ78 或 DXZ88 的坐标。2008 年，我国建立第一套独立的地心坐标系 2000 国家大地坐标系。

3.5.3　代表性的地心坐标系

目前，被广泛应用的具有代表性的地心坐标系主要有 1984 年世界大地坐标系(WGS-84)和 2000 国家大地坐标系(CGCS2000)。

1. 1984 年世界大地坐标系(WGS-84)

1984 年世界大地坐标系是由美国国防部推行并建立的，开发这一系统最初目的是为美国军方导航和武器系统提供更精密的大地测量数据和引力数据。

如图 3-10 所示，WGS-84 坐标系原点是地球的质心，空间直角坐标系的 Z 轴指向国际时间局 $BIH_{1984.0}$ 定义的协议地极(CTP)方向，即国际协议原点 CIO，它由国际天文学联合会(IAU)和国际大地测量和地球物理学联合会(IUGG)共同推荐。X 轴指向 BIH 定义的零度子午面和协议地极(CTP)相对应的赤道的交点，Y 轴和 Z 轴、X 轴构成右手坐标系。

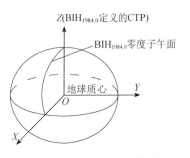

图 3-10　WGS-84 坐标系

WGS-84 椭球采用国际大地测量与地球物理联合会(IUGG)第 17 届大会测量常数推荐值，坐标系基本几何参数如下。

长半轴： $a = 6378137\mathrm{m}$ ；

地球引力和地球质量的乘积(含大气层)： $GM = 3.986\,005 \times 10^{14}\mathrm{m}^3/\mathrm{s}^2$ ；

正常化二阶带球谐系数： $\overline{C}_{2.0} = -484.166\,85 \times 10^{-6}$ ；

地球自转角速度： $\omega = 7.292\,115 \times 10^{-5}\mathrm{rad}/\mathrm{s}$ 。

根据以上 4 个参数可以进一步求得以下常用参数。

地球扁率： $\alpha = 1/298.257\,223\,564$ ；

第一偏心率平方： $e^2 = 0.006\,694\,379\,901\,3$ ；

第二偏心率平方： $e'^2 = 0.006\,739\,496\,742\,27$ ；

赤道正常重力： $\gamma_e = 9.780\,326\,771\,4\mathrm{m}/\mathrm{s}^2$ ；

极正常重力： $\gamma_p = 9.832\,186\,368\,5\mathrm{m}/\mathrm{s}^2$ 。

2. 2000 国家大地坐标系(CGCS2000)

随着社会的进步，国民经济建设、国防建设和社会发展、科学研究等对国家大地坐标系提出了新的要求，迫切需要采用原点地心坐标系作为国家大地坐标系。鉴于此，2008 年 7 月 1 日起，我国启用地心坐标系，即 2000 国家大地坐标系。

国家大地坐标系的定义包括坐标系的原点、3 个坐标轴的指向、尺度以及地球椭球的 4 个基本参数的定义。2000 国家大地坐标系的原点为包括海洋和大气的整个地球的质量中心；Z 轴由原点指向历元 2000.0 的地球参考极的方向，该历元的指向由国际时间局给定的历元为 1984.0 的初始指向推算，定向的时间演化保证相对于地壳不产生残余的全球旋转；X 轴由原点指向格林尼治参考子午线与地球赤道面(历元 2000.0)的交点，Y 轴与 Z 轴、X 轴构成右手正交坐标系。

2000 国家大地坐标系采用的地球椭球参数的数值如下。

长半轴： $a = 6\,378\,137\mathrm{m}$ ；

短半轴： $b = 6\,356\,752.314\,14\mathrm{m}$ ；

扁率： $\alpha = 1/298.257\,222\,101$ ；

地心引力常数： $GM = 3.986\,004\,418 \times 10^{14}\mathrm{m}^3/\mathrm{s}^2$ ；

自转角速度： $\omega = 7.292\,115 \times 10^{-5}\mathrm{rad}/\mathrm{s}$ ；

第一偏心率平方： $e^2 = 0.006\,694\,380\,022\,90$ ；

第二偏心率平方： $e'^2 = 0.006\,739\,496\,775\,48$ ；

赤道正常重力： $\gamma_e = 9.780\,325\,336\,1\mathrm{m}/\mathrm{s}^2$ ；

极正常重力： $\gamma_p = 9.832\,184\,937\,9\mathrm{m}/\mathrm{s}^2$ 。

按照国家测绘地理信息局的部署，要求 2008 年 7 月起，提供 2000 国家大地坐标系下现有的控制点坐标成果，包括 2000 国家 GPS 大地控制网的坐标成果，一、二等天文大地点的坐标成果。2009 年完成 2000 国家大地坐标系下的三、四等天文大地网平差并提供坐标成果。

对于已有的测绘成果，要在规定的时间内转换至 2000 国家大地坐标系下，要求 2008 年底前，完成 1：5 万以及小比例尺地形图图幅坐标平移量计算并提供使用；2009 年年底前，提供具有三套坐标系(1954 年北京坐标系、1980 西安坐标系、2000 国家大地坐标系)下图廓、控制格网等 1：5 万坐标参考模片电子版；计算并提供 1：1 万地形图图幅坐标平移量；开展

2000 国家大地坐标系下的 1∶5 万地形图编制印刷；2010 年年底前，完成 1∶5 万、1∶25 万基础地理信息数据库坐标系的转换并向社会提供；2012 年年底前，完成 2000 国家大地坐标系下的 1∶5 万地形图编制印刷并提供使用。

3.6　站心坐标系

以测站为原点，测站的法线(或垂线)为 Z 轴方向的坐标系称为法线(或垂线)站心坐标系。站心坐标系，常用来描述参照于测站点的相对空间位置关系，或者作为坐标转换的过渡坐标系。

3.6.1　垂线站心直角坐标系

如图 3-11 所示，垂线站心直角坐标系是以测站 P 为原点，P 点的垂线为 z 轴(指向天顶为正)，子午线方向为 x 轴(向北为正)，y 轴与 x、z 轴垂直(向东为正)构成的左手坐标系。

利用垂线站心直角坐标系对地面点进行定位时，需要观测测站点 P 至目标 Q 的斜距 d、PQ 的天文方位角 α、PQ 的天顶距 Z，从图 3-11 中可以看出：

$$\left.\begin{aligned} x &= d\cos\alpha\sin Z \\ y &= d\sin\alpha\sin Z \\ z &= d\cos Z \end{aligned}\right\} \qquad (3\text{-}14)$$

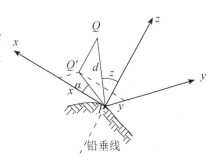

图 3-11　垂线站心直角坐标系

3.6.2　法线站心直角坐标系

如图 3-12 所示，法线站心直角坐标系是以测站 P 为原点，P 点的法线为 z 轴(指向天顶为正)，子午线方向为 x 轴(向北为正)，y 轴与 x、z 轴垂直(向东为正)构成的左手坐标系。

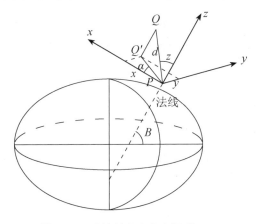

图 3-12　法线站心直角坐标系

利用法线站心直角坐标系对地面点进行定位时，其观测值与坐标表示方法与垂线站心直角坐标系相同，详见式(3-14)。

3.7 坐标系统的转换

由于测量工作中多套坐标系同时存在，所以，常常需要对不同的坐标成果进行转换。坐标系统的换算主要包括空间直角坐标系之间的转换、不同大地坐标系之间的转换、直角坐标系与大地坐标系之间的转换等。

3.7.1 空间直角坐标系之间的转换

不同的空间直角坐标系之间的转换主要是通过对坐标系的平移、旋转与缩放而实现的，其中，坐标系的旋转是坐标转换的关键步骤之一，两个坐标系进行相互变换的旋转角称为欧拉角。

1. 平面直角坐标系之间的转换

如图 3-13 所示，假设两个平面直角坐标系 $O\text{-}x_1y_1$ 和 $O\text{-}x_2y_2$ 存在着共同的原点 O，两个坐标系的 x 轴所形成的夹角为 θ，则两个直角坐标系进行相互变换时需要对坐标系统旋转 θ 角，此 θ 角即为欧拉角。两个坐标系之间的换算关系为

$$\begin{bmatrix} x_2 \\ y_2 \end{bmatrix} = \begin{bmatrix} \cos\theta & \sin\theta \\ -\sin\theta & \cos\theta \end{bmatrix} \begin{bmatrix} x_1 \\ y_1 \end{bmatrix} \tag{3-15}$$

式中，$\begin{bmatrix} \cos\theta & \sin\theta \\ -\sin\theta & \cos\theta \end{bmatrix}$ 称为旋转矩阵。

2. 具有共同原点的空间直角坐标系之间的转换

如图 3-14 所示，空间直角坐标系 $O\text{-}X_1Y_1Z_1$ 和 $O\text{-}X_2Y_2Z_2$ 具有相同的坐标原点，但坐标轴不重合，两个坐标系的转换可以通过绕不同的坐标轴旋转三次而实现。

首先，绕 OZ_1 轴旋转 ε_z 角，则 OX_1 和 OY_1 分别旋转至 OX_0 和 OY_0 位置；

然后，绕 OY_0 轴旋转 ε_y 角，则 OX_0 和 OZ_1 分别旋转至 OX_2 和 OZ_0 位置；

最后，绕 OX_2 轴旋转 ε_x 角，则 OY_0 和 OZ_0 分别旋转至 OY_2 和 OZ_2 位置。

三次旋转分别绕不同的轴线旋转了 ε_x、ε_y、ε_z 角，这 3 个角为三维空间直角坐标转换的 3 个旋转角，即欧拉角。绕任意轴线旋转时，都可以看作在另外两条轴线所构成的平面内进行了一次平面直角坐标系的转换，均可得到一个旋转矩阵。与它们相对应的旋转矩阵分别为

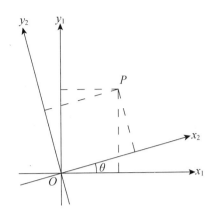

图 3-13　具有共同原点的空间直角坐标系之间的转换

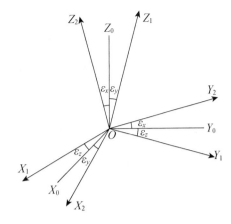

图 3-14　平面直角坐标系之间的转换

$$R\left(\varepsilon_x\right) = \begin{bmatrix} 1 & 0 & 0 \\ 0 & \cos\varepsilon_x & \sin\varepsilon_x \\ 0 & -\sin\varepsilon_x & \cos\varepsilon_x \end{bmatrix} \tag{3-16}$$

$$R\left(\varepsilon_y\right) = \begin{bmatrix} \cos\varepsilon_y & 0 & -\sin\varepsilon_y \\ 0 & 1 & 0 \\ \sin\varepsilon_y & 0 & \cos\varepsilon_y \end{bmatrix} \tag{3-17}$$

$$R\left(\varepsilon_z\right) = \begin{bmatrix} \cos\varepsilon_z & \sin\varepsilon_z & 0 \\ -\sin\varepsilon_z & \cos\varepsilon_z & 0 \\ 0 & 0 & 1 \end{bmatrix} \tag{3-18}$$

设 R_0 为总旋转矩阵，则

$$R_0 = R\left(\varepsilon_x\right)R\left(\varepsilon_y\right)R\left(\varepsilon_z\right) \tag{3-19}$$

将式(3-16)、式(3-17)、式(3-18)带入式(3-19)可得

$$R_0 = \begin{bmatrix} \cos\varepsilon_y\cos\varepsilon_z & \cos\varepsilon_y\sin\varepsilon_z & -\sin\varepsilon_y \\ -\cos\varepsilon_x\sin\varepsilon_z + \sin\varepsilon_x\sin\varepsilon_y\cos\varepsilon_z & \cos\varepsilon_x\cos\varepsilon_z + \sin\varepsilon_x\sin\varepsilon_y\sin\varepsilon_z & \sin\varepsilon_x\cos\varepsilon_y \\ \sin\varepsilon_x\sin\varepsilon_z + \cos\varepsilon_x\sin\varepsilon_y\sin\varepsilon_z & -\sin\varepsilon_x\cos\varepsilon_z + \cos\varepsilon_x\sin\varepsilon_y\sin\varepsilon_z & \cos\varepsilon_x\cos\varepsilon_y \end{bmatrix} \tag{3-20}$$

在实际测量工作中，由于两套坐标系统之间轴线指向方向均大致相同，所以，一般 ε_x、ε_y、ε_z 均为较小的角，可近似取值：

$$\left. \begin{aligned} &\cos\varepsilon_x = \cos\varepsilon_y = \cos\varepsilon_z = 1 \\ &\sin\varepsilon_x = \varepsilon_x, \sin\varepsilon_y = \varepsilon_y, \sin\varepsilon_z = \varepsilon_z \\ &\sin\varepsilon_x\sin\varepsilon_y = \sin\varepsilon_x\sin\varepsilon_z = \sin\varepsilon_y\sin\varepsilon_z = 0 \end{aligned} \right\} \tag{3-21}$$

所以，式(3-20)可以表示为

$$R_0 = \begin{bmatrix} 1 & \varepsilon_z & -\varepsilon_y \\ -\varepsilon_z & 1 & \varepsilon_x \\ \varepsilon_y & -\varepsilon_x & 1 \end{bmatrix} \tag{3-22}$$

式(3-22)又称为微分旋转矩阵。

综上所述，具有共同原点的空间直角坐标系之间进行转换时可表示为

$$\begin{bmatrix} X_2 \\ Y_2 \\ Z_2 \end{bmatrix} = \boldsymbol{R}_0 \begin{bmatrix} X_1 \\ Y_1 \\ Z_1 \end{bmatrix} = \begin{bmatrix} 1 & \varepsilon_z & -\varepsilon_y \\ -\varepsilon_z & 1 & \varepsilon_x \\ \varepsilon_y & -\varepsilon_x & 1 \end{bmatrix} \begin{bmatrix} X_1 \\ Y_1 \\ Z_1 \end{bmatrix} \tag{3-23}$$

3. 任意空间直角坐标系的转换

如图3-15所示，不同空间直角坐标系的坐标原点、坐标轴方向、尺度标准均有可能不同。因此，对于不同的空间直角坐标系进行转换时，需要经过平移、旋转、缩放等步骤，这一过程可以采用布尔莎七参数法来实现。其相应的转换公式为：

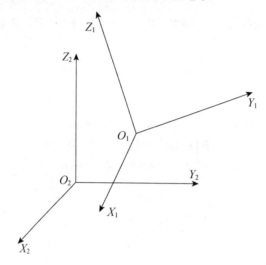

图3-15　任意空间直角坐标系的转换

$$\begin{bmatrix} X_2 \\ Y_2 \\ Z_2 \end{bmatrix} = \begin{bmatrix} \Delta X \\ \Delta Y \\ \Delta Z \end{bmatrix} + \begin{bmatrix} 1 & \varepsilon_z & -\varepsilon_y \\ -\varepsilon_z & 1 & \varepsilon_x \\ \varepsilon_y & -\varepsilon_x & 1 \end{bmatrix} \begin{bmatrix} X_1 \\ Y_1 \\ Z_1 \end{bmatrix} + (1+m) \begin{bmatrix} X_1 \\ Y_1 \\ Z_1 \end{bmatrix} \tag{3-24}$$

其中，ΔX、ΔY、ΔZ为3个平移参数，ε_x、ε_y、ε_z为3个旋转参数，m为一个尺度参数。

由式(3-24)可以看出，对于任意两个空间直角坐标系，需要3个公共点即可求得7个转换参数，进而实现坐标系的转换。当公共点多于3个时，可以采用最小二乘法求得7个转换参数的最或然值。

3.7.2　不同大地坐标系的转换

式(3-6)已经给出空间直角坐标系与大地坐标系之间的转换关系，如果顾及大地高 H ，可以得出大地坐标系与空间直角坐标系之间的关系式为

$$\begin{bmatrix} X \\ Y \\ Z \end{bmatrix} = \begin{bmatrix} (N+H)\cos B\cos L \\ (N+H)\cos B\sin L \\ \left[N(1-e^2)+H\right]\sin B \end{bmatrix} \tag{3-25}$$

对式(3-25)两端取全微分，并经过整理即可得到：

$$\begin{bmatrix} dL \\ dB \\ dH \end{bmatrix} = \begin{bmatrix} -\dfrac{\sin L}{(N+H)\cos B}\rho'' & \dfrac{\cos L}{(N+H)\cos B}\rho'' & 0 \\ -\dfrac{\sin B\cos L}{M+H}\rho'' & -\dfrac{\sin B\sin L}{M+H}\rho'' & \dfrac{\cos B}{M+H}\rho'' \\ \cos B\cos L & \cos B\sin L & \sin B \end{bmatrix} \begin{bmatrix} \Delta X_0 \\ \Delta Y_0 \\ \Delta Z_0 \end{bmatrix} +$$

$$\begin{bmatrix} \tan B\cos L & \tan B\sin L & -1 \\ -\sin L & \cos L & 0 \\ -\dfrac{Ne^2\sin B\cos B\sin L}{\rho''} & \dfrac{Ne^2\sin B\cos B\cos L}{\rho''} & 0 \end{bmatrix} \begin{bmatrix} \varepsilon_x \\ \varepsilon_y \\ \varepsilon_z \end{bmatrix} +$$

$$\begin{bmatrix} 0 \\ -\dfrac{N}{(M+H)}e^2\sin B\cos B\rho'' \\ N(1-e^2\sin^2 B)+H \end{bmatrix} m \begin{bmatrix} 0 & 0 \\ \dfrac{N}{(M+H)a}e^2\sin B\cos B\rho'' & \dfrac{M(2-e^2\sin^2 B)}{(M+H)(1-\alpha)}\sin B\cos B\rho'' \\ -\dfrac{N}{a}(1-e^2\sin^2 B) & \dfrac{M}{1-\alpha}(1-e^2\sin^2 B)\sin^2 B \end{bmatrix} \begin{bmatrix} \Delta a \\ \Delta\alpha \end{bmatrix}$$

$$\tag{3-26}$$

上式通常称为广义大地坐标微分公式或广义变换椭球微分公式。如略去旋转参数和尺度变化参数的影响，即简化为一般的大地坐标微分公式。

根据 3 个以上公共点的两套大地坐标值，可列出 9 个以上如式(3-26)的方程，采用最小二乘原理可求出其中的 9 个转换参数。即 3 个平移参数 ΔX、ΔY、ΔZ，3 个旋转参数 ε_x、ε_y、ε_z，一个尺度变化参数 m，两个椭球变化参数 Δa、$\Delta\alpha$。

3.7.3　站心坐标系的转换

站心直角坐标系一般是在每一个测站上独立建立而成的，与其他坐标系统缺少必要的联系，因此，站心坐标系需要将结果换算至国家统一的空间直角坐标系或其他坐标系。

1. 垂线站心直角坐标系与地心空间直角坐标系的转换

如图 3-16 所示，垂线站心直角坐标系 $P\text{-}xyz$ 与地心空间直角坐标系 $O\text{-}XYZ$ 的本质区别在于前者是左手坐标系，而后者是右手坐标系。设待测点 Q 在 $P\text{-}xyz$ 坐标系中坐标为 (x_Q, y_Q, z_Q)，在 $O\text{-}XYZ$ 坐标系中坐标为 (X_Q, Y_Q, Z_Q)。转换时首先需要将垂线站心直角坐标系转换为右手坐

标系，这一转换可以通过将 $P\text{-}xyz$ 的 y 轴反向来实现，y 轴反向后得到 y''，即

$$\begin{bmatrix} x_Q \\ y_Q \\ z_Q \end{bmatrix}_y = \boldsymbol{P}_y \begin{bmatrix} x_Q \\ y_Q \\ z_Q \end{bmatrix} = \begin{bmatrix} 1 & 0 & 0 \\ 0 & -1 & 0 \\ 0 & 0 & 1 \end{bmatrix} \begin{bmatrix} x_Q \\ y_Q \\ z_Q \end{bmatrix} \tag{3-27}$$

式中，$\boldsymbol{P}_y$ 为 y 轴反向的旋转矩阵。

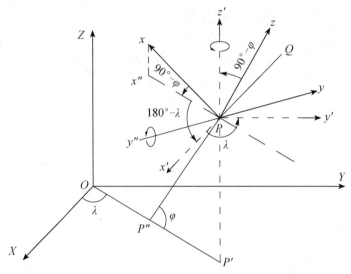

图 3-16　垂线站心直角坐标系的转换

设图 3-16 中，OP' 为 $P\text{-}xyz$ 坐标系中 Px 轴线在 $O\text{-}XY$ 平面上的投影，PP'' 为 Pz 轴的反向延长线，即测站 P 的垂线方向。则根据垂线站心直角坐标系与地心空间直角坐标系定义可知 λ 为测站 P 的天文经度，φ 为天文纬度。

可以看出，绕 y'' 轴旋转 $90°-\varphi$ 可得 z' 轴、x'' 轴，再绕 z' 轴旋转 $180°-\lambda$，即可得到 y' 轴和 x' 轴。旋转矩阵分别为

$$\boldsymbol{R}_{y'}(90°-\varphi) = \begin{bmatrix} \cos(90°-\varphi) & 0 & -\sin(90°-\varphi) \\ 0 & 1 & 0 \\ \sin(90°-\varphi) & 0 & \cos(90°-\varphi) \end{bmatrix} \tag{3-28}$$

$$\boldsymbol{R}_{z'}(180°-\lambda) = \begin{bmatrix} \cos(180°-\lambda) & \sin(180°-\lambda) & 0 \\ -\sin(180°-\lambda) & \cos(180°-\lambda) & 0 \\ 0 & 0 & 1 \end{bmatrix} \tag{3-29}$$

令

$$\begin{aligned} \boldsymbol{T} &= \boldsymbol{R}_{z'}(180°-\lambda)\boldsymbol{R}_{y'}(90°-\varphi)\boldsymbol{P}_y \\ &= \begin{bmatrix} -\sin\varphi\cos\lambda & -\sin\lambda & \cos\varphi\cos\lambda \\ -\sin\varphi\sin\lambda & \cos\lambda & \cos\varphi\sin\lambda \\ \cos\varphi & 0 & \sin\varphi \end{bmatrix} \end{aligned} \tag{3-30}$$

考虑到经过旋转后的 $P\text{-}x'y'z'$ 坐标系与 $O\text{-}XYZ$ 坐标系之间的平移参数 Δx、Δy、Δz，可得在 $O\text{-}XYZ$ 坐标系中，任意点 Q 的坐标为

$$\begin{bmatrix} X_Q \\ Y_Q \\ Z_Q \end{bmatrix} = \begin{bmatrix} X_P \\ Y_P \\ Z_P \end{bmatrix} + \mathbf{T} \begin{bmatrix} x_Q \\ y_Q \\ z_Q \end{bmatrix} \tag{3-31}$$

式(3-31)即为垂线站心直角坐标系坐标向地心空间直角坐标系坐标转换的计算公式。

反之，地心空间直角坐标系坐标向垂线站心直角坐标系坐标转换，仅需对旋转矩阵 $\mathbf{T}$ 求逆即可。而由于 $\mathbf{T}$ 为正交矩阵，则 $\mathbf{T}^{-1} = \mathbf{T}^T$，可以得出

$$\begin{bmatrix} x_Q \\ y_Q \\ z_Q \end{bmatrix} = \begin{bmatrix} -\sin\varphi\cos\lambda & -\sin\varphi\sin\lambda & \cos\varphi \\ -\sin\lambda & \cos\lambda & 0 \\ \cos\varphi\cos\lambda & \cos\varphi\sin\lambda & \sin\varphi \end{bmatrix} \begin{bmatrix} X_Q - X_P \\ Y_Q - Y_P \\ Z_Q - Z_P \end{bmatrix} \tag{3-32}$$

2. 法线站心直角坐标系与地心空间直角坐标系的转换

如图 3-17 所示，法线站心直角坐标系 $P\text{-}xyz$ 中任意点 Q 的坐标为 (x_Q, y_Q, z_Q)，在地心空间直角坐标系为 (X_Q, Y_Q, Z_Q)，则仿造式(3-31)和式(3-32)，可以得出法线站心直角坐标系与地心空间直角坐标系的转换关系分别为

$$\begin{bmatrix} x_Q \\ y_Q \\ z_Q \end{bmatrix} = \begin{bmatrix} X_P \\ Y_P \\ Z_P \end{bmatrix} + \begin{bmatrix} -\sin B\cos L & -\sin L & \cos B\cos L \\ -\sin B\sin L & \cos L & \cos B\sin L \\ \cos B & 0 & \sin B \end{bmatrix} \begin{bmatrix} x_Q \\ y_Q \\ z_Q \end{bmatrix} \tag{3-33}$$

$$\begin{bmatrix} x_Q \\ y_Q \\ z_Q \end{bmatrix} = \begin{bmatrix} -\sin B\cos L & -\sin B\sin L & \cos B \\ -\sin L & \cos L & 0 \\ \cos B\cos L & \cos B\sin L & \sin B \end{bmatrix} \begin{bmatrix} X_Q - X_P \\ Y_Q - Y_P \\ Z_Q - Z_P \end{bmatrix} \tag{3-34}$$

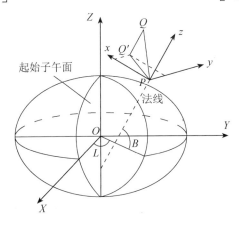

图 3-17　法线站心直角坐标系的转换

习　　题

1. 名词解释：天球；天轴；天极；黄道；白道；春分点；秋分点；岁差；章动；极移；恒星时；平太阳时；世界时；原子时；协调世界时；历书时；力学时；大地测量参考框架；

参心坐标系；地心坐标系；椭球定位与定向；站心坐标系。

2. 简述大地坐标系和空间直角坐标系的建立方法。

3. 在子午面直角坐标系中，如何表示地面点的位置？

4. 大地坐标系下的坐标和空间直角坐标系下的坐标之间如何进行转换？

5. 地球的运转与坐标系的建立有何关系？

6. 椭球面上各种坐标系之间是如何进行换算的？

7. 参考系可以按照哪些标准进行分类？各分为哪几类？

8. 建立参心坐标系需要进行哪些工作？如何进行椭球的定位与定向？

9. 大地原点与坐标原点相同吗？如果不同，请简述其区别。

10. 建立地心坐标系需要满足哪些条件？地心坐标系与参心坐标系的主要区别在哪里？

11. 我国先后采用过哪些坐标系统？这些坐标系统有哪些主要区别？

12. 什么是站心坐标系？站心坐标系可分为哪几类？站心坐标系主要应用于什么情况下？

13. 布尔莎七参数法进行坐标转换的基本原理是什么？需要哪些参数？至少需要几个已知点方可进行坐标转换？

14. 简述站心坐标系和空间直角坐标系之间进行坐标转换的主要步骤。

第4章 控制网的技术设计

布设控制网是控制测量工作中重要的一环，无论是布设平面控制网还是布设高程控制网，都在控制测量工作中占据着举足轻重的地位。布设控制网时，需要遵循一定的原则，按照一定的技术指标对控制网的网形选择、点位设置、精度评定等多方面因素进行设计。本章将对控制网技术设计环节所牵涉到的工作进行详尽阐述，并对国家平面控制网和国家高程控制网的基本内容进行概括的介绍。

4.1 国家平面控制网的布设方案与原则

平面控制网按其用途可以分为国家平面控制网和工程平面控制网。两种控制网适用范围不同、要求的精度不同、所选用的网形也有较大的差别。

4.1.1 国家平面控制网的布设原则

在全国范围内，按照国家统一颁布的国家标准、技术规范建立的统一坐标系统的平面控制网称为国家平面控制网。它是全国各种比例尺测图的基本控制，并为确定地球的形状和大小提供研究资料。

由于布网范围大、精度要求高、自然条件复杂多样、不同控制网间联系紧密等特点，使得国家平面控制网的建立成为一项系统性强、工作量浩大的工程。在建立国家平面控制网时，必须充分考虑实际情况，全面规划，统筹安排，兼顾数量、质量、经费和时间的关系，拟定出具体的实施细则，作为布网的依据。在工作过程中必须遵守以下原则。

1. 分级布网，逐级控制

我国幅员辽阔，地形复杂，如果在全国范围内一次性建立能够满足所有需要的高精度平面控制网，将会面临技术难度大、可行性较低、工作量巨大、布网周期长等难题的考验，几乎无法实现。因此，采用分级布网、逐级控制的原则，按照等级由高到低的顺序依次建立各个等级的控制网。

国家控制网按照精度从高到低可以分为一、二、三、四等四个等级。一等三角网是国家平面控制网的骨干，其作用是在全国范围内建立一个统一坐标系的框架，为其他等级控制网的建立以及研究地球的形状和大小提供资料。二等三角网是在一等锁控制下布设的，它既是加密三、四等三角网的基础，同时又是地形测图的基本控制。三、四等三角网是在一、二等网控制下布设的，是为了加密控制点，以满足测图和工程建设的需要。因此，在布设控制网时，要先建立一等三角网，然后逐级加密形成所有的控制。由一等三角网至四等三角网，控制网的精度逐渐降低，边长逐渐缩短，控制点逐渐加密。

随着 GPS 技术的逐渐普及,国家也逐步建立了不同等级的国家 GNSS 控制网。在用 GNSS 技术布设控制网时,也是采用从高到低,分级布设的方法。《全球定位系统(GPS)测量规范》中规定,GPS 测量控制网按其精度划分为 A、B、C、D、E 五级,其中 A 级网建立我国最高精度的坐标框架,B、C、D、E 级分别相当于常规大地测量的一、二、三、四等。

2. 具有足够的精度

国家一、二等三角网是三、四等三角网和工程平面控制网的基础,国家三、四等三角网又是大比例尺地形图测图的基础。因此,国家平面控制网的精度必须保证测图的实际需要。在测图中,要求首级图根点相对于起算三角点的点位误差,在图上应不超过 ±0.1mm,则相对于地面点的点位误差应不超过 ±0.1M mm(M 为测图比例尺分母)。

图根点的误差既受到图根点测量误差的影响,同时又受到国家平面控制点的影响,所以,为使国家平面控制点的误差影响可以忽略不计,应使相邻国家平面控制点的点位误差小于 $\pm\frac{1}{3}\times 0.1M$ mm。据此可得出不同比例尺测图对相邻三角点点位的精度要求,如表 4-1 所示。

表 4-1 不同比例尺测图对相邻三角点点位的精度要求

测图比例尺	1:50 000	1:25 000	1:10 000	1:5 000	1:2 000
图根点相对于三角点的点位中误差 /m	±5.0	±2.5	±1.0	±0.5	±0.2
相邻三角点的点位中误差/m	±1.7	±0.83	±0.33	±0.17	±0.07

我国传统的平面控制网多采用三角网插网法或插点法布设,其精度可以满足 1:2000 地形图的测图要求,而现行的平面控制网多采用一次性全面布网的方法布设,其精度已经远高于 1:2000 地形图的测图要求。

对于 GNSS 网来说,各级 GNSS 网相邻点间弦长精度用式(4-1)表示,并按表 4-2 的规定执行。

$$\sigma = \sqrt{a^2 + (bd)^2} \tag{4-1}$$

式中,σ 为标准差,单位 mm;a 为固定误差,单位 mm;b 为比例误差系数,单位 ppm;d 为相邻点间距离,单位 km。

表 4-2 GPS 控制网技术参数

级别	A	B	C	D	E
固定误差 a /mm	≤5	≤8	≤10	≤10	≤10
比例误差系数 b /ppm	≤0.1	≤1	≤5	≤10	≤20

3. 应有一定的密度

国家平面控制网最终是为测绘地形图服务的,其密度必须要满足测图的需要。控制点的密度一般用每幅图所包含的控制点的个数来表示。而由于比例尺不同,每幅图所对应的实地面积也不相同,所以,一般控制点的密度用每个点所控制的面积或网中相邻点间的平均边长来表示。

不同比例尺地形图对控制点的数量的要求见表 4-3。

表 4-3　不同比例尺地形图对控制点的数量要求

测图比例尺	每幅图面积 /km²	每幅图要求的控制点数/个	每个点控制的面积/km²	控制网的平均边长/km	相应的三角网等级
1：50 000	350～500	3	150	13	二等
1：25 000	100～125	2～3	50	8	三等
1：10 000	15～20	1	20	2～6	四等

控制点的密度不仅与测图比例尺有关，还与测图方式有着直接的关系。若按照传统的测图方式，点位的密度要求可参照表 4-3 中的指标执行。如果采用航测或遥感方式成图，控制点的数量可以相应减少。

如果采用 GNSS 控制网，则控制网中两个相邻点间的距离可根据实际情况来确定，一般可以参照表 4-4 中的要求。

表 4-4　GNSS 控制网相邻点间距离的要求

项　目	级　别				
	A	B	C	D	E
相邻点最小距离/km	100	15	5	2	1
相邻点最大距离/km	2 000	250	40	15	10
相邻点平均距离/km	300	70	10～15	5～10	2～5

国家平面控制网中的控制点的密度满足上述要求之后，在实际测图工作中，就可以方便地利用国家控制点去加密图根控制点。

4. 要有统一的规格

国家平面控制网布满全国，工作量巨大，不可能由一个单位一次性完成，而且，各地自然条件不同，常常会遇到特殊情况，因此，为了避免控制网的重复布设或遗漏，并便于成果的相互利用和管理，需要有一个统一的布设方案和技术规范，作为建立全国控制网的依据。

在建立国家平面控制网时，我国在不同时期颁布并执行了不同的法律法规和相关的技术规范，主要有以下几个：

(1) 1958 年之前，执行的是编译苏联的《一、二、三、四等三角测量细则》。

(2) 1958 年至 1974 年，执行的是国家测绘局和总参测绘局颁布的《一、二、三、四等三角测量细则》和《大地测量法式(草案)》。

(3) 1974 年，国家测绘局颁布了《国家三角测量和精密导线测量规范》。

(4) 1992 年，国家测绘局颁布了《全球定位系统(GPS)测量规范》(CH 2001—1992)。

(5) 2000 年，国家测绘局颁布了《国家三角测量规范》(GB/T 17942—2000)。

(6) 2000 年，国家测绘局颁布了《大地天文测量规范》(GB/T 17943—2000)。

(7) 2001 年，国家测绘局颁布了《三、四等导线测量规范》(CH/T 2007—2001)。

(8) 2005 年，国家测绘局颁布了《全球导航卫星系统连续运行参考站网建设规范》(CH/T

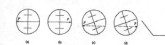

2008—2005)。

(9) 2008 年，国家测绘局颁布了《国家大地测量基本技术规定》(GB 22021—2008)。

(10) 2009 年，国家测绘局颁布了《全球定位系统(GPS)测量规范》(GB/T 18314—2009)。

(11) 2011 年，住房和城乡建设部颁布了《城市测量规范》(CJJ/T 8—2011)。

4.1.2 国家平面控制网的布设方案

我国传统的平面控制网主要利用三角测量的方法布设成一、二、三、四等三角网，在不利地区用导线网的形式做补充，卫星定位技术成熟后，我国适时地采用 GNSS 测量方式布设了全国 GNSS 控制网。

1. 三角网的布设方案

1) 一等三角锁

国家一等三角网是由一系列连续三角形构成的锁链状的平面控制图形，因此称为三角锁。一等三角锁是国家平面控制网的骨干，其作用是在全国范围内建立一个统一坐标系的框架，为其他等级控制网的建立以及研究地球的形状和大小提供资料。控制测图并不是一等三角锁的直接目的，因此，着重考虑的是它的精度而不是密度。

如图 4-1 所示，一等三角锁一般沿经纬线方向构成纵横交叉的网状，锁段长度一般为200km，纵横锁段构成锁环。锁段通常由单三角形构成，也可以包括一部分大地四边形或中点多边形。在山区，三角形的平均边长一般为25km，平原地区三角形的平均边长一般为20km。按三角形闭合差计算的测角中误差应不超过±0.7″，三角形的任一内角不得小于40°，大地四边形或中点多边形的传距角应大于30°。

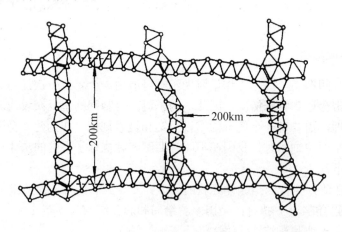

图 4-1　一等三角锁

为控制锁段中边长推算误差的积累，在一等锁的交叉处测定起始边长，要求起始边测定的相对中误差不低于 1/350 000。一等锁在起始边的两端点上还精密测定了天文经纬度和天文方位角，在锁段中央处测定了天文经纬度。测定天文方位角之目的是为了控制锁段中方位角的传递误差，测定天文经纬度的目的是为计算垂线偏差提供资料。由于布设方案中进行了天文测量，因此国家一等三角网又称为天文大地网。

2) 二等三角网

二等三角网既是地形测图的基本控制，又是加密三、四等三角网(点)的基础，它和一等三角锁同属国家高级控制网。因此，必须兼顾精度和密度两个方面的要求。

我国二等三角网的布设有两种形式：

第一种为二等基本锁及补充网。如图 4-2 所示，1958 年之前，采用两级布设二等三角网的方法，即在一等锁环内首先布设纵横交叉的二等基本锁，然后再在每个部分中布设二等补充网。此种方法布设的二等基本锁平均边长为 15～20km，按三角形闭合差计算的测角中误差应不超过 ±2.5″，二等补充网的平均边长为 13km，测角中误差应不超过 ±2.5″。

第二种为二等全面网。1958 年后，改用二等全面网，即在一等锁环内直接布满二等网，如图 4-3 所示。为保证二等全面网的精度，控制边长和方位角传递的误差积累，在全面网的中间部分，测定了起始边，在起始边的两端测定了天文经纬度和天文方位角，其测定精度要求同一等点。当一等锁环过大时，应在全面网的适当位置，加测起始边长和起始方位角。采用此种方法布设的二等网平均边长为 13km 左右，测角中误差应不大于 ±1.0″。

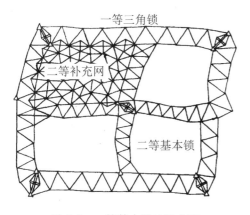

图 4-2　二等基本锁及补充网

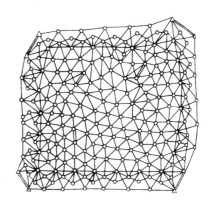

图 4-3　二等全面网

3) 三、四等三角网

三、四等三角网是在一、二等网控制下布设的，是为了加密控制点，以满足测图和工程建设的需要而布设的。三、四等三角网以一、二等三角点为基础，尽可能采用插网方法布设，即在高等级控制网内布设次一级的控制网。插网法可按两种形式布设，一种是在高级网中插入三、四等点，相邻三、四等点与高等级点间连接起来构成连续的三角网，如图 4-4(a)所示。这适用于测图比例尺小、要求控制点密度不大的情况。另一种是在高等级点间插入很多低等点，用短边三角网附合在高等级点上，不要求高等级点与低等级点构成三角形，如图 4-4(b)所示。此种方法适用于大比例尺测图、要求控制点密度较大的情况。

在无法采用插网法布设三、四等三角网时，也可采用插点方法布设，即在高等级三角网内插入一个或两个低等级的新点，如图 4-5 所示。还可以越级布网，即在二等网内直接插入四等全面网。

综上所述，不同等级的三角网有不同的布设规格和精度要求，如表 4-5 所示。在布设控制网时，要按照相应的规范要求来执行。

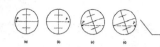

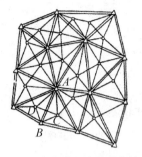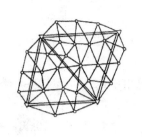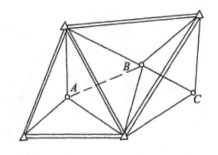

(a) 低级点与高级点构成三角形　　(b) 低级点与高级点不构成三角形

图 4-4　插网法布设三、四等网　　　　　　图 4-5　插点法布设三、四等网

表 4-5　国家三角网布设规格和精度

等　级	平均边长/km	测角中误差/″	三角形最大闭合差/″	最弱边边长相对中误差	边长绝对中误差/m	方位角中误差/″	相对点位中误差/m
一等	20～25	±0.7	±2.5	1/150 000	±0.17	±1.0	±0.21
二等	13	±1.0	±3.5	1/150 000	±0.09	±1.0	±0.11
三等	8	±1.8	±7.0	1/80 000	±0.1	±(2.0～3.0)	±(0.13～0.16)
四等	2～6	±2.5	±9.0	1/40 000	±0.1	±(3.0～4.0)	±(0.12～0.13)

2. 国家 GPS 控制网布设方案

1) 2000 国家 GPS 大地控制网的构成

我国目前使用的 GPS 控制网是 2000 国家 GPS 大地控制网，它是 2000 国家大地控制网中的一部分，其主要由以下 GPS 网构成：

(1) 由国家测绘局布设的国家高精度 GPS A、B 级网。

(2) 由总参测绘局布设的全国 GPS 一、二级网。

(3) 由中国地震局、总参测绘局、中国科学院、国家测绘局共建的中国地壳运动观测网。

(4) 由中国地震局布设的 GPS 地壳运动监测网。

(5) 由中国地震局布设的若干区域 GPS 地壳形变监测网。

参与平差计算的点经过筛选和相邻点合并，最后选取了国内 2523 个 GPS 点(其中 CORS 站 25 个)和国外点(站)64 个，共 2587 个点参加了 2000 国家 GPS 大地控制网的数据处理。通过联合数据处理，将框架点坐标统一归算到一个坐标参考框架下，即 ITRF97 参考框架，参考历元为 2000.0。处理后网点的相对精度优于 1×10^{-7}，2000 国家大地控制网提供的地心坐标的精度优于 3mm。2000 国家 GPS 大地控制网的完成，其精度可满足现代测量技术对地心坐标的需求，同时为建立我国新一代地心坐标系统奠定了坚实的基础。

2) 国家 GPS A 级网

1992 年，由国家测绘局、国家地震局、中国石油天然气总公司、地质矿产部、煤炭部等部门合作，完成了一次全国性的 GPS 精密定位会战——国家 GPS A 级网的布测。

该网共 27 个点，在上海、长春、武汉和乌鲁木齐 4 个跟踪站上用 MINI-MAC 2816 接收机进行连续观测，采用 13 台 Trimble 4000 SST 接收机在西部地区进行观测，采用 17 台 Achtech

MDXⅡ双频接收机在东部地区观测。平差后在 ITRF 91 地心参考框架中的定位精度优于 0.1m，边长相对精度一般优于1×10^{-8}。

1996 年，由国家测绘局主持，国家基础地理信息中心组织对原 A 级网进行了复测，复测共采用了 53 台双频 GPS 接收机，包括 14 台 Ashtech MD 12 接收机、17 台 Trimhle 4000 SSE 接收机、8 台 Leica 200 接收机、6 台 Rogue 8000 接收机和 8 台 Ashtech Z12 接收机。经数据精处理后基线分量重复性水平方向优于 4mm+3ppm，垂直方向优于 8mm+4ppm，地心坐标分量重复性优于 2cm。全网整体平差后，在 ITRF 93 参考框架中的地心坐标精度优于 10cm，基线边长的相对精度优于1×10^{-8}。

3) 国家 GPS B 级网

1991—1995 年期间，国家测绘局组织主要采用 Ashtech MD 12 和 Trimhle 4000 SSE 接收机布测了国家 GPS B 级网。国家 GPS B 级网共 818 个点(含 GPS A 级网)。

B 级网以 A 级网点作为参考框架基准，经数据精处理后，点位中误差相对于已知点在水平分量上优于 0.07m，垂直分量上优于 0.16m，平均点位中误差水平方向为 0.02m，垂直方向为 0.04m，基线相对精度达到1×10^{-7}，其成果于 1998 年公布并在全国范围内使用。

4) 全国 GPS 一、二级网

GPS 一、二级网，由总参测绘局于 1991—1997 年布测，均匀分布于全国(除台湾省)的陆地、海域和南沙重要岛礁，总体结构为全面连续网。其中一级网 44 个站点，于 1991—1992 年观测；除南海诸岛外，其余各点均为国家天文大地网点，同时进行了水准联测。相邻点间距最大为 1 667km，最小 86km，平均点距 680km。网平差后基线分量相对误差平均在 0.01ppm 左右，最大 0.024ppm，点位中误差，绝大多数点在 2cm 以内。

二级网在一级网的基础上布设，由 534 个点组成，均匀分布于大陆和南海重要岛礁，是一级网的加密。有 200 多个点与国家天文大地网点重合，所有点都进行了水准联测。相邻点间平均距离为 164.8km。网平差后基线分量相对误差平均在 0.02ppm 左右，最大 0.245ppm，网平差后大地纬度、大地经度和大地高的中误差的平均值分别为 1.8mm、2.1mm 和 8.1mm。

5) 中国地壳运动观测网络

中国地壳运动观测网络是中国地震局、总参测绘局、中国科学院和国家测绘局联合建立的，主要服务于中长期地震预报，兼顾大地测量的需要，布网工作于 1998—2002 年进行。地壳运动观测网络包括：基准网、基本网和区域网。

基准网目前共有 29 个 GPS 基准站，相邻点距平均 700km，主要功能是监测中国大陆一级块体的构造运动。基本上控制了中国大陆一级块体的运动，能有效监测大尺度地壳运动和构造变形。基准站相邻站间 GPS 基线长度年变化率实测精度为 1.3mm。

基本网由 56 个定期复测的 GPS 站组成。作为基准网的补充，用于一级块体本身及块体间的地壳变动的监测，它与基准站一起均匀布设，平均站距 350km。相邻站间 GPS 基线实测精度水平分量优于 3mm，垂直分量优于 10mm。

区域网由约 1000 个不定期复测的 GPS 站组成，分 10 个监测区布设。其中约 700 个站集中分布在主要构造带和地震带上，用于监测它们的活动状况，主要为地震服务。约 300 个站均匀分布在全国各地，作为基准网和基本网的补充，用于监测主要板块的运动，并兼顾大地测量和国防建设的需要。相邻站间 GPS 基线每期测定精度为水平分量优于 3mm，垂直分量优于 10mm。

4.2 工程平面控制网的布设原则与方案

前文 1.1.2 节中已经提到，工程建设主要分为勘察设计阶段、工程施工阶段和运营管理阶段，各阶段相对应的分别要建立图根控制网、施工控制网和变形监测专用控制网。建立这些控制网时，与建立国家平面控制网相类似，也要遵循同样的原则，并根据不同工程的具体特点制定相应的布网方案。

4.2.1 工程平面控制网的布设原则

图根控制网、施工控制网和变形监测专用控制网三类控制网虽然建网的目的和用途有所不同，但总体上应与国家水平控制网遵守同样的布设原则。

1. 分级布网、逐级控制

对于平面图根控制网，通常先布设精度要求最高的首级控制网，随后根据测图需要、测区面积的大小再加密若干级较低精度的控制网。用于工程放样的专用控制网，往往分二级布设。第一级作总体控制，第二级直接为建筑物放样而布设。对于变形监测控制网，根据变形监测的范围和变形监测的需要，通常采用一次性布网，特殊情况下可加密少量的二级点。

控制网的加密可以采用插网或者插点的方式进行，根据工程的特点与需求，选用前方交会法、后方交会法、极坐标法、导线测量、GNSS 测量等方法对控制网进行逐级加密，但是在特殊情况下，控制点也可以根据工程实际特点和需要进行越级加密。

2. 具有足够的精度

工程控制网是为测图、施工或变形监测而服务的，因此，控制网的精度主要取决于工程的等级和精度要求，控制网中的最弱点必须能够满足工程的相应要求。

对于测图控制网来说，一般要求最低一级控制网的点位中误差能满足 1：500 比例尺地形图的测图要求。按图上 0.1mm 的绘制精度计算，相当于地面上的点位精度为 5cm。由于图根点点位误差是其加密误差和控制点起始误差共同影响的结果，因此从上述精度要求中除去图根点的加密测量误差，就是起始控制点应该达到的最低精度。

对于施工控制网来说，控制网中最弱点必须要能够满足施工放样的最高精度要求。由于放样点的点位误差是其放样误差和控制点起始误差共同影响的结果，因此需要在所要求的施工放样点位误差的基础上去除放样误差后得到首级控制点应该达到的最低精度。如果施工放样只能在加密控制点上进行，还需要考虑加密误差的影响。

变形监测控制网必须要能够发现建筑物的微小变形量，其精度要求更高。变形监测点的点位误差是其监测误差和控制点起始误差共同影响的结果，因此，需要在所要求的变形监测点点位误差的基础上去除监测误差后得到首级控制点应该达到的最低精度。

3. 具有足够的密度

无论是大比例尺地形图的测绘还是施工放样或变形监测，都要求测区内具有一定数量的控制点，即具有足够的密度，以满足后续工作对控制点的要求。《工程测量规范》(GB 50026—2007)中对测图控制网、施工控制网和变形监测控制网的控制点密度提出了明确的要求。

测图控制网中点的密度是以每幅图中控制点的数量来体现的，不同比例尺的地形图、不同的测图方法对控制点的数量要求也不相同，具体要求如表 4-6 所示。

表 4-6　一般地区图根点的数量要求

测图比例尺	图幅尺寸 / cm×cm	图根点数量/个		
		全站仪测图	GPS-RTK 测图	平板测图
1∶500	50×50	2	1	8
1∶1000	50×50	3	1～2	12
1∶2000	50×50	4	2	15
1∶5000	50×50	6	3	30

注：表中所列数量是指施测该幅图可利用的全部图根点数量。

对于施工控制网来说，应根据工程规模和工程需要分级布设。对于建筑场地大于 1km^2 的工程项目或重要工业区，应建立一级或一级以上精度等级的平面控制网；对于场地面积小于 1km^2 的工程项目或一般性建筑区，可建立二级精度的平面控制网。平面控制网可采用三角测量、导线测量、GNSS 测量等方法进行施测，控制点的密度一般以平均边长来表示，如表 4-7 所示。

表 4-7　施工控制网平均边长要求　　　　　　　　(单位：m)

等　级	三角测量	导线测量	GNSS 测量
一级	300～500	100～300	300～500
二级	100～300	100～200	100～300

对于变形监测控制网来说，应该根据工程的规模和精度要求布设一等、二等、三等或四等控制网，不同的等级要求控制网的平均边长也各不相同，如表 4-8 所示。

表 4-8　变形监测控制网平均边长要求　　　　　　　(单位：m)

等　级	一　等	二　等	三　等	四　等
平均边长	≤300	≤400	≤450	≤600

4. 要有统一的规格

尽管一般的工程控制网仅为某一特定工程项目而服务，但是为了使不同的部门或单位施测的控制网能够互相利用、互相协调，使其具有通用性，同时也是为了使布网过程中所有问题均有据可查，国家测绘局和其他的相关部门制定了一系列的规范，规范中规定了布网方案、作业方法、观测仪器、各种精度指标等内容，测量作业时，必须以此为技术依据而遵照执行。

目前常用的工程测量规范主要有《全球定位系统(GPS)测量规范》(GB/T 18314—2009)、《工程测量规范》(GB 50026—2007)、《城市测量规范》(CJJ/T 8—2011)、《建筑变形测量规范》(JGJ8—2007)、《公路勘测规范》(JTG C10—2007)、《精密工程测量规范》(GB/T 15314—1994)、《城市地下管线探测技术规程》(CJJ 61—2003)等。

4.2.2 工程平面控制网的布设方案

《工程测量规范》(GB 50026—2007)中规定，工程平面控制网的建立，可采用 GNSS 测量、导线测量、三角形网测量等方法。GNSS 测量控制网按精度依次分为二、三、四等和一、二级，导线及导线网按精度依次分为三、四等和一、二、三级，三角形网按精度依次分为二、三、四等和一、二级。

不同的方法、不同的等级有不同的技术要求。选用 GNSS 测量方法布设控制网时，其主要技术要求如表 4-9 所示。

表 4-9 中，A、B 为控制网基线精度解算参数，如式(4-2)所示

$$\sigma = \sqrt{A^2 + (B \cdot d)^2} \tag{4-2}$$

式中，σ 为基线长度中误差，单位 mm；d 为平均边长，单位 km。

表 4-9 GNSS 控制网的主要技术要求

等 级	平均边长 /km	固定误差 A /mm	比例误差系数 B /ppm	约束点间的 边长相对中误差	约束平差后 最弱边相对中误差
二等	9	≤10	≤2	≤1/250 000	≤1/120 000
三等	4.5	≤10	≤5	≤1/150 000	≤1/70 000
四等	2	≤10	≤10	≤1/100 000	≤1/40 000
一级	1	≤10	≤20	≤1/40 000	≤1/20 000
二级	0.5	≤10	≤40	≤1/20 000	≤1/10 000

选用导线测量方法布设控制网时，其主要技术要求如表 4-10 所示。选用三角测量方法布设控制网时，其主要技术要求如表 4-11 所示。

表 4-10 导线网的主要技术要求

等 级	导线 长度 /km	平均 边长 /km	测角 中误差 /"	测距 中误差 /mm	测距相对 中误差	测回数 1"级 仪器	测回数 2"级 仪器	测回数 6"级 仪器	方位角 闭合差 /(")	导线全长相 对闭合差
三等	14	3	1.8	20	1/150 000	6	10	—	$3.6\sqrt{n}$	≤1/55 000
四等	9	1.5	2.5	18	1/80 000	4	6	—	$5\sqrt{n}$	≤1/35 000
一级	4	0.5	5	15	1/30 000	—	2	4	$10\sqrt{n}$	≤1/15 000
二级	2.4	0.25	8	15	1/14 000	—	1	3	$16\sqrt{n}$	≤1/10 000
三级	1.2	0.1	12	15	1/7000	—	1	2	$24\sqrt{n}$	≤1/5000

注：表中 n 为测站数；当测区测图的最大比例尺为 1∶1000，一、二、三级导线的导线长度、平均边长可适当放长，但最大长度不应大于表中规定相应长度的 2 倍。

表 4-11 三角网的主要技术要求

等　级	平均边长/km	测角中误差/(")	测边相对中误差	最弱边边长相对中误差	测　回　数			三角形最大闭合差/"
					1"级仪器	2"级仪器	6"级仪器	
三等	9	1	≤1/250 000	≤1/120 000	12	—		3.5
四等	4.5	1.8	≤1/150 000	≤1/70 000	6	9		7
一级	2	2.5	≤1/100 000	≤1/40 000	4	6		9
二级	1	5	≤1/40 000	≤1/20 000		2	4	15
三级	0.5	10	≤1/20 000	≤1/10 000		1	2	30

注：当测区测图的最大比例尺为 1∶1000，一、二级网的平均边长可适当放长，但不应大于表中规定相应长度的 2 倍。

4.2.3 工程平面控制网的布设实例

工程平面控制网网形的选择主要受到精度要求、测区环境、地理条件、工期、费用等条件的制约，一般要根据各工程的具体要求来选择合适的方法进行控制网的布设。

1. 三角网布网实例

长江中下游某城市拟建设跨江大桥，桥梁的前期勘察选址工作已经完成，现需要在此基础之上布设桥梁首级施工平面控制网。该桥梁位于长江中下游平原上，地势平坦，平均海拔高度不足 10m。两岸植被以低矮灌木和杂草为主，建筑物多为 1～2 层房屋，桥梁中轴线处长江江面宽度约 1500m，整体来说通视条件较好。按照桥梁施工的技术要求，平面控制网中最弱点点位中误差应小于±2mm。因此综合上述条件，决定采用电磁波测距边角网布设该桥梁的首级施工平面控制网。

控制网选点时充分考虑到观测条件的限制，尽量在地势较高处埋设控制点，特别是紧邻江边的控制点，均选在江堤上。所有的控制点均埋设混凝土标石，并安装有强制对中装置。控制网网形如图 4-6 所示，其中，Z_1 和 Z_2 点位于桥梁设计中轴线上。

控制网按国家二等三角测量规范实施，其中水平角按方向观测法观测 9 个测回，用徕卡 TC2003 全站仪进行观测，仪器标称测角精度为 0.5"，测距精度为 1mm+1ppm，各边长均进行往返观测，并测定相应的气象元素。为减少大气折光等影响，在观测时选用有利的观测时间，即上午 8:00～11:00，下午 2:30～5:30。

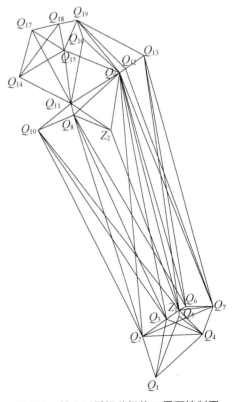

图 4-6 某大型桥梁首级施工平面控制网

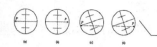

观测时执行以下限差项目：

(1) 半测回归零差：$\Delta_0 \leqslant 6.0''$；

(2) 一测回中 $2C$ 值的较差：$\Delta 2c \leqslant 9.0''$；

(3) 同一方向各测回较差：$\Delta_l \leqslant 6.0''$；

(4) 三角形允许的最大闭合差：$\Delta_{允} \leqslant 3.5''$；

(5) 测角中误差：$m_\beta \leqslant 1.0''$。

边长观测时，每条边观测 4 测回，并进行往返测量。在测前和测后分别读取仪器站、镜站的气温和气压。选择合适的观测时段，以尽量减弱大气折光的影响和提高观测成果的质量。观测时，直接测量两点间的倾斜距离，并对距离观测值进行气象、仪器常数、高差、投影等改正。

利用外业观测所得的所有符合要求的数据，采用平差软件进行平差，控制网经最小二乘严密平差，得到最弱点 Q_{17} 的点位中误差为±1.9mm，各项指标均达到了设计要求。

2. 导线网布网实例

以辽宁省沈阳市正在建设的一栋超高层建筑为例。该建筑位于沈阳市市中心，设计建筑面积约为 190 000m²，楼体高度335m。在楼体的建设过程中，需要对其进行一系列的变形监测。除了普通建筑物的沉降监测外，还需要进行水平位移监测、倾斜监测、垂直度检测等项目。进行这些监测项目，必须首先布设具有较高精度的变形监测水平控制网。

由于项目地处沈阳市市中心，建筑物繁多，特别是高层建筑物众多，建筑物密度较大，道路两侧行道树较多，而且较为茂密。诸多条件限制下，无法采用三角网或 GNSS 网布设该变形监测水平控制网，所以，最终决定采用精密导线网。考虑到该建筑总高达到 335m，且位于市中心，并且下方有地铁通过，决定按照二等变形监测网的标准进行。

《工程测量规范》(GB 50026—2007)中的要求，二等变形监测控制网最弱点点位中误差应不大于±3.0mm，当平均边长≤400m 时，角度测量应采用不低于1″级的仪器进行，水平角应观测 9 个测回。距离测量应采用测距精度不低于 2mm 的仪器进行，测边相对中误差应小于1/200000，距离测量应不少于 3 测回，并要进行往返观测，一测回读数较差应小于 3mm，单程各测回较差应小于 4mm。为了进行气象改正，需要在测距的同时，利用干湿温度计测定测站点和镜站点的气温，利用空盒气压计测定测站点和镜站点的气压值。

如图 4-7 所示，在建筑物之外有两个基准点 J5 和 J6，具有西安 80 坐标系下的坐标，并与建筑物在同一坐标系统下。根据现场实际情况，导线网沿建筑物周边道路布设，在道路转弯处或交叉处设点，整个导线网共有 19 条导线边，16 个导线点，其中有 5 个结点，构成四个闭合环。

为了提高观测精度，减弱大气折光和车辆行驶对测量结果的影响，该导线网的观测工作全部在夜间 22:00 至次日 5:00 进行。利用徕卡 TS30 型全站仪进行观测，仪器标称测角精度为 0.5″，

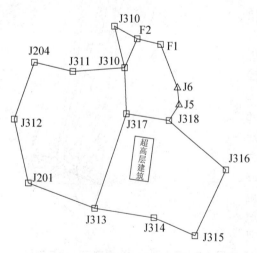

图 4-7 超高层建筑变形监测控制网

测距精度为 0.6mm+1ppm。观测过程中严格遵守规范要求，并同时测定气象元素，获取原始观测值。

利用符合限差要求的角度观测值和经过气象改正的距离观测值，根据基准点坐标，采用平差软件进行平差，获取平差结果。其中，最弱点为 J201 点，点位中误差为 2.8mm，各项指标均符合限差要求。

3. GNSS 布网实例

辽宁省东部某县城拟建设经济开发区，需要对县城及周边进行 1∶1000 大比例尺地形图测绘工作，测区为沿县内主要河流呈东西走向的狭长区域，东西方向长约 12km，南北方向最长约 3km，最短约 1km，总面积约 25 km²。县城主城区位于测区最东端，拟建设的经济开发区位于县城西侧，即测区的西半部分。县城内以建筑物为主，其余区域以农田为主，有村庄零星分布。

县城内，即测区最东端有两个国家 D 级 GPS 控制点，其余区域无已知控制点分布。为了测图工作的展开，首先在测区范围内布设首级图根控制点。根据测区的实际情况，决定采用 E 级 GPS 网作为测区的首级图根控制网，然后在此基础之上，利用 RTK 的方式布设图根二级网或利用 RTK 的方式直接测绘地形图。

根据《全球定位系统(GPS)测量规范》(GB/T 18314—2009)的要求，E 级控制网中相邻点基线分量的水平分量中误差应不大于 20mm，垂直分量中误差应不大于 40mm，相邻点间的平均距离应小于 3km。观测时，卫星截止高度角应不低于 15°，同时观测有效卫星总数不应少于 4 颗，观测时段数应不小于 1.6，即每站至少观测一时段，其中二次设站点数应不少于网总点数的 60%，每个时段至少需要观测 40 分钟。

基于上述要求，测量中采用四台 GNSS 接收机，在整个测区内共布设 8 个控制点，网形如图 4-8 所示。图中 JZ₁ 和 JZ₂ 为已知点，位于测区最东端。每条基线观测两个时段，每个时段 60 分钟。

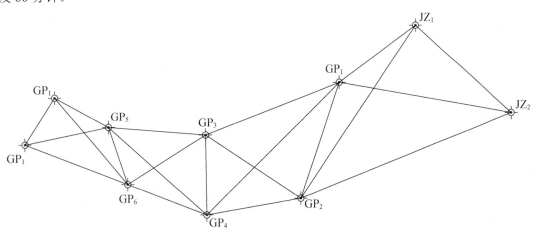

图 4-8　GNSS 首级图根控制网

外业观测完成后采用仪器自带数据解算软件对观测数据进行处理，解算后成果符合相应限差要求。

4.3 平面控制网的技术设计

平面控制网在设计时一般按照以下顺序进行：资料的收集与分析→控制网的图上设计→控制网的优化设计→编写技术设计书。本节将对控制网的技术设计过程中的相关问题进行详细说明。

4.3.1 资料的收集与分析

为了平面控制网布设工作能够顺利进行，首先需要收集大量资料，并对其分析，获取全面而详尽的信息后再进行后续工作。

一般来说，需要收集的资料主要有以下几种。

1) 测区内各种比例尺地形图及影像资料

利用航空摄影测量相片、遥感影像等图像资料可以对测区内的地形、地貌等有初步的了解，并对测区有整体上的认识，而利用各种比例尺的地形图可以较为详尽的了解测区内地物、地貌的基本情况，有助于合理地确定控制点的位置和控制网的结构，并可初步判定控制点间的通视情况。

2) 已有的控制资料

所需要收集的控制资料主要包括控制点坐标与高程、点之记、控制点所属的坐标系统和高程系统、控制点的等级、控制点的施测方法、完成时间、现场踏勘报告等所有的技术性文件。在收集控制资料时，不要局限于测区之内，应适当的扩大范围，以避免出现由于测区内某些控制点被破坏或无法使用导致控制点数量不足无法布网的现象发生。

3) 测区自然概况

在收集上述测量资料的基础上，还需要了解测区的经纬度、高程、地质条件、水文状况、不同季节的气温、降水量、风向、风速、雾气等信息，以便合理地制定作业计划，有效地调度人员。

4) 测区的人文概况

在进场作业之前，要了解测区的行政区划、交通概况等信息，并且要充分了解测区当地的风俗习惯，特别是在一些少数民族地区，作业时一定要尊重其民族习惯，以确保测量工作的顺利进行。

对收集到的上述资料要进行全面的分析，以确定网的布设形式、起始数据的获得方法、网的扩展方式等。其次还应考虑控制网的坐标系投影带和投影面的选择，此外还应考虑网的图形结构，旧有标志可否利用等问题。

4.3.2 控制网的图上设计

控制网的图上设计是指通过对测区已有资料的分析和测区情况的调查研究，按照有关规范的技术规定，在地形图上确定控制点的位置和控制网的基本形式。控制网的图上设计的主要步骤及注意事项如下。

1. 展绘已知点

把收集到可用的控制点展绘到地形图上，展绘时要注意控制点所采用的坐标系统与地形图的坐标系统是否一致，如果不一致，需要首先进行坐标换算，然后再进行展绘。

2. 设计控制网

在图上设计控制网时，要按点位和图形设计的基本要求，从已知点开始扩展。这是控制网图上设计中的关键环节，在选择点位时需要注意以下事项：

(1) 要具有良好的图形结构，边长适中，并尽量使各边长度相近。如果是三角网，内角一般不能小于 30°。

(2) 为了便于测图、施工放样及控制网加密，控制点要选在视野开阔、远离障碍物的地方，如果是 GNSS 网，还要求高度角在 15° 以上的范围内应无障碍物或障碍物较少，避开大面积水域、高大建筑物和电磁波干扰，以减弱多路径效应的影响。

(3) 控制点要选在土质坚实、稳定可靠、易于排水之处，并尽量选在施工影响较小的地方，以便于长期保存。

(4) 充分利用已有控制点，并且新点尽量设在建筑物顶部、山顶等制高点，以便节省建标、埋石的费用。

(5) 为了作业安全，也为了减弱不利因素的影响，控制点要与公路、铁路、水系等要保持一定的距离，并远离高压线、变压器、变电站、输油、输气管线等。

3. 通视性分析

如果布设三角网或导线网，都要求控制点间必须通视，所以，对图上初步设计完成的控制网的每条边都要进行通视性分析。如果两个控制点连线方向上所有点的高程均小于两个控制点高程时，可以看出两个控制点一定通视；反之，如果两个控制点连线方向上有一个或多个点的高程大于两个控制点中高程较大的点时，则两个点不通视。但是，如果两个控制点连线方向上有一个或多个点的高程值介于两个控制点高程值之间时，需要采用一些方法进行判定。目前常用图解法进行判定。

图解法的基本原理如图 4-9 所示，A 和 B 为选定的控制点，高程分别为 123m 和 106m，在 AB 连线方向上最高点 C 高程为 115m，为了判断 A 点和 B 点是否通视首先连接 A、B，然后过 A 点和 C 点分别做直线 AB 的垂线 AA' 与 CC'，垂线长度 $S_{AA'}$ 与 $S_{CC'}$ 应满足下式的要求：

$$\frac{S_{AA'}}{h_{AB}} = \frac{S_{CC'}}{h_{CB}} \tag{4-3}$$

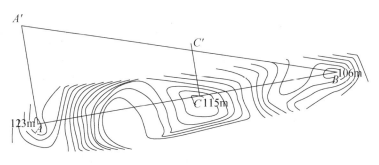

图 4-9　通视性分析

如果CC'与$A'B$相交，则说明A、B两点间不通视，反之，如果CC'与$A'B$不相交，则可初步判定A、B两点通视。值得注意的是，如果CC'与$A'B$不相交，但是C'点非常接近$A'B$，则受到球气差等因素的影响，A、B两点很有可能不通视。另外，图解法只能在图上初步判定两点间是否通视，具体通视条件需要到现场踏勘选点时确定。

4. 估算控制网中各推算元素的精度

网形初步确定后，要对控制网中各推算元素的精度进行估算，以初步判定控制网是否能够达到精度要求。

控制网中各推算元素精度的估算，可以根据控制网略图，采用控制网间接平差程序进行计算。设待求的推算元素的中误差、权(或权函数)分别为M_i、P_i(或Q_i)，后者与网形和边角观测值权的比例有关(如导线网、边角网)，不具有随机性。在控制网间接平差程序中，单位权中误差μ通常由观测值改正数计算得到，应用于精度估算时应作适当修改，使之不采用观测值改正数计算μ，而是由计算者直接输入有关规范规定的观测中误差或经验值。程序中要输入的观测值为控制网中的方向和边长，由控制网设计图上直接量取，或通过控制点的概略坐标反算获得，观测的精度按设计值给定，如此计算便可得到M_i。

4.3.3 控制网的优化设计

1. 优化设计的定义

控制网的图上设计可以给出多套方案，各方案在精度、效率、费用等方面各不相同，不同的工程项目对控制网的要求也不相同，因此，需要对图上设计给出的控制网进行优化设计，以得出符合各方面要求的最佳方案和必要的备选方案。

所谓的优化设计是指在复杂的科研和工程问题中，从所存在的许多可能决策内选择最好决策的一门科学。进行优化设计，通常有以下三个步骤。第一，建立一个能考察决策问题的数学模型，这个数学模型主要包括有确定变量的有待于实现最优化的目标函数和约束条件。第二，对数学模型进行分析并选择一个合适的求最优解的数值解法。第三，求最优解，并对结果做出评价。一般地，优化设计的数学模型为

$$\begin{cases} \min Z(x) \\ g_i(x) \geqslant 0 \quad i=1,2,\cdots,m \\ h_j(x)=0 \quad j=1,2,\cdots,p \end{cases} \tag{4-4}$$

式中，x是设计变量，是实变量$x_i(i=1,2,\cdots,n)$的列向量，可以由设计人员调整，其不同的取值表示不同的设计方案，是优化设计问题中最终要确定的变量。$Z(x)$称为目标函数，其函数值及大小表示了设计方案的好坏，是优化设计的准则。$g_i(x) \geqslant 0$称为不等式约束条件。

假如$Z(x)$、$g_i(x)$、$h_j(x)$全是x的线性函数，则称为线性规划；如果其中一个是x的非线性函数，则成为非线性规划。优化的含义就是求一个满足式(4-3)的变量x_0，使目标函数$Z(x_0)$取最小值。

在控制网优化设计中，设计变量 x、目标函数 $Z(x)$ 及约束条件 $g(x)$、$h(x)$ 依控制网优化的目的，即质量要求而定，一般要体现控制网的下列质量标准：

(1) 满足控制网的必要精度标准。

(2) 满足控制网有较多的多余观测，以控制观测值中粗差影响的可靠性标准。

(3) 变形监测网应满足监测出微小位移的灵敏度标准。

(4) 布点及观测等应满足一定的费用标准。

2. 控制网优化设计的分类

如果用 A 表示设计矩阵，权阵 P 为观测值向量协因数阵 Q_x 的逆阵，由此可以导出未知数 x 的协因数阵 Q_x 为

$$Q_x = (A^T PA)^- \tag{4-5}$$

式中，符号 $(\ )^-$ 即表示秩亏网，$(\ )^*$ 又表示满秩网 $(\ )^{-1}$，于是可用固定参数和自由参数把控制网优化设计分为以下四类。

1) 零类设计

零类设计又称为基准设计，其固定参数是 A、P，待定参数是 x、Q_x。它是指在给定图形和观测精度的情况下，为待定参数 x 选定最优的参考基准，使 Q_x 最小。即对一个已知图形结构和观测计划的自由网，为控制网点的坐标及其方差阵选择一个最优的坐标系。因此，零类设计问题就是一个平差问题。

2) 一类设计

一类设计又称为图形设计，其固定参数是 P、Q_x，待定参数是 A。它是指在给定观测精度和平差后点位精度的情况下，如何确定最佳的图形结构，使网中某些元素的精度达到预定值或最高精度，或者使坐标的协因数阵最佳逼近一个给定的准则矩阵 Q_x'。由于地形、交通、水系和建筑物等外界条件限制，控制点位置的选择余地较小，一类设计往往体现在最佳观测值类型的选择。

3) 二类设计

二类设计又称为权设计，其固定参数是 A、Q_x，待定参数是 P。它是指在满足给定图形 A 和平差后点位精度 Q_x 的情况下，通过全网观测量的合理分配，达到预期的平差效果，并使观测量最少或不超过一定范围。由于观测类型增多，二类设计还存在确定各类观测量在网中的最佳位置和密度等的最佳组合的问题。在特种精密工程测量中，权的优化设计是最常见的。

4) 三类设计

三类设计又称为原网改进设计，其固定参数是 Q_x、部分的 A 或 P，待定参数是另外一部分的 A 或 P。它是指通过增加新点和新的观测值，以改善原网的质量，在给定的改善质量前提下，使改善测量工作量最小，或者在改善费用一定的条件下，使改造方案的效果最佳。

将各类设计的参数列于表 4-12 中，可以看出，三类设计相当于是一类设计和二类设计的混合，而一、二、三类设计的解又必须预先或同时解零类设计的问题，因此，各类设计通常不能严格分开，要综合进行。

表 4-12 控制网优化设计的分类

类 别	别 称	已知参数	待定参数
零类设计	基准设计	A、P	x、Q_x
一类设计	图形设计	P、Q_x	A
二类设计	权设计	A、Q_x	P
三类设计	原网改进设计	Q_x、部分的 A 或 P	另外一部分的 A 或 P

3. 控制网优化设计的方法

控制网优化设计主要有两种方法，即解析法和模拟法。

解析法是根据设计问题中的已知参数，用数学解析方法求解待定参数。对式(4-4)所提出的规划问题，如果是线性的，可采用单纯形法或改良单纯形法；如果是非线性的，可采用二次规划法、梯度法、梯度—共轭梯度法以及动态规划法等。解析法的优点是能找到严格的最优解。

对有些问题，建立数学模型和求解最优解都比较困难，此时可采用模拟法。模拟法又称机助设计法，包括蒙特-卡洛(Monte-carlo)法和人机对话法。蒙特-卡洛法是利用计算机产生伪随机数，模拟出一组组外业观测值，之后依不同优化问题作模拟计算和实验分析，最后确定一组优化解。人机对话法是利用计算机的计算、显示、绘图、打印等功能，编制程序进行多种方案的计算和实时分析，并对方案进行不断地修改和完善，最终得到最为满意的结果。由于优化设计和测量平差紧密相关，目前一些用于测量控制网平差计算的商业软件已经将二者统一起来，既可实现控制网的平差计算，又可进行控制网的优化设计。现在控制网的一、二、三类优化设计大多采用机助设计法，但这种方法依赖于设计者的经验，需要预先设计出多种备选方案，否则会遗漏最优方案。

4. 控制网的质量标准

对控制网进行优化设计及质量评价时，需要从多方面进行论证和评判，以达到整体上的最优状态。一般控制网的质量标准有以下几个方面。

1) 精度标准

精度是任何控制网都要考虑的首要质量标准。控制网的精度标准可以分为整体精度和局部精度。整体精度就是选用某种指标从整体上描述网的综合精度，一般需要利用全部未知数的方差—协方差阵进行计算。而在大多数工程控制网特别是精密工程控制网的优化设计中，更多采用的是控制网的局部精度标准，强调工程重点部位的精度，例如环形项目的径向方向精度、隧道或桥梁的轴线方向精度等。局部精度指标主要有点位误差椭圆、相对点位误差椭圆以及未知数某些函数的精度。

2) 可靠性标准

可靠性是指能够成功地发现粗差的一种概率，或者说用以判断某一观测不含粗差的概率。较大的粗差一般是很容易被发现并剔除的，但较小粗差的探测和确定则是比较困难的。

目前，一般常用统计检验的方法对粗差进行探测与剔除。据此，可以将控制网的可靠性分为内可靠性和外可靠性。内可靠性是指在一定的显著水平 α 和检验功效 β 下，能够判断出观测值粗差的最小值；外可靠性是指在一定的显著水平 α 和检验功效 β 下，未发现的最大粗差对平差参数及其函数的影响大小。一般对于控制网来说，往往首先考虑内可靠性。对于内可靠性来说，控制网能够探测的最小粗差值与观测值的中误差成正比，即中误差越小，所能发现的粗差也就越小，为此，为提高内可靠性应增加多余观测，以增强图形结构，提高观测精度，增强图形强度。

3) 灵敏度标准

在对变形监测控制网进行优化设计时，必须要考虑两个问题，一个是当观测精度和图形结构已知时，该监测网可以发现的最小变形量是多少。另一个是当网形和必须监测的变形量已知时，控制网应以怎样的精度观测。这两个问题都与变形监测控制网的灵敏度有关。所谓的灵敏度就是指在一定概率 (α, β) 下，通过统计检验可能发现某一方向变形向量的下界值。因此，对于变形监测控制网来说，必须确保控制网有足够的灵敏度，以满足变形监测项目的需要。

4) 费用标准

在工程实践中，以上三个标准并不一定是越高越好，而是满足要求即可，如果一味地提高精度、可靠性、灵敏度标准，可能不仅对工程无实际意义，而且还会大幅增加施工周期与费用。因此在评价控制网标准时，还需要考虑费用标准。费用标准主要有两种情况，一是在满足控制网的精度或其他标准的前提下，使费用最低；二是在费用一定的前提下，使控制网的精度或其他标准最高。控制网的费用涵盖了控制网建立的整个过程，包括收集资料、踏勘、选点、建标、埋石、观测、计算等，往往无法用确切的数学表达式来表达，而是根据控制网设计的具体情况进行计算。

4.3.4　平面控制网技术设计书的编制

编制平面控制网技术设计书的主要任务是根据工程建设的要求，结合测区的自然地理条件，选择最佳的布网方案。编制技术设计书是一项系统性的工作，技术设计书中的各项指标、各种标准、各种方案都将直接影响着控制网乃至整个测量工作、整项工程的精度与质量，因而，编制控制网技术设计书是工程前期一项非常重要的工作。

平面控制网技术设计书中一般要包含以下内容：

(1) 控制测量的目的、任务、技术要求等。

(2) 工程概况，包括工程任务、对测量工作的要求等。

(3) 测区概况，包括测区的自然地理概况和测区的人文环境概况。

(4) 测区已有的测量资料，包括地形图、控制点、控制点的保存情况、对已有成果的分析和利用情况等。

(5) 控制测量的依据，包括所依据的规范、规程、技术标准等。

(6) 控制网设计方案的论证，包括坐标系统的选择、布设的具体方案、通视性分析、方案的对比与分析等。

(7) 观测方案的论证，包括所选的仪器设备、观测纲要的确定等。

(8) 现场踏勘报告，包括场地的概况、布网的可行性、需要调整位置的控制点、设计时没有考虑或发生变化的特殊因素等。

(9) 各类设计图表，包括人员组织、作业计划、上交成果和经费预算等。

(10) 其他需要说明的问题,包括控制网中需要特殊说明的地方、方案实施中遇到的问题等。

(11) 工程主管部门的审批意见。

4.4 平面控制网的踏勘选点与标石埋设

完成控制网的图上设计和优化设计，并制定技术设计书后，将根据技术设计书中的点位设计和技术要求，到测区现场踏勘选点，确定控制点的最终位置，然后根据控制网的等级和使用期限，建立相应的标志，埋设标石。如果在较大范围内布设三角网，通视条件不利的情况下，还应该建立适当的觇标。

4.4.1 踏勘选点

踏勘选点是要将图上设计的控制点落到实际地面上。选点时，控制点的位置要以图上设计为基础，重点需要考虑设计位置是否适合设点、与相邻控制点是否通视等。因此，踏勘选点工作能否顺利进行，很大程度上取决于图上设计所用的地形图是否准确。如果实地与原图差别较大，则根据实际情况确定点位，对原来的图上设计做出修改。对于一些较小的工程项目，由于测区范围较小，往往是图上设计与踏勘选点同步交叉进行。

选点时，应携带设计好的网图和已有的地形图，携带望远镜、通讯工具、清障工具、花杆、小红旗、木桩等工具。点位在实地选定后，打下木桩作为简易标志。为了便于日后寻找，控制点应编制点之记。点之记上应填写点名、等级、所在地等信息，绘制点位略图，标注与本点有关的特征点、特征物的方向和距离，并尽可能提出对建标、埋石的建议，如表4-13所示。

表4-13 控制点点之记

点名	小北山	等级	四等	标志类型	水泥墩
点号	KZ205			觇标类型	无觇标
所在地	××市××县中寨子村小北山山顶			交通路线	县级公路马华线 2km+200m 处到达山下
与本点有关的方向和距离				点位略图	

备注	

当所有控制点均选点结束之后，需要上交以下资料：

(1) 选点图。即将测区内所有的控制点的实际选点位置标于地形图上。

(2) 点之记。每一个控制点都需要有详细而准确的点之记。

(3) 控制点一览表。表中应填写点名、等级、至邻点的概略方向和边长、建议建造的觇标类型及高度、对造埋和观测工作的意见等。

4.4.2　标石埋设

平面控制点点位确定之后，需要在地面上埋设标石。控制点的标石中心是控制点的实际点位，通常所说的控制点坐标指的就是标石中心的坐标。

控制点的等级不同所选用的标石形式也不相同。《工程测量规范》(GB 50026—2007)中规定，一、二级平面控制点及三级导线点、埋石图根点等平面控制点标志可采用直径为 14～20mm、长度为 30～40cm 的普通钢筋制作，钢筋顶端应锯"＋"字标记，距底端约 5cm 处应弯成钩状，如图 4-10 所示。

二、三、四等平面控制点标志可采用瓷质或金属等材料制作，尺寸分别如图 4-11 和图 4-12 所示。

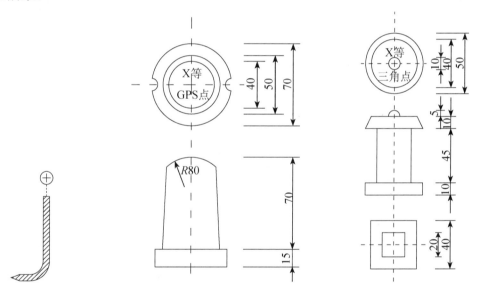

图 4-10　低等级控制点标志　图 4-11　瓷质控制点标志(单位：mm)　图4-12　金属控制点标志(单位：mm)

等级三角点的标石由两块组成，下面一块叫盘石，上面一块叫柱石，如图 4-13 所示。盘石和柱石一般用钢筋混凝土预制，然后运到实地埋设。预制时，应在柱石顶面印字注明埋设单位及时间。标石也可用石料加工或用混凝土在现场浇制。盘石和柱石中央埋有如图 4-11 或图 4-12 所示的中心标志，埋石时必须使盘石和柱石上的标志位于同一铅垂线上。

在精密工程施工控制网或变形监测控制网的布设中，经常采用安置在钢筋混凝土观测墩顶部的不锈钢强制对中板作为平面控制点的标志。强制对中板埋设在观测墩上表面，一般稍微高出观测墩。强制对中板为不锈钢材质，通常直径为 250mm，厚度为 20mm，圆心开螺孔，用于固定照准螺杆，观测时用小螺杆强制对中测量仪器。观测墩浇筑前，将强制对中板用四根铆筋焊接固定在观测墩主筋上。强制对中板中央圆孔的中心即为标志中心，也是平面控制点的中心。仪器通过连接螺丝与圆孔连接，可使对中误差不超过±0.1～0.2mm。观测墩由底座和墩身组成，底座通常为正四棱柱形，墩身通常为正四棱柱形或正四棱台形，底座和墩身的规格可参照有关规范或根据实际情况自行设计，但地表以上的墩身高度一般不低于1.2m。观测墩通常采用钢筋混凝土现场浇制而成，混凝土标号一般为300#。通常情况下，底座建立在基岩上，当地表覆盖层较厚时，可开挖或钻孔至基岩，条件困难时，可埋设在土层下，一般要求开挖至地面下1.8m或冻土层以下0.5m，这时底座的尺寸应适当加大，最好在底座下埋设三根以上的钢管，以增强观测墩的稳定性。浇制墩身时，应使墩身基本呈垂直状态。安装强制对中板时，应使底盘基本呈水平状态。观测墩和强制对中板如图4-14所示。

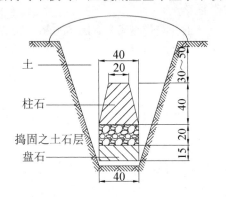

图4-13　等级三角点标石(单位：cm)

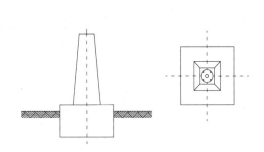

图4-14　观测墩和强制对中板

控制点标志受法律保护，应在控制点上印字或在控制点附近建立警示标牌，如"测量标志，破坏违法"等，加强人们对控制点标志的保护意识。埋设工作全部完成后，应绘制点之记，并与当地有关单位和人员办理托管手续。

4.5　高程基准

高程控制网按照其用途的不同可以分为国家高程控制网和城市与工程建设高程控制网两类，无论是布设国家高程控制网还是布设工程高程控制网，首先都必须建立一个统一的高程基准，即所有点的高程值均基于此高程基准。不同的高程基准对应着建立不同的高程系统。

4.5.1　高程基准面

高程基准面就是地面点高程的统一起算面，由于大地体是与整个地球最为接近的形体，因此通常采用大地水准面作为高程基准面。

在2.1节中已经指出，大地水准面是指与静止的平均海水面相重合并延伸向大陆岛屿且包围整个地球的闭合曲面。然而，海洋受着潮汐、风力的影响，永远不会处于完全静止的平衡状态，总是存在着不断的升降运动。因此，为了获取平均海水面的位置可以在海边设立验潮站，长期观测海水面的水位升降，据此求出该验潮站所在位置的平均海水面。

由于我国海岸线漫长，由各验潮站的水位观测资料所推求得到的平均海水面也不相同。通过验潮资料可以看出，我国沿海海面的总趋势是南高北低。因此，作为全国高程的统一起算面，即高程基准面，只能选择某一个验潮站所求得的平均海水面。

新中国成立前，我国曾在不同时期分别建立过吴淞口、坎门、青岛和大连等验潮站，并得到不同的高程基准面系统。1956 年，在综合分析各验潮站之后，认为青岛验潮站位置适中，地处我国海岸线的中部，而且青岛验潮站所在港口是有代表性的规律性半日潮港，又避开了江河入海口，具有外海海面开阔、无密集岛屿和浅滩、海底平坦、水深在 10m 以上等诸多有利条件，因此，在 1957 年确定青岛验潮站为我国基本验潮站，并以该站 1950—1956 年 7 年间的潮汐资料推求的平均海水面作为我国的高程基准面。以此高程基准面作为我国统一起算面的高程系统叫作"1956 年黄海高程系统"。

1956 年黄海高程系统的建立给我国的科学研究和基础建设等方面都发挥了重大的作用，然而，从天文学角度来看，一个潮汐变化的周期为 18.61 年，建立 1956 年黄海高程系统所用的验潮资料还不到一个潮汐变化周期，同时又发现验潮资料中含有粗差，因此，这套系统需要加以改进。

鉴于上述问题，测绘主管部门以青岛验潮站 1952—1979 年之间的验潮资料为依据，重新计算确定了平均海水面，并以此重新确定了国家高程基准，命名为"1985 国家高程基准"，从 1988 年 1 月 1 日起启用。

4.5.2　水准原点

为了明显而稳固地表示高程基准面的位置，还需要建立一个与平均海水面相联系的水准点，以此作为布设国家高程控制网的起算点，这个水准点称为水准原点。

将水准原点与验潮站的水准标尺零点进行精密水准测量联测，求出其间的高差，即可得到水准原点的高程。在 1956 年黄海高程系统中，水准原点的高程为 72.289m，在 1985 国家高程基准中，水准原点的高程为 72.2604m。

我国的水准原点建于青岛海滨观象山附近，其点位设置在地壳比较稳定，质地坚硬的花岗岩基岩上。它由 1 个原点、2 个附点、3 个参考点构成水准原点网。水准原点的标石构造如图 4-15 所示，在花岗石柱中镶嵌进入一块价值不菲的玛瑙石，玛瑙石的顶端打磨成光滑的球形，在玛瑙石的最顶端有一个红色小点，上面标出"此处海拔高度 72.260 米"，这就是我国的"水准原点"。为了保护玛瑙石不被破坏，在其上方有铜制护盖和石制护盖两层保护装置，需要时将两层护盖打开即可。在水准原点的上方建有一个石制小屋，如图 4-16 所示，石屋建筑面积约 8 平方米，其全部由花岗岩砌成，顶部中央及四角各竖一石柱，室内墙壁上镶一块刻有"中华人民共和国水准原点"的黑色大理石石碑，室中有一约 2 米深的旱井，水准原点标石就位于旱井底部。

水准原点网建成后，用精密水准测量的方法测定水准原点相对于黄海平均海面的高差，即水准原点的高程，定为全国高程控制网的起算高程。以水准原点为基准，在全国范围内按照精度由高到低布设了一、二、三、四等水准网，满足科学研究、国防建设、基础设施建设等方面的不同需求。

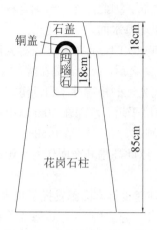

图 4-15 水准原点的标石结构

图 4-16 国家水准原点所在地

4.5.3 水准面的不平行性及其影响

1. 水准面的不平行性

在空间重力场中的任何物质都受到重力的作用而使其具有位能。对于水准面上的单位质点而言，它的位能大小与质点所处高度及该点重力加速度有关。我们把这种随着位置和重力加速度大小而变化的位能称为重力位能，并以 W 表示，则有

$$W = gH \tag{4-6}$$

式中，g 为重力加速度，H 为单位质点所处的高度。

由于在同一水准面上各点的重力位能相等，因此，水准面称为重力等位面，或称重力位水准面。如果将单位质点从一个水准面提高到相距 Δh 的另一个水准面，其所做功就等于两水准面的位能差，即 $\Delta W = g \Delta h$。如图 4-17 所示，设 Δh_A、Δh_B 分别表示两个非常接近的水准面在 A、B 两点的垂直距离，g_A、

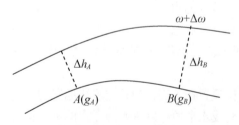

图 4-17 水准面的不平行性

g_B 为 A、B 两点的重力加速度。由于水准面具有重力位能相等的性质，因此 A、B 两点所在水准面的位能差 ΔW 应有下列关系：

$$\Delta W = g_A \Delta h_A = g_B \Delta h_B \tag{4-7}$$

众所周知，在同一水准面上的不同点重力加速度 g 值是不同的，因此由式(4-7)可知，Δh_A 和 Δh_B 必定不相等，也就是说，任何两邻近的水准面之间的距离在不同的点上是不相等的，并且与作用在这些点上的重力成反比。由此可以得出结论水准面不是相互平行的，这是水准面的一个重要特性，称为水准面不平行性。

重力加速度 g 值是随纬度的不同而变化的，在纬度较低的赤道处有较小的 g 值，而在两极处 g 值较大，因此，水准面是相互不平行的、且为向两极收敛的、接近椭圆形的曲面。

2. 水准面不平行性的影响

由于水准测量所测定的高程是由水准路线上各测站所得高差求和而得到的，即如图 4-18 所示，地面点 B 的高程可以按水准路线 OAB 上各测站所测得高差 $\Delta h_1, \Delta h_2, \cdots, \Delta h_n$ 之和求得，即

$$H_B = \sum_{OAB} \Delta h \tag{4-8}$$

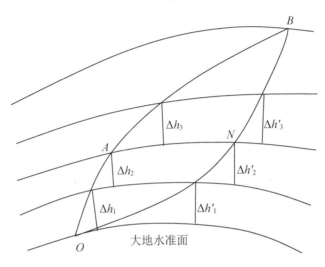

图 4-18　水准面不平行性的影响

如果沿另一条水准路线 ONB 施测，则 B 点的高程应为水准路线 ONB 上各测站测得高差 $\Delta h_1', \Delta h_2', \cdots, \Delta h_n'$ 之和，即

$$H_B' = \sum_{ONB} \Delta h' \tag{4-9}$$

由水准面的不平行性可知 $\sum_{OAB} \Delta h \neq \sum_{ONB} \Delta h'$，因此 $H_B \neq H_B'$，也就是说，用水准测量方法测得两点间高差的结果随测量所循水准路线的不同而有差异。

如果将水准路线构成闭合环形 $OABNO$，既然 $H_B \neq H_B'$，可见，即使水准测量完全没有误差，这个水准环形路线的闭合差也不为零。在闭合环形水准路线中，由于水准面不平行所产生的闭合差称为理论闭合差。

4.5.4　高程系统

由于水准面的不平行性，使得两固定点间的高差沿不同的测量路线所测得的结果不一致而产生多值性，为了使点的高程有唯一确定的数值，有必要合理地定义高程系，在大地测量中定义下面三种高程系统：正高高程系统、正常高高程系统及力高高程系统。

1. 正高高程系统

正高高程系统是以大地水准面为高程基准面的高程系统，地面上任一点的正高高程(简称正高)，即该点沿垂线方向至大地水准面的距离。如图 4-19 中，B 点的正高，设以 $H_{正}^B$ 表示，则有

$$H_{\mathbb{E}}^B = \sum_{BC} \Delta H = \int_{BC} \mathrm{d}H \tag{4-10}$$

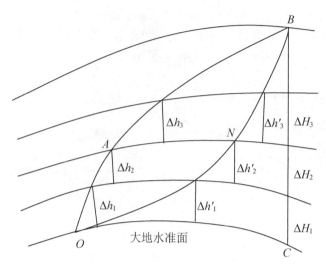

图 4-19　正高高程系统

设沿垂线 BC 的重力加速度用 g_B 表示，在垂线 BC 的不同点上，g_B 也有不同的数值。由式(4-6)的关系可以写出

$$g_B \mathrm{d}H = g \mathrm{d}h \tag{4-11}$$

即

$$\mathrm{d}H = \frac{g}{g_B} \mathrm{d}h \tag{4-12}$$

将式(4-12)代入式(4-10)中，得

$$H_{\mathbb{E}}^B = \int_{BC} \mathrm{d}H = \int_{OAB} \frac{g}{g_B} \mathrm{d}h \tag{4-13}$$

如果取垂线 BC 上重力加速度的平均值为 g_m^B，上式又可写为

$$H_{\mathbb{E}}^B = \frac{1}{g_m^B} \int_{OAB} g \mathrm{d}h \tag{4-14}$$

从式(4-14)可以看出，某点 B 的正高不随水准测量路线的不同而有差异，这是因为式中 g_m^B 为常数，$\int g \mathrm{d}h$ 为过 B 点的水准面与大地水准面之间的位能差，也不随路线而异，因此，正高高程是唯一确定的数值，可以用来表示地面的高程。

如果沿着水准路线每隔若干距离测定重力加速度，则式(4-14)中的 g 值是可以得到的。但是由于沿垂线 BC 的重力加速度 g_B 不但随深入地下深度不同而变化，而且还与地球内部物质密度的分布有关，所以重力加速度的平均值 g_m^B 并不能精确测定，也不能由公式推导出来，因此严格说来，地面某一点的正高高程不能精确求得。

2. 正常高高程系统

由于正高高程系统中的 g_m^B 无法精确测得，致使正高高程系统在应用时具有了很大的局限性，此时，如果用正常重力 γ_m^B 来代替 g_m^B，便得到另一种高程系统，称其为正常高高程系统，用公式表达为

$$H_{\text{正常}}^B = \frac{1}{\gamma_m^B}\int g\mathrm{d}h \qquad (4\text{-}15)$$

式中，g 由沿水准测量路线的重力测量得到；$\mathrm{d}h$ 是水准测量的高差，γ_m^B 是按正常重力公式算得的正常重力平均值，所以正常高可以精确求得，其数值也不随水准路线而异，是唯一确定的。因此，我国规定采用正常高高程系统作为我国高程的统一系统。

3. 力高和地区力高高程系统

若将正高或正常高的定义公式应用于同一重力位水准面上的 A、B 两点，由于此两点的 $\int_O^A g\mathrm{d}h$ 和 $\int_O^B g\mathrm{d}h$ 是相等的，g_m^A 和 g_m^B 或 γ_m^A 和 γ_m^B 不相等，所以在同一个重力位水准面上两点的正高或正常高是不相等的。例如南北狭长 450km 的贝加尔湖，湖面上南北两点的高程差可达 0.16m，远远超过了测量误差。这种情况往往给某些大型工程建设的测量工作带来不便。假如建设一个大型水库，它的静止水面是一个重力等位面，在设计、施工、放样等工作中，通常要求这个水面是一个等高面。这时若继续采用正常高或正高显然是不合适的。为了解决这个矛盾，可以采用力高系统，它按下式定义

$$H_{\text{力}}^B = \frac{1}{\gamma_{45°}}\int_O^B g\mathrm{d}h \qquad (4\text{-}16)$$

即，将正常高公式中的 γ_m^B 用纬度 45° 处的正常重力 $\gamma_{45°}$ 来代替，一点的力高就是水准面在纬度 45° 处的正常高。

但由于工程测量一般范围都不大，为使力高更接近于该测区的正常高数值，可采用所谓地区力高系统，即将式(4-16)中的 $\gamma_{45°}$ 用测区某一平均纬度 φ 处的 γ_φ 来代替，有

$$H_{\text{力}}^B = \frac{1}{\gamma_\varphi}\int_O^B g\mathrm{d}h \qquad (4\text{-}17)$$

在式(4-16)和式(4-17)中，由于 $\gamma_{45°}$、γ_φ、$\int g\mathrm{d}h$ 都是一个常数，所以就保证了在同一水准面上的各点高程都相同。

由式(4-17)和式(4-15)可求得力高和正常高的差异，用公式可表达为

$$H_{\text{力}} - H_{\text{正常}} = \frac{\gamma_m - \gamma_\varphi}{\gamma_\varphi}\cdot H_{\text{正常}} \qquad (4\text{-}18)$$

例如当 $\gamma_m - \gamma_\varphi = 0.5\mathrm{cm/s^2}$，$H_{\text{正常}} = 2\mathrm{km}$，并采用 $\gamma_\varphi = 980\mathrm{cm/s^2}$，可得 $H_{\text{力}} - H_{\text{正常}} = 1\mathrm{m}$。

力高是区域性的，主要用于大型水库等工程建设中。它不能作为国家统一高程系统。在工程测量中，应根据测量范围大小，测量任务的性质和目的等因素，合理地选择正常高、力高或区域力高作为工程的高程系统。

4.6　高程控制网的布设原则与方案

高程控制网是进行科学研究、大比例尺测图和各种工程施工的高程控制基础，无论是国家高程控制网还是城市与工程建设高程控制网。布网的主要方法都是水准测量、三角高程测量和 GNSS 高程测量三种。

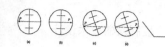

4.6.1 国家高程控制网的布设原则与方案

国家高程控制网是全国范围内高程控制测量的骨干和基础，是测绘大比例尺地形图、各种等级工程施工、科学研究的最基本的高程控制。与国家平面控制网相类似，在布设国家高程控制网时，需要遵循一定的原则，科学的制定布网方案，以确保控制网的准确性、科学性和实用性。

1. 国家水准网的布网原则

国家高程控制网一般采用水准测量的方法布设，所以一般又称为国家水准网。国家水准网的布设要遵循以下的原则：

(1) 由高级到低级，从整体到局部。国家水准网按照精度从高到低可以分为一、二、三、四等水准网。一等水准网主要用来解决有关高程变化等科学研究问题，并作为国家高程控制网的骨干，二等水准网是国家高程控制网的全面基础，三、四等水准网直接为地形测图和其他工程建设提供高程控制点。

(2) 水准网要达到足够的精度。精度是水准网需要考虑的首要问题，特别是精密水准测量，必须确保达到相应的规范要求。水准网的精度主要是用每公里水准测量的偶然中误差 M_Δ 和每公里水准测量的全中误差 M_W 来表示。在《国家一、二等水准测量规范》(GB/T 12897—2006)和《国家三、四等水准测量规范》(GB/T 12898—2009)中对此有如表 4-14 所示的规定。

表 4-14　各级水准测量的基本精度要求　(单位：mm)

项目　　　　等级	一　等	二　等	三　等	四　等
M_Δ	≤±0.45	≤±1.0	≤±3.0	≤±5.0
M_W	≤±1.0	≤±2.0	≤±6.0	≤±10.0

(3) 要有一定的密度。国家水准点有多种标石，每种水准点有不同的密度要求，对于一、二等水准测量，水准点分为基岩水准点、基本水准点、普通水准点三种类型。在《国家一、二等水准测量规范》(GB/T 12897—2006)中，对每种水准点的密度有不同的规定，如表 4-15 所示。

在《国家三、四等水准测量规范》(GB/T 12898—2009)中规定，在三、四等水准路线上，每隔 4～8km 应埋设普通水准标石一座；在人口稠密、经济发达地区可缩短为 2～4km；荒漠地区及水准支线可增长至 10km 左右；支线长度在 15km 以内可不埋石。

表 4-15　一、二等水准点的间距　(单位：km)

水准点类型	水准点间距		
	一般地区	经济发达地区	荒漠地区
基岩水准点	400		
基本水准点	40	20～30	60
普通水准点	4～8	2～4	10

(4) 一等水准网应定期复测。国家一等水准网应定期复测，复测周期主要取决于水准测量精度和地壳垂直运动速率，一般为 15～20 年复测一次。二等水准网按实际需要可进行不定期复测。复测的目的主要为了满足涉及地壳垂直运动的地学研究对高程数据精度不断提高的要求，改善国家高程控制网的精度，增强其现实性。同时也是监测高程控制网的变化和维持完善国家高程基准和传递的措施。

2. 国家水准网的布设方案

按照以上的布设原则，我国的水准网分为一、二、三、四等四个等级。各等级水准测量路线必须自行闭合或闭合于高等级的水准路线上，与其构成环形或附合路线，以便控制水准测量系统误差的积累和便于在高等级的水准环中布设低等级的水准路线。

一等水准网是国家高程控制网的骨干，其主要目的是实现国家高程基准的高精度传递。一等水准路线布设时要充分估计地质构造背景，应沿地质构造稳定、交通不太繁忙、地势较为平缓的交通路线布设成网状。国家一等水准路线应闭合成环形，并构成网状。环的周长在我国东部地区应不超过 1600km，西部地区不超过 2000km。

二等水准网是国家高程控制网的全面基础，它布设在一等水准网内。二等水准路线应尽量沿公路、铁路、河流等布设，以保证较好的观测条件。根据地区情况和实际需要，二等水准路线的环线周长在平原和丘陵地区应在 500～750km 之间，在山区和困难地区可适当放宽。

三、四等水准网直接为大比例尺地形图的测绘和各种工程建设提供所必需的高程控制点。三等水准路线一般可根据需要在高等级水准网内加密，布设成附合水准路线，并尽量互相交叉，以构成闭合环。单独的附合路线长度不应超过 200km，环线周长不应超过 300km。四等水准路线一般以附合路线布设于高等级水准点之间，附合水准路线的长度不应超过 80km。

按照以上方案，全国一等水准网已于 1981 年基本完成外业工作，1985 年完成整体平差。全国路线总长度 93 000km，构成 100 个闭合环。一等水准路线中，每 4～6km 埋设一座普通水准标石，每隔 60km 左右埋设一座基本水准标石。另外，全国还均匀的埋设了 109 座基岩水准标石。一等水准网联测了均匀分布在中国海岸线上的 42 个永久性验潮站，并就近联测了各主要旧高程系统的水准原点。在一等水准网的基础上，布设了 1139 条总长 137 000km 的二等水准网。

4.6.2 城市和工程建设高程控制网的布设

城市和工程建设高程控制网相对于国家高程控制网来说要较为灵活，布网时有较强的针对性，精度要求各不相同，测区范围情况也较为复杂，因此，其布网的方法也不局限于水准测量，还经常采用三角高程测量、GPS 高程测量等方法进行布网。

1. 城市高程控制网的布设

在《城市测量规范》(CJJ/T 8—2011)中指出，城市高程控制网的等级宜划分为一、二、三、四等，并宜采用水准测量方法施测。水准测量确有困难的山岳地带及沼泽、水网地区的四等高程控制测量，也可采用高程导线测量方法；平原和丘陵地区的四等高程控制测量可采用卫星定位测量方法。城市首级高程控制网的等级不应低于三等，并应根据城市的面积大小、远景规划和路线的长度确定。

采用高程导线测量方法进行四等高程控制测量时，高程导线应起闭于不低于三等的水准点，边长不应大于 1km。路线长度不应大于四等水准路线的最大长度。布设高程导线时，宜与平面控制网相结合。高程导线可采用每点设站或隔点设站的方法施测，隔点设站时，每站应变换仪器高度并观测两次，前后视线长度之差不应大于 100m。

采用卫星定位测量方法建立四等高程控制网时，应包括高程异常模型建立、卫星定位测量、高程计算与检查等过程。卫星定位高程控制测量应采用静态观测方法，按四等平面控制测量的要求施测，并宜与卫星定位平面测量同时进行。

由于城市高程控制网布网范围相对较小，点位较为密集，受城市地面沉降的影响较大，因此，要注重城市高程控制网的复测，以确保高程控制点切实可靠准确。

对于点位的密度，《城市测量规范》(CJJ/T 8—2011)中的规定如表 4-16 所示。

表 4-16　城市高程控制网的点位密度要求(单位：km)

项　目	区域或等级	距　离
高程控制点间的距离(测段长度)	建筑区	1～2
	其他地区	2～4
环线或附合于高级点间路线的最大长度	二等	400
	三等	45
	四等	15

2. 工程测量高程控制网的布设

在《工程测量规范》(GB 50026—2007)中规定，工程测量高程控制网按精度等级的划分，依次为二、三、四、五等。各等级高程控制宜采用水准测量，四等及以下等级可采用电磁波测距三角高程测量，五等也可采用 GNSS 拟合高程测量。首级高程控制网的等级，应根据工程规模、控制网的用途和精度要求合理选择，精密工程应以二等水准网为首级高程控制网，并应布设成闭合环形，若有两个或两个以上的国家一、二等水准点，则均应包含在环线之中，以便对期间高差的正确性进行有效的检核。

工程测量高程控制点间的距离，一般地区应为 1～3km，工业厂区、城镇建筑区应小于 1km，但一个测区及周围至少应有 3 个高程控制点。

对于工程测量高程控制网的精度要求如表 4-17 所示。

四等和五等高程控制网还可以采用电磁波测距三角高程测量的方法布设，但四等网应附合或闭合于不低于三等水准的高程控制点上，五等网应附合或闭合于不低于四等水准的高程控制点上，路线长度不应超过相应等级水准路线长度的限值。在布设时宜在平面控制点的基础上布设成三角高程网或高程导线，并满足表 4-18 中的技术要求。

表 4-17　工程测量高程控制网精度要求

等级	每千米高差全中误差/mm	路线长度/km	水准仪型号	水准尺	观测次数		往返较差、附合或环线闭合差	
					与已知点联测	附合或环线	平地/mm	山地/mm
二等	2	—	DS1	铟瓦	往返各一次	往返各一次	$4\sqrt{L}$	
三等	6	≤50	DS1	铟瓦	往返各一次	往一次	$12\sqrt{L}$	$4\sqrt{n}$
			DS3	双面		往返各一次		
四等	10	≤16	DS3	双面	往返各一次	往一次	$20\sqrt{L}$	$6\sqrt{n}$
五等	15	—	DS3	单面	往返各一次	往一次	$30\sqrt{L}$	—

注：① 结点之间或结点与高级点之间其路线的长度不应大于表中规定的 0.7 倍。

② L 为往返测段、附合或环线的水准路线长度，单位 km，n 为测站数。

③ 数字水准仪测量的技术要求和同等级的光学水准仪相同。

表 4-18　电磁波测距三角高程测量布设工程高程控制网的技术要求

等级	每千米高差全中误差/mm	边长/km	观测方式	对向观测高差较差/mm	附合或环形闭合差/mm
四等	10	≤1	对向观测	$40\sqrt{D}$	$20\sqrt{\sum D}$
五等	15	≤1	对向观测	$60\sqrt{D}$	$30\sqrt{\sum D}$

注：D 为测距边的长度，单位 km。

对于平原或丘陵地区的五等及以下等级高程测量还可以采用 GNSS 拟合高程测量的方法施测，GNSS 拟合高程测量宜与 GNSS 平面控制测量一起进行。GNSS 网应与四等或四等以上的水准点联测。联测的 GNSS 点宜分布在测区的四周和中央。若测区为带状地形，则联测的 GNSS 点应分布于测区两端及中部。联测点数宜大于选用计算模型中未知参数个数的 1.5 倍，点间距宜小于 10km。地形高差变化较大的地区，应适当增加联测的点数。

GNSS 拟合高程计算时应充分利用当地的重力大地水准面模型或资料，对联测的已知高程点要进行可靠性检验，并剔除不合格点。对于地形平坦的小测区，可采用平面拟合模型，对于地形起伏较大的大面积测区，宜采用曲面拟合模型。

4.7　高程控制网的设计、选点与埋石

确定了高程控制网的等级和布设方法后，需要对高程控制网进行技术设计，论证通过后进行现场选点与标石埋设。

4.7.1　高程控制网的技术设计

高程控制网的技术设计是根据测量任务，按水准测量规范的有关规定，结合测区实际情

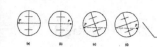

况，在大比例尺地形图上，拟定出合理的水准网和水准路线的布设方案，并编制技术设计书。技术设计主要包括收集资料、图上设计、技术设计书的编制等内容。

1. 收集资料

技术设计开始前，应收集相关的资料，主要包括测区大比例尺地形图；已知水准成果；水准点点之记及路线图；需要联测的气象台(站)、地震台(站)、验潮站、应联测的平面控制点资料和测区的已测重力等测量相关资料；以及测区的气候、交通、人文、地质、土壤冻结深度、地下水位深度等其他资料。

2. 图上设计

在对所收集的资料综合分析之后，选择测区适当比例尺的地形图，首先用不同颜色的笔分别标出已知点和需要联测的点的位置，以及重要城镇、交通路线及河流的位置。然后根据测量任务的要求及相关的测量规范的规定，在图上逐级拟定水准点的概略位置和水准路线的概略走向。在进行图上设计时，需要注意以下问题：

(1) 水准路线应尽量沿坡度较小的道路布设，以减弱前后视垂直折光误差的影响，尽量避免跨越河流、湖泊、沼泽等地物。

(2) 按照水准路线布设原则和要求，先进行高等级的水准路线设计，后进行低等级水准路线设计，再进行支线水准设计。

(3) 布设首级高程控制网时，应考虑到高程控制网的进一步加密。

(4) 在设计出水准路线之后，再设计出各个水准点的初步位置。对于一、二等水准测量，要设计出各个基本水准点的位置。

(5) 水准网应尽可能布设成环形网或结点网，在个别情况下，可以布设成附合路线，水准点间的距离一般地区为 2～4km，城市建筑区为 1～2km，工业区为 1km。

(6) 应注意利用已有的成果，并与国家水准点进行联测，以确保高程系统的统一。

(7) 其中一部分水准点应该能满足 GNSS 测量的点位条件。

3. 编制技术设计书

高程控制网技术设计书的主要内容有：任务的性质与内容、测区概况、技术设计的主要依据、各等级水准路线及水准点的数量、各类型的标石数量、起算点的高程及高程系统、观测方案的论证、人员组织、作业计划、经费预算、主管部门的审批意见等。

技术设计书是高程控制网具体施测的指导性文件，必须全面考虑布网过程中所遇到的各种问题，必须给出合理的方案，以确保高程控制网的顺利布设。

4.7.2　水准路线的选择与点位的确定

高程控制网的技术设计完成后，即可根据图上的初步设计进行现场选线与定点。在进行实地选线时，需要重点考虑两个问题，即图上的水准路线是否合乎相关规范的要求、是否便于水准观测工作的顺利进行。所以，选线时要注意应尽量沿坡度较小的公路、大路进行，避开土质松软的地段和磁场较强的区域，应尽量避开高速公路或车流量较大的普通公路，同时还应该尽量避开通过行人车辆频繁的街道、大的河流、湖泊、沼泽与峡谷等障碍物，当采用数字水准仪作业时，水准路线还应避开电磁场的干扰。

线路选定后，根据图上设计的方案和线路的走向，在实地进行选点。选点时要注意以下问题：

(1) 应将点位选在土质坚实、稳固可靠的地方或稳定的建筑物上，且便于寻找、保存和引测。

(2) 选点时应尽量避开地势低洼潮湿、土质松软及容易发生地质灾害的地方。

(3) 选点时要尽量避开强电压、强磁场以及人员活动密集的区域。

(4) 易受水淹或地下水位较高处不宜设点。

(5) 距离铁路50m以内、距离公路30m以内或其他剧烈震动的地点不宜设置高等级水准点。

(6) 准备拆除或维修的建筑以及不坚固的建筑上不宜设点。

(7) 不利于长久保存或不利于观测的地点不适合设点。

(8) 道路或场地内填方的区域不适合设点。

水准点位置选定后，应在点位上埋设或竖立注有点号、水准标石类型的点位标志，并填绘水准点点之记，如表4-19所示。

表 4-19　水准点点之记

所在图幅	K51G055057	标石类型	普通标石
经纬度	L：123°30′55″ B：41°44′37″	标石质料	混凝土、钢筋标志
所在地	辽宁省沈阳市东陵区	土地使用单位	沈阳市
地别土质	公路，沥青路面，沙石路基	地下水深度	10m
交通路线	沈阳市浑南东路，沈阳建筑大学门前南侧非机动车道内		
详细点位说明	水准点位于沈阳建筑大学门前西侧非机动车道内，距离最近的路灯 8.4m，距离路标指示牌 21.5m，距离门前探照灯 14.6m		
接管单位	沈阳建筑大学	保管人	张三

选点单位	沈阳建筑大学	埋石单位	沈阳建筑大学	观测单位	沈阳建筑大学
选点者	李四	埋石者	王五	观测者	王五
选点日期	2013.09.25	埋石日期	2013.10.06	观测日期	2013.10.15
备注					

选点工作结束后，应上交水准点点之记、水准路线图、交叉点接测图、新收集到的有关资料和选点工作的技术总结。

4.7.3 水准点标石的埋设

埋设的水准标石，既要能长期保存，又要能长期保持稳固。水准点标石分为三大类：基岩水准标石、基本水准标石和普通水准标石。

基岩水准标石如图 4-20 所示，是与岩层直接联系的永久性标石，它是研究地壳和地面垂直运动的主要依据，经常用精密水准测量联测和检测基岩水准标石和高等级水准点的高差，研究其变化规律，可在较大范围内测量地壳垂直形变，为地质构造、地震预报等科学研究服务。

基本水准标石又分为混凝土基本水准标石和岩层基本水准标石，分别如图 4-21 和图 4-22 所示，其作用在于能长久地保存水准测量成果，以便根据它们的高程联测新设水准点的高程或恢复已被破坏的水准标石。基本水准标石一般埋设在一、二等水准路线上，每隔 60km 左右一座。

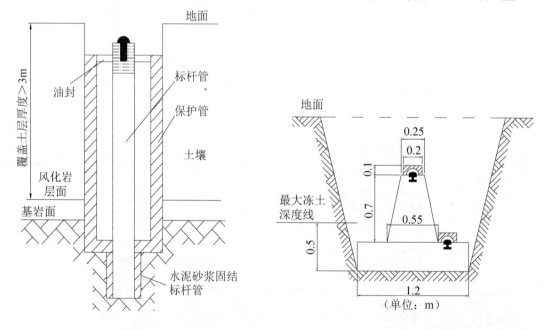

图 4-20 基岩水准标石   图 4-21 混凝土基本水准标石

普通水准标石如图 4-23 所示，其作用是直接为地形测量和其他测量工作提供高程控制，要求使用方便。

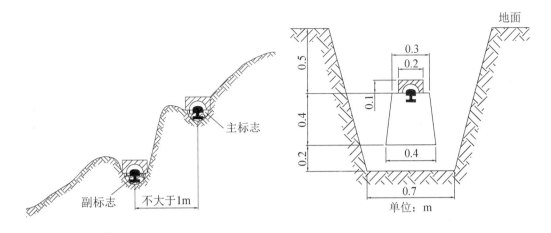

图 4-22 岩层基本水准标石　　　　　图 4-23 普通水准标石

各类水准标石在埋设时要严格按照相关测量规范中的规定进行，并且均要埋至最大冻土深度线以下，以确保水准点的稳定可靠。

埋石工作结束后，测量部门须向当地政府机关或委托方办理测量标志委托保管手续。并应上交测量标志委托保管书、水准点点之记和埋石工作技术总结等文件资料。

习　题

1. 名词解释：三角锁；优化设计；高程基准面；水准原点；正高高程系统；正常高高程系统；力高高程系统。

2. 简述国家水平控制网的布设原则和方案。为何要分级布网逐级控制？

3. 布设工程平面控制网时需要遵循怎样的原则？

4. 布设工程平面控制网时，不同等级的三角网、导线网、GPS 网各应满足哪些主要技术要求？

5. 平面控制网在进行技术设计时应按照怎样的顺序进行？

6. 平面控制网技术设计前应收集哪些方面的资料？

7. 在进行平面控制网的图上设计时，主要有哪些步骤？每一步骤中主要应考虑哪些方面的因素？

8. 平面控制网的优化设计主要有哪几类？每一类的已知参数和待定参数各是什么？

9. 对控制网进行优化设计及质量评价时，主要应考虑哪些方面的质量标准？

10. 为何要编制平面控制网技术设计书？编制平面控制网技术设计书时应包括哪些方面的内容？

11. 控制网进行踏勘选点时主要应注意哪些问题？选点结束后应上交哪些资料？

12. 什么是点之记？点之记中应包含哪些信息？

13. 我国的高程系统是如何确定的？

14. 不同的水准面为何不平行？水准面的不平行性对测量结果会造成哪些影响？

15. 在大地测量中，定义了哪几种高程系统？各种高程系统间的主要差别有哪些？

16. 布设国家水准网时需要遵循怎样的原则？

17. 在布设工程测量高程控制网时，在什么情况下可以采用电磁波测距三角高程法？采用电磁波测距三角高程测量时，主要的技术要求有哪些？

18. 高程控制网的技术设计主要有哪些工作？技术设计过程中主要应注意哪些问题？

19. 针对不同等级的高程控制网，水准标石可分为哪几种？埋设不同的水准标石时应注意哪些问题？

第5章　平面控制网的布设与实施

控制网的技术设计与选点埋石工作结束后，即进入控制网的布设与实施阶段。目前，平面控制网主要有 GNSS 网、三角形网和导线网，施测 GNSS 网主要利用 GNSS 接收机，而施测三角形网和导线网主要采用全站仪，因此本章将从全站仪的原理入手，分析精密测角、测距的方法与注意事项，以确保平面控制网的准确性和可靠性。

5.1　全站仪的基本原理

全站型电子速测仪是由电子测角、电子测距、电子计算和数据存储等单元组成的三维坐标测量系统，能自动显示测量结果，能与外围设备交换信息的多功能测量仪器。由于仪器较完善地实现了测量和处理过程的电子一体化，所以通常称之为全站型电子速测仪或简称全站仪。

全站仪主要包括数据采集和数据处理两大模块，其中，数据采集又包括角度测量和距离测量两方面。

5.1.1　全站仪的测角原理

全站仪的角度测量主要是通过光电度盘来实现的，全站仪的光电度盘一般分为三大类，一类是由一组排列在圆形玻璃上具有相邻的透明区域或不透明区域的同心圆上刻有编码所形成的编码度盘；另一类是在度盘表面上一个圆环内刻有许多均匀分布的透明和不透明等宽度间隔的辐射状栅线的光栅度盘；第三类是多用于带有马达驱动功能的全站仪的动态光栅度盘。

1. 编码度盘测角原理

如图 5-1 所示，编码度盘是在玻璃圆盘上刻划几个同心圆，每一个环带表示一位二进制编码，称为码道。再根据码道数 n 将度盘等分为 2^n 个码区，则每个码区有 n 个梯形。如果每个梯形分别以"亮"和"暗"表示二进制"0"和"1"的信号，则每个码区均可按照码道由里向外将 n 个二进制数组合成唯一确定的值来表示其角值。如图 5-1 所示的编码度盘中 16 个码区显示的是从 0000 到 1111 的四位二进制数的全组合。

因此，在全站仪中，测角是通过光传感器来识别和获取度盘位置信息的，在编码度盘的一侧安置光源，如发光二极管或红外半导体二极管等，度盘的另一侧直接对着光源安置光传感器，如光电晶体管或硅光二极管等，当光线通过度盘的透光区而光传感器接收时赋值为"0"，光线被度盘不透光区遮挡而不能被光传感器接收时赋值为"1"。因此，当照准某一方向时，度盘位置数据信息可以通过各码道的光传感器再经光电转换后以电信号输出，从而获得一组二进制的方向代码。当照准两个方向时，则可获得两个度盘位置的方向代码，由此

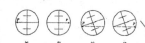

得到两个方向间的夹角。

由于编码度盘的分划值与码道数 n 有直接的关系，即度盘的最小分划值为 $360°/2^n$，例如图 5-1 中，度盘的分划值为 $360°/2^4 = 22.5°$。所以为了提高角度测量的精度，必须增加码道数。但是，因为度盘直径有限，靠增加码道数来提高度盘的分辨率实际上是有困难的，故一般将度盘刻成适当的码道，再利用测微装置来达到细分角值的目的。

2. 光栅度盘测角原理

如图 5-2 所示，在光学玻璃度盘的径向上均匀地刻制明暗相间的等宽度格线，即光栅，形成光栅度盘。在度盘的一侧安置恒定光源，如发光二极管，另一侧相对于恒定光源有一固定的光感器，光栅度盘上，线条为不透光区，缝隙处为透光区。在度盘上放置固定光栅，固定光栅的格线间距及宽度与度盘上的光栅完全相同，并要求固定光栅平面与度盘光栅平面严格平行，而两者的光栅则相错一个固定的小角 θ。

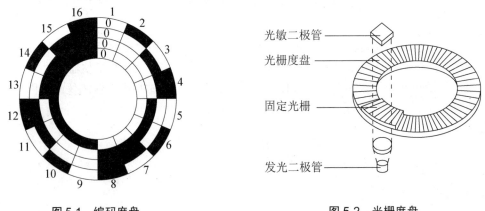

图 5-1　编码度盘　　　　　　　　　　　　图 5-2　光栅度盘

当度盘随照准部转动时，光线透过度盘光栅和固定光栅显示出径向移动的明暗相间的干涉纹，称为莫尔干涉条纹，如图 5-3 所示。

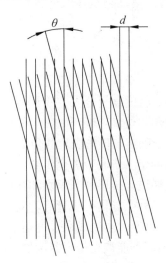

图 5-3　莫尔干涉条纹

当光栅水平移动时，莫尔条纹上、下移动，光栅在水平方向相对移动一条刻线，莫尔条纹在垂直方向上移动一周，其移动量为：

$$W = d \cot \theta \tag{5-1}$$

式中，θ 为固定光栅和度盘光栅之间的夹角，d 为光栅水平相对移动的距离，即栅距，W 为莫尔条纹移动的距离，即纹距。

由此可见，如果光栅夹角较小，则很小的光栅移动量就会产生很大的条纹移动量。当 $\theta = 20'$ 时，约可放大 172 倍。当度盘光栅静止，而固定光栅沿着垂直于自身栅线方向移动了一个栅距 d 时，莫尔条纹则沿着两个光栅交角 θ 的平分线方向移动一个纹距 W，由于 W 的宽度较大，可以用接收元件累计出条纹的移动量，从而推导出光栅的移动量，即角度值。

全站仪在测角时，当度盘随着照准部旋转时，莫尔条纹落在光感器上。度盘每转动一条光栅，莫尔条纹在光感器上移动一周，流过光感器的电流变化一周。当仪器照准零方向时，仪器的计数器处于零位，而当度盘随照准部转动照准某目标时，流过光感器电流的周期数就是两方向之间所夹的光栅数。由于光栅之间的夹角是已知的，计数器所计的电流周期数经过处理就可以显示出角度值。

3. 动态光栅度盘测角原理

动态光栅度盘测角原理如图 5-4 所示。度盘光栅可以旋转，另有两个与度盘光栅交角为 β 的指标光栅 S 和 R。其中，S 为固定光栅，位于度盘外侧；R 为可动光栅，位于度盘内侧。同时，度盘上还有两个标志点 a 和 b，S 只接收 a 的信号，R 只接收 b 的信号。测角时，S 代表任一原方向，R 随着照准部旋转，当照准目标后，R 位置已定，此时启动测角系统，使度盘在马达的带动下，始终以一定的速度逆时针旋转，b 点先通过 R，开始计数。接着 a 通过 S，计数停止，此时计下了 R、S 之间的单元栅格 φ_0 的整倍数 n 和不足一个分划的小数栅格 $\Delta \varphi_0$，则水平角为 $\beta = n \varphi_0 + \Delta \varphi_0$。事实上，每个栅格为一脉冲信号，由 R、S 的粗测功能可计数得到 n，利用 R、S 的精测功能可测得不足一个分划的相位差 $\Delta \varphi_0$，其精度取决于将 φ_0 划分成多少相位差脉冲。

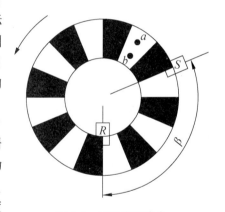

图 5-4　动态光栅度盘

动态测角除具有前两种测角方式的优点外，最大的特点在于消除了度盘刻划等误差，目前广泛应用于高精度全站仪上，如 0.5″ 级的仪器。但动态测角需要马达带动度盘，因此在结构上比较复杂，耗电量也较大。

5.1.2　全站仪的测距原理

全站仪集传统的电子经纬仪和电磁波测距仪于一体，其距离测量的原理和方法与电磁波测距仪相同，因此，本节中将以电磁波测距仪为基础分析全站仪中有关测距的基本知识。

1. 测距仪的分类

所谓的电磁波测距是指利用电磁波作为载波和调制波进行长度测量的一门技术。如图 5-5 所示，测距仪发射的电磁波被目标上的棱镜反射后经过时间 t 后再次被测距仪接收，即可得到电磁波测距的基本公式为

$$D = \frac{1}{2}ct \tag{5-2}$$

上式中，D 为待测距离；c 为电磁波在大气中的传播速度，$c = c_0/n$，而 c_0 为真空中的光速，约为 $3 \times 10^8 \mathrm{m/s}$，$n$ 为影响光在空气中传播速度的大气折射率；t 为电磁波在被测距离上一次往返传播的时间。

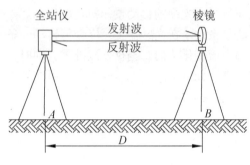

图 5-5 电磁波测距原理

由于大气折射率一般可以根据气象元素算得，因此，式(5-2)中只要测得时间 t 即可精确测出待测距离 D。根据测定时间 t 的方法可将电磁波测距仪分为以下两类：

(1) 脉冲式测距仪。它是通过直接测定仪器发出的脉冲信号往返于被测距离的传播时间，进而按式(5-2)求得距离的一类测距仪器。

(2) 相位式测距仪。是通过测定仪器发射的测距信号往返于被测距离的相位变化来间接推算信号的传播时间，进而求得所测距离的一类测距仪器。

设 f 为测距调制信号的频率，φ 为相位差，由式(5-2)可得

$$D = \frac{1}{2}c \cdot \frac{\varphi}{2\pi f} = \frac{c\varphi}{4\pi f} \tag{5-3}$$

当要求测距误差为 1mm 时，设 $c = 3 \times 10^8 \mathrm{m/s}$，如果采用脉冲法测距，由式(5-2)可得出，计时精度需要达到 $0.67 \times 10^{-11}\mathrm{s}$，按照目前的技术，达到这一计时精度比较困难。如果采用相位法测距，设 $f = 15\mathrm{MHz}$，测定相位角的精度只需要达到 $2'$，达到这一测角精度很易于实现。因此，目前的全站仪中大部分均采用相位法测距。

除了按照测定时间的方法对测距仪进行分类外，通常还有以下的分类方式。

(1) 按测程分类。

短程测距仪：是指测程不超过 3km 的测距仪。

中程测距仪：是指测程在 3～15km 之间的测距仪。

远程测距仪：是指测程超过 15km 的测距仪。

(2) 按光源分类。

红外光测距仪：以红外光作为测距光源的测距仪。

激光测距仪：以激光作为测距光源的测距仪。

微波测距仪：以无线电微波作为测距光源的测距仪。

(3) 按载波数分类。

单载波测距仪：仪器中仅有一束载波的测距仪。

双载波测距仪：仪器中含有两束载波的测距仪。

多载波测距仪：仪器中含有三束或三束以上载波的测距仪。

(4) 按精度分类。

电磁波测距仪的精度可以表示为

$$m_D = a + bD \tag{5-4}$$

式中：m_D 为测距中误差，单位为 mm；a 代表固定误差，单位为 mm；bD 代表比例误差，它主要由仪器频率误差、大气折射率误差引起，b 的单位是 ppm，代表百万分之一；D 是实测距离，单位为 km。

固定误差与比例误差绝对值之和再冠以偶然误差正负号，即构成了仪器的测距精度，当测距长度在 1km 时，按照测距精度可以把测距仪分为：

Ⅰ级：$m_D \leqslant 5\text{mm}$；

Ⅱ级：$5\text{mm} < m_D \leqslant 10\text{mm}$；

Ⅲ级：$10\text{mm} < m_D \leqslant 20\text{mm}$。

(5) 按反射目标分类。

有合作目标测距仪：合作目标包括平面反射镜、角反射镜、有源反射器等；

无合作目标测距仪：即依靠漫反射接收测距信号。

2. 脉冲法测距的原理

脉冲法测距是直接测定仪器所发射的脉冲信号往返于被测距离的传播时间而得到距离值的一种方法，其原理如图 5-6 所示。

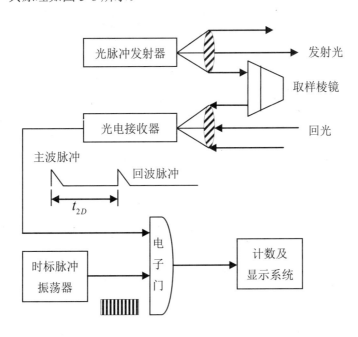

图 5-6　脉冲法测距基本原理

脉冲式测距仪开始测距时，由光脉冲发射器发射出一束光脉冲，经发射光学系统投射至被测目标。与此同时，一小部分光脉冲经取样棱镜送入接收光学系统，并由光电接收器转换为电脉冲，称为主波脉冲，作为计时的起点。而后从被测目标反射回来的光脉冲通过光学接收系统，也被光电接收器接收，并转换为电脉冲，称为回波脉冲，作为计时的终点。由此可见,主波脉冲和回波脉冲之间的时间间隔就是光脉冲在测线上往返传播的时间 t_{2D}。为了测定时间 t_{2D},将主波脉冲和回波脉冲间隔 t_{2D} 先后送入门电路。主波脉冲将"电子门"打开,时标脉冲即可通过电子门进入计数系统,计数系统就开始记录脉冲数目。当回波脉冲到达时,"电子门"关闭,计数系统停止计数,得到在 t_{2D} 时间内,共接收到 n 个时标脉冲。

假设计数系统接收到两个时标脉冲的时间间隔为 t,则主波脉冲和回波脉冲之间的时间间隔为

$$t_{2D} = nt \tag{5-5}$$

可得,待测距离为

$$D = \frac{1}{2}ct_{2D} = \frac{1}{2}cnt \tag{5-6}$$

若令 $d = \frac{1}{2}ct$,则式(5-6)可以变为

$$D = \frac{1}{2}ct_{2D} = nd \tag{5-7}$$

式(5-7)可以理解为,计数系统每记录一个时标脉冲就等于计下一个单位距离 d。由于测距仪中 d 值是预先选定的,因此计数系统在计数出通过"电子门"的时标脉冲个数 n 之后,就可以获得待测距离 D,并用显示器显示出来。

3. 相位法测距的基本原理

前文中已经提到,相位法测距是通过测定仪器发射的测距信号往返于被测距离的相位变化来间接推算信号的传播时间,进而求得所测距离的一种方法。

1) 基本原理

相位法测距的基本原理如图 5-7 所示,由载波源产生光波,经调制器被高频电波调制(调幅或调频),成为连续调制信号,该信号经测线到达反射器,经反射后被接收器接收,再进入混频器(Ⅰ)变成低频(或中频)测距信号 $e_{测}$。另外,在高频电波对载波进行调制的同时,仪器发射系统还产生一个高频信号,此信号经混频器(Ⅱ)混频后,成为低频(或中频)基准信号 $e_{基}$。$e_{测}$ 和 $e_{基}$ 在比相器中进行相位比较,由显示器显示出调制信号在被测距离上往返传播所产生的相位移,或者直接显示出被测距离值。

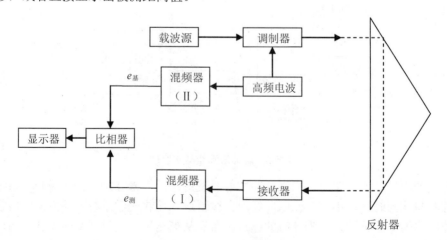

图 5-7 相位法测距基本原理

2) 计算公式

如图 5-8 所示，在 A 点安置仪器，在 B 点安置反射器，$A{\rightarrow}B$ 为光波的往程，$B{\rightarrow}A$ 为光波的返程。设发射的调制波信号为

$$e_1 = e_m \sin \omega t \tag{5-8}$$

式中，e_m 为调制波的振幅，ω 为调制波的角频率，t 为变化的时间。

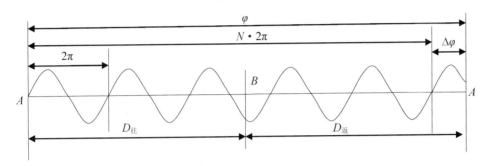

图 5-8　信号往返一次的相位差

调制波在测线上经过往返传递，即间隔时间 t_{2D} 后，接收器接收到的反射波信号为

$$e_2 = e_m \sin \omega (t - t_{2D}) \tag{5-9}$$

比相器所接收到的发射波基准信号 $e_{\text{基}}$（即 e_1）与反射波测距信号 $e_{\text{测}}$（即 e_2）之间的相位差为：

$$\varphi = \omega t_{2D} \tag{5-10}$$

即

$$t_{2D} = \frac{\varphi}{\omega} \tag{5-11}$$

将式(5-11)代入式(5-2)中，可得

$$D = \frac{1}{2} ct = \frac{1}{2} c \frac{\varphi}{\omega} = \frac{1}{2} c \frac{\varphi}{2\pi f} = \frac{c}{4\pi f} \varphi \tag{5-12}$$

由图 5-8 可以看出：

$$\varphi = N \cdot 2\pi + \Delta\varphi \tag{5-13}$$

将式(5-13)代入式(5-12)可得

$$D = \frac{c}{4\pi f}(2N\pi + \Delta\varphi) = \frac{c}{2f}\left(N + \frac{\Delta\varphi}{2\pi}\right) = \frac{\lambda}{2}(N + \Delta N) \tag{5-14}$$

式中，f 为调制波的频率，λ 为调制波的波长，设 $u = \dfrac{\lambda}{2}$，则

$$D = u(N + \Delta N) \tag{5-15}$$

式中，$\Delta N = \dfrac{\Delta\varphi}{2\pi}$。

式(5-15)即为相位法测距的基本公式，通常把式中的 u 称为测尺或电子尺。从式中可以看出，相位法测距相当于按照传统的钢尺测量方式，用测尺 u 来丈量待测距离，N 表示"整尺段"数，$\Delta N \cdot u$ 表示"余长"。因此，只需要测定 N 和 ΔN 即可获得 A、B 两点间的距离。

然而在相位式测距仪中，仪器只能精确测定 ΔN，而无法测定整波数 N，因此产生了多

值性问题，无法获得 A、B 两点间的距离 D。

3）N 值的确定

由式(5-15)可以看出，当 $u > D$，即测尺长度大于待测距离时，$N = 0$，此时不会产生多值性问题，可以唯一确定两点间的距离值，即 $D = u \dfrac{\Delta \varphi}{2\pi} = u \cdot \Delta N$。因此，为了扩大单值解的测程，就必须选用较长的测尺，即选用较低的调制频率。

根据 $u = \dfrac{\lambda}{2} = \dfrac{c}{2f}$，近似取 $c = 3 \times 10^8 \text{m/s}$，可算出与测尺长度相对应的测尺频率，即调制频率，如表 5-1 所示。

表 5-1　测尺频率、测尺长度、测距精度的关系

测尺频率	150MHz	15MHz	1.5 MHz	150kHz	15 kHz	1.5 kHz
测尺长度	1m	10m	100m	1km	10km	100km
测距精度	1mm	1cm	10cm	1m	10m	100m

由表 5-1 可以看出，测尺频率越低，相应的测尺长度就越长，测程也就越远。同时，受到仪器测相误差(一般可达到 10^{-3})的影响，测距的精度随着测尺长度的增加而降低。因此，为了解决测程与精度相互矛盾的问题，测距仪中一般采用一组长、短测尺进行测距。长测尺又称为粗测尺，是用来确保测程的，而短测尺又称为精测尺，是用来确保精度的。

测距仪中使用两把测尺后，假设精测尺频率为 f_1，相应的测尺长度为 $u_1 = \dfrac{c}{2f_1}$；粗测尺频率为 f_2，相应的测尺长度为 $u_2 = \dfrac{c}{2f_2}$。当两者对同一段距离进行施测时，由式(5-15)可以得出

$$\left. \begin{array}{l} D = u_1(N_1 + \Delta N_1) \\ D = u_2(N_2 + \Delta N_2) \end{array} \right\} \tag{5-16}$$

由式(5-16)可得

$$N_1 + \Delta N_1 = \frac{u_2}{u_1}(N_2 + \Delta N_2) = K(N_2 + \Delta N_2) \tag{5-17}$$

式(5-17)中，$K = \dfrac{u_2}{u_1} = \dfrac{f_1}{f_2}$，称为测尺放大系数。如果已知 $D < u_2$，则 $N_2 = 0$。因为 N_1 为正整数，ΔN_1 为小于 1 的小数，等式两边的整数部分和小数部分应分别相等，所以有 $N_1 = K \Delta N_2$ 的整数部分。为了确保 N_1 值的准确，测尺的放大系数 K 根据 ΔN_2 的测定精度来确定。

对于相位式测距仪器来说，如果要扩展单值解的测程，并保证精度不变，就必须增加测尺数目。

4）差频测相

相位测量一般是将高频的发射信号和接收信号，各自通过混频器与一高频信号混频，而得到两个低频信号，再由这两个低频信号经比相而测出相位差。因为用于测相的低频信号是两个高频信号混频后产生的差频信号，所以这种测相法称作差频测相。

差频测相的基本原理如图 5-9 所示，设发射的调制光信号的相位为 $\omega t + \theta$。其中，ω 为信号角频率，$\omega = 2\pi f$；θ 为初相。

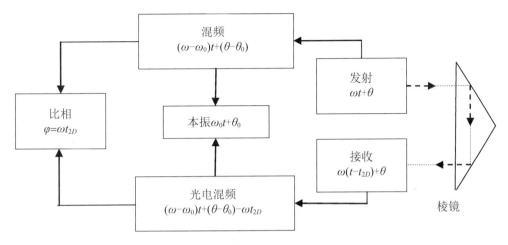

图 5-9　差频测相

调制光信号发射至测线另一端的棱镜，信号波经过时间 t_{2D} 返回至测距仪并被测距仪所接收，接收到的信号相位是 $\omega(t - t_{2D}) + \theta$。调制光信号在发射至棱镜的同时，也将调制光信号与本机振荡的信号相混频，将本机振荡的相位表示为 $\omega_0 t + \theta_0$，两相混频后，可得一个差频信号 $e_{\text{参}}$，将其作为参考信号，其相位是

$$(\omega - \omega_0)t + (\theta - \theta_0) \tag{5-18}$$

测距仪所接收到的返回信号与参考信号在光电混频器中混频，可得到差频信号 $e_{\text{测}}$，即测距信号，其相位是

$$(\omega - \omega_0)t + (\theta - \theta_0) - \omega t_{2D} \tag{5-19}$$

将 $e_{\text{参}}$ 与 $e_{\text{测}}$ 送到相位计里去比相，其结果就是式(5-18)和式(5-19)两式的差值，即

$$\varphi = \omega t_{2D} = 2\pi f t_{2D} \tag{5-20}$$

经混频得到的差频信号 $e_{\text{参}}$ 与 $e_{\text{测}}$ 都是低频信号。由此可以看出，测定两低频信号 $e_{\text{参}}$ 与 $e_{\text{测}}$ 之间的相位差，就等于测定了高频的发射信号和接收信号之间的相位差。由于两差频信号的频率比原调制信号的频率低了许多倍，这对电路中测相电路的稳定、测相精度的提高都有利，所以相位式测距仪一般都采用差频测相。

5) 自动数字测相

所谓自动数字测相就是仪器在逻辑指令的控制下，通过脉冲计数，自动测量、运算并直接显示距离的一种测相方法，又名相位脉冲法或电子相位计法。自动数字测相不仅精度高、速度快，而且便于和数据处理设备连接，以实现数据测量、记录和处理的自动化，目前中短程测距仪几乎都采用了自动数字测相方法。

自动数字测相的工作原理如图 5-10 所示，在参考信号 $e_{\text{参}}$ 与测距信号 $e_{\text{测}}$ 比相之前，分别经过通道Ⅰ和通道Ⅱ进行放大，整形成为方波，如图 5-11 所示，两方波信号分别加到检相触发器 CH_P 的输入端 "R" 端和 "S" 端，$e_{\text{参}}$ 负跳变使 CH_P 触发器 "置位"，即 CH_P 触发器的"Q"端输出高电位。而 $e_{\text{测}}$ 则负跳变使 CH_P 触发器 "复位"，即 "Q" 端输出低电位，检相脉冲的宽度对应着两比相信号的相位差，在CH_p触发器置位的时间t_p内第一个Y_1门开启，时标脉冲可以通过，因此通过Y_1门的脉冲数就反映了测距信号$e_{测}$与参考信号$e_{参}$的相位差，这就是单次测量的过程。

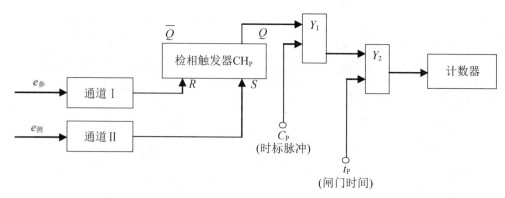

图 5-10 自动数字测相基本原理

显然，$e_{测}$滞后于$e_{参}$的相位角越大，则两信号负跳变之间的时间间隔越长，即检相触发器CH_p的置位时间t_p越长，那么通过Y_1门的脉冲数就越多，单次检相所通过的脉冲数m应等于时标脉冲的频率f_c和时间t_p的乘积，即

$$m = f_c t_p = f_c \frac{\varphi}{\omega_p} = \frac{f_c}{f_p} \cdot \frac{\varphi}{2\pi}$$

(5-21)

式中，f_p为差频信号$e_{测}$和$e_{参}$的频率，φ为差频信号$e_{测}$和$e_{参}$的相位差。

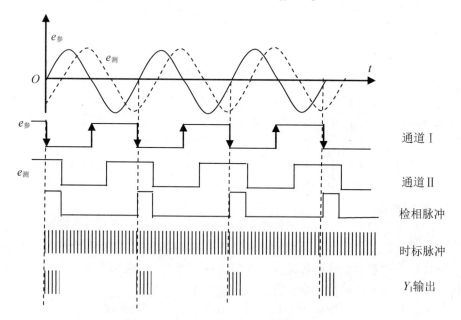

图 5-11 检相原理波形图

由上式可见，从Y_1门输出的脉冲数m与测相信号$e_{测}$、$e_{参}$的相位差φ成正比。

为了减少测量过程中的偶然误差以及大气抖动、接收电路噪声等影响，以提高测距精度，

一般在测相电路中 Y_1 门后面再加一个 Y_2 门，其作用在于用测相闸门时间 t_g 控制一次相位测量的持续时间，即控制一定的检相次数，用多次检相的平均值作为一次相位测量的结果。Y_2 门受闸门时间 t_g 的闸门信号 e_g 所控制，在闸门时间 t_g 内 e_g 输出高电位，Y_2 门打开，这段时间内进行检相的次数为

$$n = f_P \cdot t_g \tag{5-22}$$

每通过一个信号波检相一次，因此在 t_g 时间内，通过门 Y_2 进入计数器的脉冲总数为

$$M = m \cdot n = \frac{f_c}{f_P} \cdot \frac{\varphi}{2\pi} \cdot f_P \cdot t_g = f_c \cdot t_g \frac{\varphi}{2\pi} \tag{5-23}$$

在 $\varphi = 2\pi$ 时得到最多的测相脉冲数为

$$M_{max} = f_c \cdot t_g \tag{5-24}$$

根据式(5-23)可得

$$\varphi = \frac{M}{f_c \cdot t_g} 2\pi \tag{5-25}$$

上式中 f_c 和 t_g 都是定值，因此根据计数器中测得的脉冲个数 M 就可得到相位差 φ，在实际测距仪电路中，f_c 和 t_g 的选择应使计数器的读数 M 直接和距离值相对应，从而使得在显示窗上直接显示出距离的数值。

5.2 电子全站仪的检验

与其他所有仪器一样，电子全站仪尽管在出厂前都经过了精密的调整检定，处于良好的状态，然而经过运输途中的颠簸、野外环境下的使用、不当的保养方式以及仪器内部元件的自然老化等，都会使仪器的性能受到影响，导致测量精度下降，误差增大。因此，为了准确掌握全站仪的运行状况，精密测定仪器的精度指标，确保测量结果的准确可靠，全站仪要定期进行检验。由于全站仪的校正大多涉及仪器的内部结构及电子元器件，不建议个人进行校正，所以本书中略去全站仪的校正方法，如需校正，则需要送至仪器生产商或具有相关资质的单位或部门进行检定。

电子全站仪同时具备测角和测距的功能，因此，对其进行检验时也要分别对测角、测距两方面进行。测角方面主要检验项目是"三轴误差"的检验，即视准轴误差的检验、水平轴误差的检验、竖直轴误差的检验，测距方面的主要检验项目有周期误差的测定、加常数与乘常数的测定等。

5.2.1 视准轴误差的检验

1. 视准轴误差的产生

全站仪的视准轴误差是指仪器的视准轴不与水平轴正交所产生的误差。全站仪望远镜的十字丝分划板中心偏离了正确位置、外界温度变化造成的视准轴位置变化、调焦时使望远镜产生微小晃动等原因都会导致视准轴误差的出现。

如图 5-12 所示，假设全站仪中其他轴线关系均准确无误，只有视准轴偏离正确位置，即实际的视准轴与正确的视准轴之间存在着夹角 c，则 c 即为视准轴误差对观测值的影响。同时规定，视准轴偏向垂直度盘一侧时，c 为正值，反之 c 为负值。

2. 视准轴误差对观测值的影响

如图 5-13(a)所示，视准轴偏离了与水平轴 HH' 正交的方向 OM'，产生了视准轴误差 c。现以视准轴与水平轴交点 O 为圆心，作一半球。如果没有视准轴误差，视准轴指向天顶时与球面交点为 Z，OZ 与铅垂线方向一致。视准轴绕水平轴旋转时，在空间形成一个垂直面 $OZTM'$。如果视准轴偏向垂直度盘一侧，与水平轴 OH 一端的交角不是 $90°$，而是 $90°-c$(此时 c 为正值)时，指向天顶的视准轴移至 OZ'，$\angle ZOZ' = c$。当在盘左位置照准垂直角为 α 的目标 P 时，照准面 $OZ'PM_1$ 不再是垂直照准面，而是以 OH 为主轴的圆锥面，如图 5-13(a)中虚线所示。

当用正确的视准轴照准目标 P 时，垂直照准面就必须以 OZ 为轴旋转一个角度 $\angle M'OM$，也就是照准部必须转动这样一个角度。设 $\angle MOM = \Delta c$，则 Δc 就是照准 P 时视准轴误差 c 对水平方向的影响。

如图 5-13(b)所示，过 P 点作与圆弧 ZM' 垂直的大圆弧，交圆弧 ZM' 于 T 点。$\overset{\frown}{MP} = \alpha$ 为照准目标 P 的垂直角，所以 $\overset{\frown}{ZP} = 90°-\alpha$，球面角 $PZT = \angle M'OM = \Delta c$，$\overset{\frown}{PT} = c$，$\angle ZTP = 90°$。这样在球面三角形中就已知两边和两角。

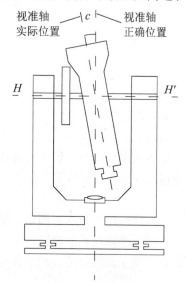

图 5-12　视准轴误差

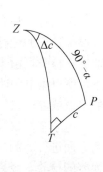

(a) 视准轴误差　　　　(b) 误差影响值

图 5-13　视准轴误差对观测值的影响

按球面三角形的正弦公式有

$$\frac{\sin \Delta c}{\sin c} = \frac{\sin 90°}{\sin(90°-\alpha)} \tag{5-26}$$

由于 Δc 和 c 都是很小的角，所以 $\sin c \approx c$，$\sin \Delta c \approx \Delta c$，所以可得

$$\Delta c = c / \cos \alpha \tag{5-27}$$

式(5-27)即为视准轴误差 c 对水平方向观测值的影响。由式(5-27)可以看出，视准轴误差

的影响 Δc 与 c 成正比，并与观测目标的垂直角 α 的余弦值成反比，即垂直角 α 越大，Δc 越大，反之，垂直角 α 越小，Δc 越小，当 $\alpha = 0$ 时，Δc 最小，$\Delta c = c$。

盘左观测时，假设实际视准轴位于正确视准轴的一侧，且正确的方向观测值 L_0 比含有视准轴误差的实际方向值 L 小 Δc，即

$$L_0 = L - \Delta c \tag{5-28}$$

当倒转望远镜，换至盘右状态时，实际视准轴将会偏向正确视准轴位置的另一侧，此时，正确的水平度盘读数 R_0 将会大于实际读数 R，即

$$R_0 = R + \Delta c \tag{5-29}$$

取盘左、盘右读数的中数，可得

$$\alpha = \frac{1}{2}(L_0 + R_0 \pm 180°) = \frac{1}{2}(L + R \pm 180°) \tag{5-30}$$

从式(5-30)中可以看出，视准轴误差 c 对盘左、盘右水平方向观测值的影响大小相等，正负号相反，因此，取盘左、盘右实际读数的中数，就可以消除视准轴误差的影响。而且，当观测一个角度时，如果两个目标方向的垂直角相等，则视准轴误差的影响可在半测回角度值中予以消除。

当用方向法进行水平方向观测时，除计算盘左、盘右读数的中数以取得一测回的方向观测值外，还必须计算盘左、盘右读数的差数，即 $2c$ 值。如果将式(5-28)与式(5-29)相减，并顾及 $R_0 = L_0 \pm 180°$，则可以得出

$$2\Delta c = L - R \pm 180° \tag{5-31}$$

由式(5-27)可知，当观测目标的垂直角 α 较小时，且各个方向的垂直角相差不大时，$\cos \alpha \approx 1$，所以，$\Delta c \approx c$，因此，式(5-31)可以写成

$$2c = L - R \pm 180° \tag{5-32}$$

式中，$2c$ 通常被称为二倍照准差。

假如测站上各观测方向的垂直角相等或相差很小，外界因素的影响又较稳定，则由各方向所得的 $2c$ 值应相等或互差很小，实际在一测回中由于受到照准误差、读数误差、温度变化等因素的影响，使得各方向所得的 $2c$ 值并不相等而产生互差。因此，在一测回中各方向 $2c$ 互差的大小，在一定程度上反映了观测成果的质量，所以国家规范规定，一测回中各方向 $2c$ 互差对于 $1''$ 级仪器不得超过 $9''$；对于 $2''$ 级仪器不得超过 $13''$。

尽管全站仪视准轴误差对水平方向观测值的影响通过盘左盘右观测取平均的方式可以消除，但是如果 $2c$ 值过大，则会造成计算不便，而且有可能会影响到仪器的其他误差，因此国家规范规定，需要定期对全站仪进行视准轴误差的检验，并计算 $2c$ 值，$2c$ 绝对值对于 $1''$ 级仪器不得超过 $20''$；对于 $2''$ 级仪器不得超过 $30''$，否则应对仪器进行校正。

3. 视准轴误差的检验方法

单独检验全站仪的视准轴误差可以采用与经纬仪类似的检验方法进行，即如图 5-14 所示，在平坦的地面上选择相距约 60～100m 的 A、B 两点，在 AB 连线的中点 O 处安置全站仪，在 A 点架设觇标，在 B 点横向放置一根具有毫米分划的直尺，并使尺面垂直于视线 OB，使直尺、A 点的觇标与全站仪大致等高。

盘左瞄准 A 点觇标，制动照准部，然后纵向旋转望远镜，在 B 点的直尺上得到读数 B_1；盘右再次瞄准 A 点觇标，制动照准部，然后纵转望远镜，在 B 点的直尺上得到读数 B_2。若

$B_1 = B_2$，则说明该条件满足。否则，应按式(5-33)计算出视准轴误差 c：

$$c = \frac{B_1 B_2}{4 S_{OB}} \rho''$$

(5-33)

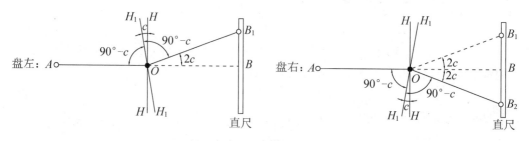

图 5-14 视准轴误差的检验

在《全站型电子速测仪检定规程》(JJG 100—2003)中，对不同精度级别全站仪的视准轴误差 c 的允许值做出了规定，如表 5-2 所示。如果计算所得的 c 值超出了规程要求，则需要进行校正。

表 5-2 视准轴误差 c 的允许值

仪器精度级别	0.5″ 级	1″ 级	2″ 级	5″ 级	10″ 级
c 的允许值 /″	6.0	6.0	8.0	10.0	16.0

5.2.2 水平轴误差的检验

1. 水平轴误差的产生

仪器的水平轴不与垂直轴正交，所产生的误差称为水平轴倾斜误差。产生水平轴误差的主要原因有水平轴两端轴径不相等、仪器左、右两端的支架不等高等。如图 5-15 所示，水平轴的实际位置 $H_1 H_1'$ 与正确位置 HH' 之间的夹角 i 即为水平轴误差。

2. 水平轴误差对观测值的影响

如图 5-16(a)所示，HH' 为水平位置的水平轴，$H_1 H_1'$ 为倾斜了 i 角的水平轴。现以水平轴中心 O 为圆心做一半球，视准轴指向天顶时与球面交点为 Z。假设全站仪中仅存在水平轴误差，即视准轴与水平轴保持正交关系，则视准轴也倾斜了 i 角，因此，原指向天顶的视准轴移至 OZ'。

水平轴水平时，正确的视准轴瞄准目标 P 点时的视准面为 $OZPM$，即在水平度盘上的正确读数为 M，当倾斜了 i 角的视准轴照准目标 P 点时的视准面为 $OZ'PM'$，在水平度盘上相应的读数为 M'，则 Δi 即 $M'M$ 就是水平轴误差对水平方向观测值的影响。

如图 5-16(b)所示，在球面三角形 MPM' 中，$\overset{\frown}{PM} = \alpha$，$\alpha$ 为照准目标 P 点的垂直角，$\overset{\frown}{M'M} = \Delta i$，球面角 $PMM' = 90°$。由于球面角 $PM'Z = Z'OZ = i$，所以角度 $MM'P = 90° - i$。由球面直角三角形公式，可得

$$\tan(90° - i) = \frac{\tan \alpha}{\sin \Delta i}$$

(5-34)

即

$$\sin \Delta i = \tan i \cdot \tan \alpha \tag{5-35}$$

由于 i 和 Δi 都是很小的角，所以水平轴误差对水平方向观测值的影响为

$$\Delta i = i \tan \alpha \tag{5-36}$$

从式(5-36)中可以看出，水平轴误差的影响值与观测目标垂直角的正切值成正比，垂直角越小对水平方向观测值的影响越小，当垂直角为 0° 时对水平方向观测值没有影响。因此，在进行水平角观测时，应尽量减小垂直角或使各目标尽量等高。

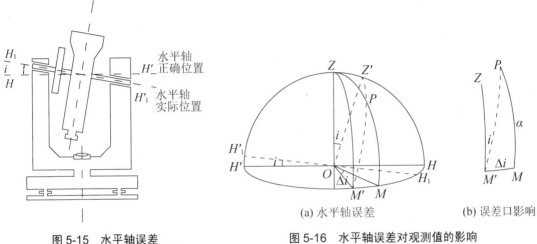

图 5-15　水平轴误差　　　　　　　　图 5-16　水平轴误差对观测值的影响

当对目标进行盘左、盘右观测时，与视准轴误差相类似，假设盘左观测时，由于水平轴倾斜，正确的水平度盘读数 L_0 较有误差影响 Δi 时的实测读数 L 小，即

$$L_0 = L - \Delta i \tag{5-37}$$

则盘右观测时，正确的水平度盘读数 R_0 显然大于有误差影响 Δi 的实测读数 R，即

$$R_0 = R + \Delta i \tag{5-38}$$

则盘左、盘右读数取平均值，可得

$$\alpha = \frac{1}{2}(L + R \pm 180^\circ) \tag{5-39}$$

可以看出，水平轴倾斜误差对水平方向观测值的影响，通过盘左、盘右读数取平均值的方式可以抵消。

3. 视准轴误差与水平轴误差对方向观测值的联合影响

式(5-34)～式(5-39)的推导都是以全站仪中仅存在水平轴误差为前提的，而事实上，视准轴误差和水平轴误差往往同时存在，即他们同时影响着水平方向观测值，在方向观测值中，同时存在着 Δc 和 Δi，因此，可以写成

$$L - R = 2\Delta c + 2\Delta i \tag{5-40}$$

将式(5-27)和式(5-36)代入式(5-40)所得：

$$L - R = 2\frac{c}{\cos \alpha} + 2i \tan \alpha \tag{5-41}$$

由式(5-41)可以看出，视准轴误差和水平轴误差的联合影响随着观测目标的垂直角的增大而增大，当 $\alpha = 0°$ 时， $L - R = 2c$ 。当竖直角 α 逐渐增大时，式(5-41)等号右端第一项变化较慢，而第二项则变化较为显著。

由此可见，在比较各方向的 $2c$ 互差时不可忽略 $2i\tan\alpha$ 的影响，如果个别方向的垂直角 α 较大，则受水平轴倾斜误差的影响也较大，若将垂直角较大的方向的 $2c$ 值与其他垂直角较小的方向的 $2c$ 值相比较，就显得不合理了。所以国家规范规定，当照准目标的垂直角超过 $\pm 3°$ 时，该方向的 $2c$ 值不与其他方向的 $2c$ 值作比较，而与该方向在相邻测回的 $2c$ 值进行比较，从同一时间段内同一方向相邻测回间 $2c$ 值的稳定程度来判断观测质量的好坏。

4. 水平轴误差的检验

全站仪的水平轴误差通常可以与视准轴误差同时检定，在《全站型电子速测仪检定规程》(JJG 100—2003)中规定，全站仪的视准轴误差 c 与水平轴误差 i 可以采用"高-平-低点法"进行测定。如图 5-17 所示，在仪器检定室内，设置稳定的仪器升降台并安置仪器，在与仪器等高并保持一定距离的 M 点安置平行光管，另两台平行光管分别安置在水平点平行光管上方 M_1 点及下方 M_2 点，作为高点与低点，其倾角要超过 $\pm 25°$，且高低两点的对称差要小于 $30'$。安置平行光管时要使仪器光轴尽量与平行光管的中心重合。

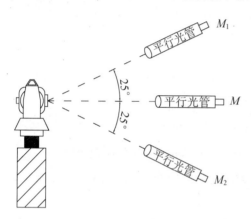

图 5-17 视准轴误差与水平轴误差的联合检验

将全站仪精确对中整平后，按以下步骤进行观测。

(1) 盘左观测(L)。

① 照准高点，读水平度盘及竖直读盘读数。

② 照准平点，读水平度盘及竖直读盘读数。

③ 照准低点，读水平度盘及竖直读盘读数。

(2) 盘右观测(R)。

① 照准低点，读水平度盘及竖直读盘读数。

② 照准平点，读水平度盘及竖直读盘读数。

③ 照准高点，读水平度盘及竖直读盘读数。

以上为一个测回，在盘左变换到盘右观测时，应沿同一方向转动照准部。检验共需观测 2~4 测回。获得观测值后可分别计算视准轴误差、水平轴误差以及竖直度盘指标差。

(1) 视准轴误差 c 。

$$c = \frac{1}{2n}\sum_{i=1}^{n}(L - R)_{\text{平}} \tag{5-42}$$

式中， n 为测回数， L 为盘左水平度盘读数， R 为盘右水平度盘读数。

(2) 水平轴误差 i 。

$$i = \frac{1}{4n}\left[\sum_{1}^{n}(L - R)_{\text{高}} - \sum_{1}^{n}(L - R)_{\text{低}}\right]\cot\alpha \tag{5-43}$$

式中， n 为测回数， L 为盘左水平度盘读数， R 为盘右水平度盘读数。

$$\alpha = \frac{1}{2}(\alpha_{高} - \alpha_{低})\qquad(5\text{-}44)$$

式中，$\alpha_{低}$ 为低点与水平方向点的夹角，$\alpha_{高}$ 为高点与水平方向点的夹角。

(3) 竖直度盘指标差 I。

此方法还可以同时测定竖直度盘指标差，即

$$I = \frac{1}{2n}\sum_{1}^{n}\left[(L_v + R_v) - 360^\circ\right]\qquad(5\text{-}45)$$

式中，L_v 为盘左竖直度盘读数，R_v 为盘右竖直度盘读数。

在《全站型电子速测仪检定规程》(JJG 100—2003)中，对不同精度级别全站仪的水平轴误差 i 和竖直度盘指标差 I 的允许值做出了规定，如表 5-3 所示。如果计算所得值超出了规程要求，则需要进行校正。

表 5-3　水平轴误差 i 和竖直度盘指标差 I 的允许值

仪器精度级别	0.5″级	1″级	2″级	5″级	10″级
i 的允许值 /″	10.0	10.0	15.0	20.0	30.0
I 的允许值 /″	12.0	12.0	16.0	20.0	30.0

5.2.3　垂直轴误差的检验

1. 垂直轴误差的产生

如图 5-18 所示，仪器的垂直轴不与测站的铅垂线重合，而与铅垂线偏离了一个角度，这就是垂直轴误差。

造成全站仪垂直轴误差的原因有很多，主要有以下几方面：

① 仪器整平不完整。

② 纵轴晃动。

③ 因土质松软引起的脚架下沉或因震动、温度和风力等因素的影响而引起脚架移动。

④ 照准部水准器校正后的剩余误差或因单向受热使水准气泡偏离正确的位置。

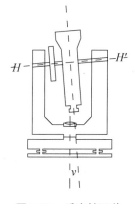

图 5-18　垂直轴误差

2. 垂直轴误差对观测值的影响

如图 5-19(a)所示，假设垂直轴位于铅垂线位置时水平轴旋转所形成的平面 $HN_1H'N$ 与垂直轴倾斜时水平轴旋转所形成的平面 $H_1N_1H_1'N$ 相交于直线 N_1N。

假设全站仪中仅存在垂直轴误差，则当水平轴随照准部转动时，水平轴的倾斜 i_v 在不断变化。当水平轴旋转到垂直轴倾斜面内时，即图中 H_1OH_1' 位置，水平轴有最大的倾斜角 $i_v = v$；当照准部再旋转 90° 时，则水平轴在图中 N_1ON 位置，重合在两个面的交线，此时水平轴呈水平状态，即 $i_v = 0$。

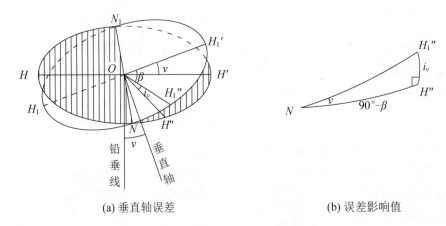

(a) 垂直轴误差   (b) 误差影响值

图 5-19 垂直轴误差对水平方向观测值的影响

当照准部旋转至任意位置时，由于垂直轴倾斜误差造成的水平轴倾斜角 i_v 对水平方向观测值的影响 Δv 可按以下方法推算得到。

如图 5-19(b)所示，在球面直角三角形中 $NH_1''H''$ 中，$NH''=90°-\beta$，$H_1''H''=i_v$，$\angle H_1'OH'=\angle H_1'NH'=v$，$\angle NH''H_1''=90°$，在球面直角三角形 $NH''H_1''$ 中可得

$$\sin i_v = \sin(90°-\beta)\sin v \tag{5-46}$$

由于 v 和 i_v 都是很小的角，所以

$$i_v = v\cos\beta \tag{5-47}$$

所以，由于垂直轴倾斜 v 角而引起水平轴倾斜 i_v 对水平方向观测值的影响值 Δv 为

$$\Delta v = i_v \tan\alpha \tag{5-48}$$

即

$$\Delta v = v\cos\beta\tan\alpha \tag{5-49}$$

由式(5-48)可以看出，垂直轴倾斜误差对水平方向观测值的影响，不仅与垂直轴倾斜角 v 有关，还随着照准目标的垂直角和照准目标的方位不同而不同。

当垂直轴倾斜时，其倾角 v 的大小和方向是固定的，不会随着度盘位置的变化而变化，因此，由于垂直轴倾斜误差引起的水平轴倾斜的方向在盘左与盘右状态下也是完全相同的，由此带来的误差通过盘左、盘右观测取平均的方法也无法消除。所以，在观测过程中只能通过下列方法来尽量减弱垂直轴倾斜误差的影响。

1) 尽量减小垂直轴的倾角 v

首先应仔细检验和校正照准部水准器。观测前应精密置平仪器；观测过程中应随时注意水准器气泡的居中情况，当气泡偏离中央超过允许范围时，应立即停止观测，重新整平仪器，这对照准垂直角较大的目标尤为重要，否则在垂直角较大的方向观测值中会带来较大的误差影响。

2) 测回间重新整平仪器

此操作可以使垂直轴在各测回观测时有不同的倾斜方位和不同大小的倾斜角，这样一来各测回中由于垂直轴倾斜带来的影响就具有偶然性，因而可以期望在各测回的平均数中削减由于垂直轴倾斜误差的影响。

3) 对水平方向观测值施加垂直轴倾斜改正数

由式(5-47)可知，在精密测角时当测站上各观测方向的垂直角之差较大，则垂直轴倾斜对各水平方向读数的影响相差也较大，因此，在由水平方向观测值计算所得的水平角中受到这项误差的影响必然较为显著。故《国家三角测量规范》(GB/T 17942—2000)中规定，一等三角测量时，当照准方向的垂直角超过±2°，二等三角测量时，垂直角超过±3°时，应加垂直轴倾斜改正。在三、四等三角测量时，当照准方向的垂直角超过±3°时，一般可在测回间重新整平仪器，使其影响具有偶然性。目前，大部分的全站仪都自身配备了倾斜补偿系统，使用时仅须开启此项功能，仪器即可自动改正垂直轴的倾斜误差。

5.2.4　周期误差的测定

1. 周期误差的产生

周期误差是指全站仪测距时按一定的距离为周期重复出现的误差。它主要是由于全站仪内部串扰信号的干扰而产生的，它使测距的误差呈周期性变化。

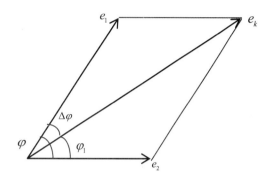

图 5-20　串扰信号对测距信号的影响

如图 5-20 所示，假设测距信号为 e_1，串扰信号为 e_2，二者具有相同的角速度 ω，但是振幅 e_0 和 e_0' 不相等，而且，二者具有相位差 φ，则 e_1 和 e_2 可以分别写成

$$\left. \begin{array}{l} e_1 = e_0 \sin \omega t \\ e_2 = e_0' \sin(\omega t + \varphi) \end{array} \right\} \tag{5-50}$$

设串扰信号与测距信号的强度比 $K = \dfrac{e_2}{e_1}$，则同频串扰时可得

$$\tan \varphi_1 = \frac{\sin \varphi}{\cos \varphi + K} \tag{5-51}$$

而由于串扰信号引起的附加相移为

$$\Delta \varphi = \varphi - \varphi_1 = \varphi - \arctan \frac{\sin \varphi}{\cos \varphi + K} \tag{5-52}$$

根据式(5-52)可以画出周期误差的曲线图，如图 5-21 所示。

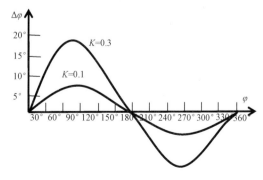

图 5-21　周期误差曲线

从图 5-21 中可以看出，附加相移 $\Delta\varphi$ 随着相位角 φ 的变化而按照近似于正弦曲线的规律变化，且周期为 2π。而相位角 φ 与待测距离有关，测距电磁波信号传过两个精测尺长度的距离的周期即为 2π，所以，周期误差与距离和测尺长度有关，呈现周期性的变化趋势。而且，$\Delta\varphi$ 还与 K 有关，K 越大，$\Delta\varphi$ 越大，所以，为了减小周期误差，应减小 K 值，而为了减小 K 值，则必须加大测距信号强度。

2. 周期误差的测定——平台法

1) 观测方法

如图 5-22 所示，在室内或条件较好的室外设置一平台，平台的长度应略大于全站仪精测尺的长度，并在平台上标示出标准长度，作为准确移动反射棱镜之用。把全站仪安置在平台延长线的一端大约 $50\sim100\text{m}$ 处，其高度应与反射棱镜的高度一致，以避免加入倾斜改正。

假设全站仪精测尺长为 u，反射棱镜由近及远每次移动 $u/40$，并设序号为 1、2、3、…、40，全站仪依次测出每次的距离值。如果在室外进行观测，为了减小外界条件的影响，可以再由远及近进行返测，而且观测时间应尽量缩短。

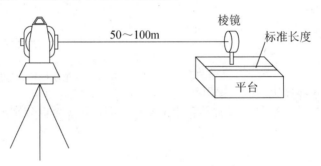

图 5-22 平台法测定周期误差

2) 计算方法

如图 5-23 所示，全站仪架设于 0 点，反射棱镜依次位于 1、2、…、$n-1$、n。

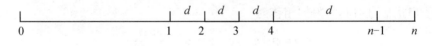

图 5-23 平台法计算

设：D_{01}^0 为 $0\sim1$ 距离的近似值；V_{01}^0 为 D_{01}^0 的改正数；d 为反射棱镜每次的移动量；K 为仪器的加常数；D_{iz} 为距离观测值（$i=1,2,\cdots,40$）；v_i 为 D_{iz} 的改正数；A 为周期误差的幅值；φ_0 为初相角；θ_i 为与测站至反射棱镜距离相应的相位角。

则，可以根据观测方案得出：

$$\left.\begin{aligned}
D_{01}^0 + V_{01}^0 &= D_{1z} + v_1 + K + A\sin(\varphi_0 + \theta_1) \\
D_{01}^0 + V_{01}^0 + d &= D_{2z} + v_2 + K + A\sin(\varphi_0 + \theta_2) \\
&\vdots \\
D_{01}^0 + V_{01}^0 + 39d &= D_{40z} + v_{40} + K + A\sin(\varphi_0 + \theta_{40})
\end{aligned}\right\} \tag{5-53}$$

将其写成误差方程式形式，可得

$$\left.\begin{array}{l} v_1 = (V_{01}^0 - K) - A\sin(\varphi_0 + \theta_1) + (D_{01} - D_{1z}) \\ v_2 = (V_{01}^0 - K) - A\sin(\varphi_0 + \theta_2) + (D_{01} + d - D_{2z}) \\ \quad\vdots \\ v_{40} = (V_{01}^0 - K) - A\sin(\varphi_0 + \theta_{40}) + (D_{01} + 39d - D_{40z}) \end{array}\right\} \tag{5-54}$$

其中

$$\left.\begin{array}{l} \theta_1 = \dfrac{D_{1z}}{\dfrac{\lambda}{2}} \times 360° \\[4mm] \theta_i = \theta_1 + \dfrac{(i-1)d}{\dfrac{\lambda}{2}} \times 360° = \theta_1 + (i-1)\Delta\theta,(i=2,3,\cdots,40) \end{array}\right\} \tag{5-55}$$

式(5-55)中，$\Delta\theta = \dfrac{d}{\dfrac{\lambda}{2}} \times 360°$，相应于反射镜移动量 d 的相位差。

令，$X = A\cos\varphi_0$、$Y = A\sin\varphi_0$，则

$$\left.\begin{array}{l} A = \sqrt{X^2 + Y^2} \\[2mm] \varphi_0 = \arctan\dfrac{Y}{X} \end{array}\right\} \tag{5-56}$$

利用三角函数公式，将式(5-54)中的 $A\sin(\varphi_0 + \theta_i)$ 展开，设

$$\left.\begin{array}{l} f_1 = D_{01}^0 - D_{1z} \\ f_2 = D_{01}^0 + d - D_{2z} \\ \quad\vdots \\ f_{40} = D_{01}^0 + 39d - D_{40z} \end{array}\right\} \tag{5-57}$$

并设 $K' = v_{01}^0 - K$，则可得误差方程式的最终形式，即

$$\left.\begin{array}{l} V_1 = K' - \sin\theta_1 X - \cos\theta_1 Y + f_1 \\ V_2 = K' - \sin\theta_2 X - \cos\theta_2 Y + f_2 \\ \quad\vdots \\ V_{40} = K' - \sin\theta_{40} X - \cos\theta_{40} Y + f_{40} \end{array}\right\} \tag{5-58}$$

由于观测时间较短，气象条件较接近，可认为观测值等权。由式(5-58)可组成下列方程式：

$$\left.\begin{array}{l} nK' + [-\sin\theta]X + [-\cos\theta]Y + [f] = 0 \\ {[-\sin\theta]}K' + [\sin\theta]X + [\sin\theta\cos\theta]Y + [-\sin\theta \cdot f] = 0 \\ {[-\cos\theta]}K' + [(-\sin\theta)(-\cos\theta)]X + [\cos^2\theta]Y + [-\cos\theta \cdot f] = 0 \end{array}\right\} \tag{5-59}$$

因为 $\sin\theta$ 与 $\cos\theta$ 是以 2π 为周期的三角函数，则

$$\left.\begin{array}{l} [-\sin\theta]_0^{2w} = 0 \\ {[-\cos\theta]}_0^{2w} = 0 \end{array}\right\} \tag{5-60}$$

由于 $\sin^2\theta + \cos^2\theta = 1$，所以 $[\sin^2\theta + \cos^2\theta]_0^{2w} = n$。

设常数项

$$\left.\begin{aligned}[af] &= [f] = \alpha \\ [bf] &= [-\sin\theta \cdot f] = \beta \\ [cf] &= [-\cos\theta \cdot f] = \gamma\end{aligned}\right\} \qquad (5\text{-}61)$$

则，式(5-59)可以写成

$$\left.\begin{aligned}nK' + \alpha &= 0 \\ \frac{n}{2}X + \beta &= 0 \\ \frac{n}{2}Y + \gamma &= 0\end{aligned}\right\} \qquad (5\text{-}62)$$

式中，$K' = -\alpha/n$，$X = -2\beta/n$，$Y = -2\gamma/n$，因此可以得到：

$$\left.\begin{aligned}\varphi_0 &= \arctan\frac{Y}{X} \\ A &= \sqrt{X^2 + Y^2}\end{aligned}\right\} \qquad (5\text{-}63)$$

为了检核，可用算得的 V_1 值，求出 $[vv]$，再与利用 $[vv] = [ff] + \alpha K' + \beta X + \gamma Y$ 算得的 $[vv]$ 值作比较。

3) 精度评定

求解出周期误差结果后，可以对其进行精度评定，主要衡量指标主要有以下内容：

(1) 一次测量中误差

$$m = \pm\sqrt{\frac{[vv]}{n-t}} \qquad (5\text{-}64)$$

(2) 周期误差的中误差

$$m_A = \pm m\sqrt{\frac{2}{n}} \qquad (5\text{-}65)$$

$$m_{\varphi_0} = \pm n\sqrt{\frac{1}{n} + \frac{u}{2n\pi^2 A}} \cdot \rho'' \qquad (5\text{-}66)$$

以上两式中，n 为观测值个数，这里 $n = 40$，t 为未知点个数。

5.2.5 仪器常数的测定

1. 仪器常数的产生

全站仪的仪器常数包括加常数和乘常数。加常数主要是由于全站仪的电磁波发射装置中心与仪器中心不重合或者反射棱镜的发射面与棱镜中心不重合造成电磁波的传播路径与待测距离不相等而产生的。乘常数则主要是由于电磁波的调制频率与设计值不相符而产生的。

仪器加常数所带来的测距误差与待测距离无关，它对同一台仪器所测得的各段距离的影响是相同的，而乘常数所带来的测距误差可通过相位式测距的基本原理进行推理。

相位式测距仪中，已知测尺长度为

$$u = \frac{\lambda}{2} = \frac{v}{2f} = \frac{c}{2nf} \qquad (5\text{-}67)$$

设 f_0 为仪器设定的调制频率，f' 为含有误差的实际调制频率，则调制频率的差值为 $\Delta f = f' - f_0$，设 u_0 和 u' 分别为 f_0 和 f' 对应的测尺长度，则

$$u' = \frac{c}{2n(f_0 + \Delta f)} = \frac{c}{2nf_0}\left(1 - \frac{\Delta f}{f'}\right) \tag{5-68}$$

令 $\dfrac{\Delta f}{f'} = k$，则式(5-68)可以写成

$$u' = \frac{c}{2nf_0}(1-k) = u_0(1-k) \tag{5-69}$$

因此，假设用 u_0 测得的距离值为 D_0，用 u' 测得的距离值为 D'，则 $D' = D_0(1-k)$。由此可以看出，乘常数就是当频率偏离其标准值时而引起一个计算改正数的乘系数，也称为比例因子。

加常数和乘常数是全站仪测距方面主要的系统误差，会对测距结果产生较大的影响，而且，仪器受到保管、运输、使用等因素的影响，加常数与乘常数会经常发生改变。因此，在仪器使用过程中，需要定期精确测定加常数与乘常数。

2. 用六段解析法测定加常数

1) 基本原理

六段解析法是一种不需要预先知道测线的精确长度而采用全站仪本身的测量成果，通过平差计算求定加常数的方法。

如图 5-24 所示，在平坦的地面上，设置一条长 500～1000m 的直线，并将其分为 n 段。利用待检测的全站仪分别测得每一段的长度 $d_1, d_2, \cdots, d_n$ 和总长度 D，则可以根据观测成果计算加常数 K。

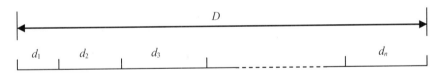

图 5-24　六段解析法测定加常数

根据观测方案可得

$$D + K = (d_1 + K) + (d_2 + K) + \cdots + (d_n + K) = \sum_{i=1}^{n} d_i + nK \tag{5-70}$$

可以得到

$$K = \frac{D - \sum\limits_{i=1}^{n} d_i}{n-1} \tag{5-71}$$

将式(5-71)取微分，用中误差形式来表达，假定测距中误差为 m_d，则计算加常数的测定精度的公式为

$$m_g = \pm\sqrt{\frac{n+1}{(n-1)^2}} \cdot m_d \tag{5-72}$$

由式(5-72)可以看出，中误差测定结果的精度高低与分段数 n 有关。一般要求，加常数的

测定中误差应小于仪器测距中误差 m_d 的一半，即 $m_g \leqslant m_d$，所以，取 $m_g = 0.5m_d$ 代入式(5-72)，解算可得 $n = 6.5$。所以，要求把测线分成6~7段，一般取六段，六段解析法由此得名。

2) 全组合六段解析法

为了提高测距精度，必须增加多余观测数，所以可以采用全组合六段解析法测定仪器的加常数 K，即通过观测测线上所有21个组合测段的距离，通过测量平差的方式求解加常数 K。

假设在六段解析法中，测线分成六段，点号分别为0,1,2,3,4,5,6，依次测定每一段的距离值。

设 D_{ij} 为经过气象、倾斜等改正后的水平距离值；V_{ij} 为距离量测值的改正数；D_{ij}^0 为距离的近似值；V_{ij}^0 为距离近似值的改正数；$\overline{D_{ij}}$ 为距离的平均值。

上述符号中，$i = 0,1,\cdots,5$；$j = i+1, i+2, \cdots, 6$。

可以得到

$$\left.\begin{aligned} \overline{D}_{ij} &= D_{ij} + V_{ij} + K \\ \overline{D}_{ij} &= D_{ij}^0 + V_{ij}^0 \end{aligned}\right\} \tag{5-73}$$

可写成误差方程式形式，即

$$V_{ij} = -K + V_{ij}^0 + D_{ij}^0 - D_{ij} \tag{5-74}$$

设 $l_{ij} = D_{ij}^0 - D_{ij}$，则可将式(5-74)写为误差方程式的一般形式，即

$$V_{ij} = -K + V_{ij}^0 + l_{ij} \tag{5-75}$$

在所有21个观测值中，取6个独立分段 D_{01}^0、D_{12}^0、D_{23}^0、D_{34}^0、D_{45}^0、D_{56}^0 相对应的改正数 V_{01}^0、V_{12}^0、V_{23}^0、V_{34}^0、V_{45}^0、V_{56}^0 与加常数 K 作为未知数，按照间接平差的方法分别列出21个误差方程式，求得上述7个未知数，同时求得 V_{ij}。由 V_{ij} 可同时计算测距中误差 m_d 和加常数测定中误差 m_k。

$$m_d = \pm \sqrt{\frac{[VV]}{n-t}} \tag{5-76}$$

$$m_k = \pm m_d \sqrt{Q_{11}} \tag{5-77}$$

式(5-76)中，$n = 21$，为观测值个数；$t = 7$，为未知数个数。

六段解析法操作简单，无须已知基线，便于在实际工作中自行测定仪器常数，但是六段解析法没有考虑仪器的乘常数，并仅能求得仪器的加常数，所以仅适用于精度要求不高或确定仪器乘常数准确无误的情况。如果需要同时测定仪器的加、乘常数则需要采用六段比较法。

3. 用六段比较法同时测定全站仪的加、乘常数

比较法是通过被检测的仪器在基线场上取得观测值，将观测值与已知基线值进行比较从而求得加、乘常数的方法。通常会选择把基线分为六段，所以又称为六段比较法。

在一条已知基线上，按照与六段解析法相同的方法设置检验场地，设 $D_{01} \sim D_{56}$ 为21段距离观测值；$v_{01} \sim v_{56}$ 为21段距离改正数；$\overline{D}_{01} \sim \overline{D}_{56}$ 为经加常数、乘常数改正后的距离值；$\overline{\overline{D}}_{01} \sim \overline{\overline{D}}_{56}$ 为21段基线值。

根据观测方案可以写出

$$\left.\begin{array}{l} D_{01} + v_{01} + K + D_{01}R = \overline{\overline{D}}_{01} \\ D_{02} + v_{02} + K + D_{02}R = \overline{\overline{D}}_{02} \\ \vdots \\ D_{56} + v_{56} + K + D_{56}R = \overline{\overline{D}}_{56} \end{array}\right\} \tag{5-78}$$

则误差方程式为

$$\left.\begin{array}{l} v_{01} = -K - D_{01}R + l_{01} \\ v_{02} = -K - D_{02}R + l_{02} \\ \vdots \\ v_{56} = -K - D_{56}R + l_{56} \end{array}\right\} \tag{5-79}$$

式中，$l_{01} \sim l_{56}$ 为基线值与观测值之差，如 $l_{01} = \overline{\overline{D}}_{01} - D_{01}$，可组成法方程式

$$\left.\begin{array}{l} 21K + [D]R - [l] = 0 \\ {[D]K + [DD]R - [Dl] = 0} \end{array}\right\} \tag{5-80}$$

由此可解出加常数 K 和乘常数 R。如果需要经常重复解算，可将 Q 值算出，按式(5-81)解算 K 和 R。

$$\begin{bmatrix} K \\ R \end{bmatrix} = -\begin{bmatrix} Q_{11} & Q_{12} \\ Q_{21} & Q_{22} \end{bmatrix} \times \begin{bmatrix} [l] \\ [Dl] \end{bmatrix} \tag{5-81}$$

求出 K 和 R 后，即可算出两项改正数之和 c，即

$$c_i = K + D_i R, \quad i = 01, 02, \cdots, 56 \tag{5-82}$$

再计算经两项改正之后的距离值，即

$$\overline{D}_i = D_i + c_i \tag{5-83}$$

计算残差

$$v_i = \overline{\overline{D}}_i - \overline{D}_i \tag{5-84}$$

计算 $[vv]$，并按下式校核

$$\left.\begin{array}{l} [vv] = [ll] + [l]K + [Dl]R \\ {[v] = 0} \end{array}\right\} \tag{5-85}$$

对其进行精度评定，可以分别计算测距中误差 m_d、加常数测定中误差 m_k 和乘常数测定中误差 m_R。

$$m_d = \pm\sqrt{\frac{[vv]}{n-t}} \tag{5-86}$$

$$m_k = \pm m_d \sqrt{Q_{11}} \tag{5-87}$$

$$m_R = \pm m_d \sqrt{Q_{22}} \tag{5-88}$$

5.3 水平角观测

水平角观测是平面控制测量中的重要工作之一，在布设三角形网和导线网时，水平角的

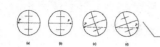

测量精度直接影响着控制网的整体精度，因此，需要从观测方法、计算方法等方面入手研究水平角的精密观测。在《工程测量规范》(GB 50036—2007)中规定，平面控制网布设过程中，水平角观测应采用方向观测法进行。

5.3.1 方向观测法

1. 观测方法

方向观测法，又称全圆测回法，是以两个以上的方向为一组，从初始方向开始，依次进行水平方向观测，正镜半测回和倒镜半测回，照准各方向目标并读数的方法。

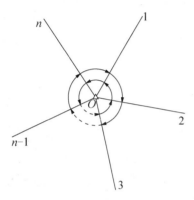

图 5-25 方向观测法

如图 5-25 所示，观测时，在测站 O 点上架设仪器，精确对中整平后，将全站仪置于盘左位置，选择一成像清晰的待测方向，如方向 1，作为起始方向，也称为零方向。照准零方向之后配置度盘，并读取方向值，然后顺时针旋转照准部，按照 2, 3, …, $n-1$, n 的顺序依次读取每一个待测方向的盘左方向观测值，最后闭合至零方向，完成上半测回观测。然后在零方向上倒转望远镜换至盘右位置，读取零方向的盘右方向值，再逆时针旋转照准部，按照 n, $n-1$, …, 3, 2 的顺序依此读取每一个待测方向的盘右方向观测值，最后闭合至零方向，完成整个测回的观测。当方向数不大于 3 个时，可以不闭合至起始方向。

在《工程测量规范》(GB 50036—2007)中对方向观测法的测回数做了相关规定，如表 5-4 所示。

表 5-4 水平角观测测回数

等　级	测　回　数		
	1″级仪器	2″级仪器	6″级仪器
二等	12	—	—
三等	6	9	—
四等	4	6	—
一级	—	2	4
二级	—	1	2

为了减弱度盘刻划及测微器刻划不均匀等误差的影响，在每一测回开始盘左位置观测零方向时，应按照下式重新配置度盘位置。

$$\Delta = 180° / n \tag{5-89}$$

式中，Δ 为度盘变换值，n 为总的测回数。

2. 观测手簿的记录与计算

观测手簿记载着完整的原始观测数据，是需要长期保存的重要测量资料，应认真地按照规定的格式进行完整的记录，记录的数据必须真实，不得有任何涂改现象。并要做到注记明确，清洁美观，格式统一。如果采用电子手簿或者全站仪的存储卡进行记录，应保存电子格式的观测记录表，必要时进行输出和打印。

方向观测法的观测手簿如表 5-5 所示，如果采用光学经纬仪进行观测，每个方向值均应两次读数。

表 5-5　方向观测法观测手簿

观测日期：	2013.10.10		天气：晴	等级：四等	成像：清晰		测站：5 河北堤
测回：	第二测回		仪器：TP1200	观测者：张三	记录者：李四		校核者：王五
方向编号 及名称	读　数		2c	（左+右）/2 （ ″ ）	归零方向值		备注
	盘　左	盘　右					
	(° ′ ″)	(° ′ ″)	(″)	3.4	(° ′ ″)		
1 双河桥	30 00 02.4	210 00 03.6	−1.2	3.0	0 00 00.0		
2 大榆树	75 23 32.3	255 23 33.7	−1.4	33.0	45 23 29.6		
3 北山	160 44 20.8	340 44 22.8	−2.0	21.8	130 44 18.4		
4 李家村	278 13 54.2	98 13 53.8	0.4	54.0	248 13 50.6		
1 双河桥	30 00 03.4	210 00 04.2	−0.8	3.8			

5.3.2　测站限差要求

在一个测站的观测过程中，有一些数值在理论上应该满足一定的关系，因此，便产生了相关的检核条件。方向观测法每个测站上的检核条件主要有半测回归零差、一测回内 2c 互差、同一方向值各测回互差三类。

1. 半测回归零差

方向观测法在每一测站上首先需要选定一零方向，每半测回的观测均从零方向开始，而半测回结束时需要再次对零方向进行观测，于是，零方向在半测回中存在两个观测值，这两个方向观测值之差即称为半测回归零差。在每半测回观测结束时，应立即计算半测回归零差，以检查其是否超过限差规定。

2. 一测回内 2c 互差

同一个方向进行盘左与盘右观测之后，可以根据观测值计算得出仪器的视准轴误差值，即 2c 值。各方向 2c 值相互之差称为一测回 2c 互差。同一台仪器在短时间内 2c 值应该相同，因此，可以根据 2c 互差值判定各方向的观测质量。

3. 同一方向值各测回互差

在一个测站上对相同的方向进行多测回观测时，每个测回观测结束后，都要进行方向观测值的归零计算，同一方向在不同测回中归零后的方向观测值之差称为不同测回同一方向值之差，其差值应小于限差的规定。

一测站中各项限差主要根据所采用的仪器和控制网的等级来确定，制定限差值既要考虑到偶然误差的影响，也要顾及系统误差的影响。在《工程测量规范》(GB 50036—2007)中对各项限差值做出了规定，如表 5-6 所示。

表 5-6　方向观测法限差要求

等　　级	仪器精度	光学测微器两次重合读数之差/″	半测回归零差/″	一测回 2c 互差/″	同一方向值各测回互差/″
四等及以上	1″ 级仪器	1	6	9	6
	2″ 级仪器	3	8	13	9
一级及以下	1″ 级仪器	—	12	18	12
	2″ 级仪器	—	18	—	24

注：光学经纬仪需要考虑测微器两次重合读数之差，全站仪则不受其影响。

5.3.3　超限成果的取舍与重测

为了确保控制网成果的准确可靠，方向观测时必须严格遵守 5.3.2 所述的限差要求，如果观测成果超限，则必须重新观测。决定哪个测回或哪个方向应该重测是一个关系到最后平均值是否接近客观真值的重要问题，因此要慎重对待，不可盲目重测，以避免增加无意义的工作量，并且造成观测成果的混乱。应结合超限值的规律、目标方向的成像情况、水平折光等外界条件等因素进行综合分析与判断，对必要的方向进行重测。

在《工程测量规范》(GB 50036—2007)中规定，超限成果的取舍与重测一般要遵循如下原则：

(1) 一测回内 2c 互差或同一方向值各测回较差超限时，应重测超限方向，并联测零方向。

(2) 下半测回归零差或零方向的 2c 互差超限时，应重测该测回。

(3) 若一测回中重测方向数超过总方向数的 1/3 时，应重测该测回。

(4) 一个测站上重测的方向测回数超过测站上方向测回总数的 1/3 时，应重测该站的全部测回。

假设一个测站上有 n 个观测方向，基本测回数为 m ，则此测站上方向测回总数为 $(n-1)m$。若零方向超限而全测回重测时，算作 $(n-1)$ 个方向测回；在基本测回观测结果中，除零方向外，重测一个方向，算作一个方向测回，重测两个方向，算作两个方向测回，以此类推；在一个测回观测中，因重测方向数超过所测方向总数的 1/3 而重测全测回时，重测数仍按实际超限的方向数计算。将所有重测的方向数累加，若重测数超过了 $(n-1)m/3$，则整个测站需要全部重测。

另外，在观测过程中，碰动仪器、气泡偏离过大、对错度盘、测错方向、读错记错、上半测回归零差超限时，应立即重测当前测回，且不计重测数。重测一个测回内的一个方向时，应在本测回所有方向均观测完成后再进行，而重测一个完整测回时，应在该测站上所有测回均观测完成后再进行。因测回互差项目超限时，除明显孤值外，应重测观测结果中最大值和最小值的测回。

5.3.4　测站平差

测站平差的目的是根据测站上各测回的观测成果求取各方向的测站平差值，同时还要计算一测回方向观测值的中误差和测站平差值的中误差，以评定测站上的观测质量。

1．测站平差值

设测站上有 $1, 2, \cdots, n$ 共 n 个待测方向，观测了 m 个测回，每个方向各测回的观测值分别为 $l_1, l_2, \cdots, l_n$，相应的测站平差值为 $L_1, L_2, \cdots, L_n$，因为每个方向的各测回观测值都是独立和同精度的直接观测量，各个方向的测站平差值应等于它的各测回观测值的算术平均数，即

$$\left. \begin{aligned} L_1 &= \frac{[l_{1i}]}{m} \\ L_2 &= \frac{[l_{2i}]}{m} \\ &\vdots \\ L_n &= \frac{[l_{ni}]}{m} \end{aligned} \right\} \tag{5-90}$$

2．一测回观测方向值的中误差

设每个方向的各测回观测值改正数的绝对值为 $|v|$，则一测回观测方向值的中误差为

$$\mu = \pm \frac{1.25 \times [|v|]}{n\sqrt{m(m-1)}} \tag{5-91}$$

令 $K = \dfrac{1.25}{\sqrt{m(m-1)}}$，则有

$$\mu = \pm K \frac{[|v|]}{n} \tag{5-92}$$

3．测站平差值的中误差

根据以上结果，可得测站平差值的中误差为

$$M = \pm \frac{\mu}{\sqrt{m}} \tag{5-93}$$

由测站平差算出的 M 值，只反映一个测站上观测方向结果的离散程度，即内部符合精度。因此，由 $\sqrt{2}M$ 算得的测角中误差，还不能代表实际的测角精度。

5.3.5　分组方向观测法

利用方向观测法进行观测时，有时测站上观测方向较多，各个方向的目标不一定能同时成像稳定和清晰，如果要一起观测，往往要等待较长时间。勉强一起观测，不仅有损观测质量，而且会延长一测回的观测时间，使观测受外界因素的影响将显著增大。因此，《工程测量规范》(GB 50036—2007)中规定，当观测方向多于 6 个时，可进行分组观测。

分组时，一般是将成像情况大致相同的方向分在一组，每组内所包含的方向数大致相等。为了将两组方向观测值化归成以同一零方向为准的一组方向值和进行观测成果的质量检核，观测时两组都要联测两个共同的方向，其中最好有一个是共同的零方向，以便加强两组的联系。

两组中每一组的观测方法、测站的检核项目、作业限差和测站平差等与前面所述的一般方向观测法相同，所不同的是，两组共同方向之间的联测角应该做检核，以保证观测质量。其两组观测角之差，不应大于同等级测角中误差的 2 倍。分组观测的最后结果，应按等权分组观测进行测站平差。

5.4 精密测角的误差来源与注意事项

由于角度测量均需要利用测量仪器在野外完成，因此受到诸多方面的影响，必然会产生一系列的误差。研究各项误差的产生原因及对观测值的影响并采取相应的措施消除或减弱对应的误差将会大大提高角度测量的精度。

精密测角的误差主要来源于 3 个方面，即仪器误差、外界条件的影响和人为原因的影响。

5.4.1 仪器误差

仪器误差概括起来可分为两个方面：一方面是主要轴线的几何关系不正确所产生的几何结构误差，如三轴误差，即视准轴误差、水平轴倾斜误差、垂直轴倾斜误差；另一方面是仪器制造、校准、磨损等原因所产生的机械结构误差。三轴误差在前文中已经进行过详细的分析，在此不再赘述。

1. 照准部旋转时仪器底座位移产生的误差

由于仪器的光电扫描度盘是与底座固定在一起的，如果照准部在转动时底座有带动现象，将使光电扫描度盘与照准部一起旋转，从而给水平方向带来系统误差。仪器底座产生位移的原因主要是由于脚螺旋与螺孔之间常有空隙存在，当照准部转动时，垂直轴与轴套间的摩擦力可能使脚螺旋在螺孔内移动，因而使底座联通光电扫描度盘产生微小的方位变动。

为了测定此项误差，可以固定全站仪与觇标，对中整平后，先顺时针旋转仪器一周精确照准觇标并读数，然后继续顺时针旋转仪器一周再精确照准并读数。随后逆时针旋转仪器一周精确照准觇标并读数，最后继续逆时针旋转仪器一周再精确照准觇标并读数，对 4 个读数取平均可求出目标方向的观测中数。配置度盘再按同样的方法重新测量，通过不少于 10 个测回的观测，可精确求得照准部旋转时仪器底座位移产生的误差。

《工程测量规范》(GB 50036—2007)中规定，仪器的基座在照准部旋转时的位移指标是：1″ 级仪器不应超过 0.3″，2″ 级仪器不应超过 1″，6″ 级仪器不应超过 1.5″。如果超过限差则需要对其进行校正。

为了减弱此项误差对方向观测值的影响，在水平角观测过程中，上、下半测回开始前，应先顺时针或逆时针转动照准部 1～2 周。

2. 照准部旋转时的弹性带动误差

转动照准部时，由于垂直轴和轴套表面间的摩擦力，使仪器基座产生弹性扭转，和基座相连的水平度盘随之发生微小的方位变动，导致了观测方向读数误差。当顺时针方向转动照准部时，一方面水平度盘顺转了一个小角，另一方面视准轴逆转了一个角而偏离照准目标，结果都使读数偏小；同理，逆时针方向转动照准部时，使读数偏大。

从误差的规律可知，如果在半测回观测各个方向中，照准部向同一方向转动，各个方向的误差便有相同的符号，它对角度观测值的影响被减弱，仅残存较小的误差。而当垂直轴不完善时，照准部在不同的方位上，会有不同的摩擦力，如果上、下半测回照准部均向同一方向转动，上、下半测回角度观测值中的残余误差因符号相同而不能进一步抵偿。因此，上、下半测回照准部转动的方向应相反。

3. 照准部水平微动螺旋的隙动误差

"旋进"全站仪水平微动螺旋时，靠螺杆的压力推动照准部；"旋出"全站仪水平微动螺旋时则依靠弹簧的弹力推动照准部。若因水平微动螺旋弹簧老化或油腻凝结等因素导致弹力不足，当"旋出"水平微动螺旋照准目标时，弹簧不能迅速伸张，使微动螺旋杆和微动架之间出现空隙，在观测员读数或仪器存储数据过程中，弹簧逐渐伸张把空隙消除，使视准轴离开目标，带来了观测方向读数误差。

因此，减弱隙动差影响的方法是照准每个目标时，微动螺旋最后的转动方向必须是"旋进"，也就是向压紧弹簧的方向转动，同时要尽量使用微动螺旋的中间部分。

4. 调焦透镜运行不正确引起的误差

由于制造上的不完善，致使调焦透镜组不按标准的轴线运行，因而当调焦透镜在不同的位置时，就使得视准轴发生相对的倾斜或偏离，造成方向误差。因此，为了避免此项误差，规范规定同一测站的观测，不得两次调焦。

5. 系统的鉴别误差和测量误差

全站仪的相位测量鉴别误差一般为一个填充脉冲，一般单次相位测量的误差比较大，但仪器大多采用一个方向值多个相位测量然后取平均值的方案，使得大量呈偶然性质的干扰误差得到很好的抵偿，最后的残存误差表现并不显著。

5.4.2　外界条件的影响

1. 目标成像质量对观测结果的影响

观测目标的成像质量直接影响照准精度，成像稳定、视野清晰便于准确的照准棱镜中心或觇标中心。而成像质量主要取决于大气密度的变化，如果大气密度是均匀的、不变的，则大气层就保持平衡，目标成像就很稳定；如果大气密度剧烈变化，则目标成像就会产生上下左右跳动。实际上大气密度始终存在着不同程度的变化，它的变化程度主要取决于太阳造成地面热辐射的强烈程度以及地形、地物和地类等的分布特征，为了获得既稳定又清晰的目标成像，应选择有利的观测时段进行观测。一般来说，在晴天日出后 1~3 小时和下午 15:00 至日落前 1 小时、阴天全天以及夜间大气密度都比较稳定，较适合观测。

2. 大气透明度对目标成像清晰的影响

目标成像是否清晰主要取决于大气的透明程度，也就是取决于大气中对光线散射作用的物质(如尘埃、水蒸气等)的多少。尘埃上升到一定高度后，除部分悬浮在大气中，经雨后才消失外，一般均逐渐返回地面。水蒸气升到高空后可能形成云层，也可能逐渐稀释在大气中，因此尘埃和水蒸气对近地大气的透明度起着决定性作用。

所以应选择有利的观测时段进行观测，与前者类似，晴天日出后 1～3 小时和下午 15:00 至日落前 1 小时、阴天全天一般都有较好的大气透明度，另外要避免在雾、霾、扬沙等极端天气状况下进行观测。

3. 水平折光的影响

1) 大气折光的产生

众所周知，光线通过密度不同的介质时，会发生折射，如果介质密度连续变化，则光线会向密度较大的一方弯曲成曲线。如图 5-26 所示。在 A 点架设仪器，来自目标 B 的光线进入望远镜时，望远镜所照准的方向是曲线 BdA 的切线 Ab。这个方向显然与正确方向 AB 不一致，有一个微小的夹角 δ，称为微分折光。微分折光 δ 在水平面上的投影分量 $B'Ab''$，即水平分量，称为水平折光。微分折光 δ 在铅垂面上的投影分量 BAb'，即垂直分量，称为垂直折光。产生水平折光的原因是大气在水平方向上的不均匀分布，产生垂直折光的原因是，大气在垂直方向上的不均匀分布。水平折光影响水平方向观测，垂直折光影响垂直角观测。垂直折光的影响将在本书第 6 章中进行分析。

观测视线左右两侧的地表覆盖物，如沙石、水域、草地、水域、建筑物等，一般不会相同，致使其上方的空气温度也不相同，产生空气的对流，观测视线将会凸向温度高的一侧形成曲线。而相同的一个方向，在白天和夜间观测一般会有截然相反的两种情况，如图 5-27 所示，在 A 点架设仪器，观测 B 点，视线右侧为大面积水域，左侧为沙石地。白天时，沙石地上方空气温度高，光线向左凸起，形成 AmB；而夜间水域上方温度高，光线向右凸起，形成 AnB。

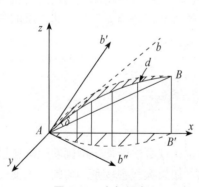

图 5-26 大气折光

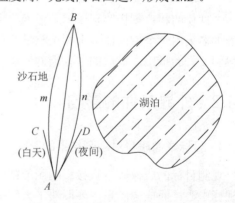

图 5-27 白天和夜间的水平折光影响

2) 水平折光的影响规律

综上所述，同一方向在不同时段进行观测，由水平折光造成的影响也各不相同，一般无法准确计算出水平折光的影响值，但是可以看出水平折光的影响具有以下几个规律：

(1) 在白天与夜间，水平折光对同一方向的影响数值上趋于大小相等符号相反。

(2) 视线越靠近容易产生折光的地形、地物，水平折光影响就越大。

(3) 视线通过容易产生折光的地形、地物的距离越长，影响就越大。

(4) 容易产生折光的地形、地物越靠近测站，水平折光影响就越大。

(5) 视线两侧空气密度悬殊越大，水平折光的影响就越大。

(6) 视线方向与水平密度梯度方向越垂直，水平折光影响越大。

3) 减弱水平折光的方法

水平折光会对水平方向观测值造成影响，而且影响值无法准确计算得出，所以，必须在观测过程中采取适当的方法减弱其对观测值的影响。一般在观测时需要注意以下几点。

(1) 选点时应尽量避开大面积水域，同时要保证视线超越或旁离障碍物有一定的距离，尽量避免从斜坡、大的河流、较大的城镇及工矿区的边沿通过，如果无法避免，则尽量提高视线高度。

(2) 使反射棱镜或照准觇标离觇标的其他部件一定的距离，如一、二等应不小于 20cm，三、四等应不小于 10cm。

(3) 每一角度或方向的各测回应该多个观测时段完成，例如二等点应该至少分上午、下午两个时段进行，一等点应该至少分上午、下午、晚上 3 个时段进行。

(4) 选择有利的观测时间进行观测，避开日出、日落和正午时间以及雾霾等恶劣天气。

4. 照准目标相位差

当观测目标距离较远时，如果在目标上仅仅架设棱镜，则难以瞄准棱镜中心，此时一般会在目标上安置较大的觇标。如果利用光学经纬仪，还需要在目标上安置照准圆筒。这些较大的觇标当阳光照射时可能会产生阴影，使觇标出现明暗两部分。如果照准目标的背景较暗，则照准方向会偏向于明亮一侧；反之，如果照准目标背景较亮，则照准方向会偏向于较暗的一侧。无论哪种情况，照准的都不是觇标中心，由此给方向观测带来的误差被称为相位差。

相位差的影响不仅随日光照射方向变化，也随目标的颜色、大小、形状、视线方位及背景的不同而变化。在一个观测时间段内，对某一方向的影响基本相同，呈系统性影响。但上午与下午的观测结果中会出现系统差异。因此，为了减弱相位差的影响，应该在上午、下午不同时段进行不同测回的观测。而且方向观测应尽量避免以测站南面或北面的照准点作为观测零方向；当照准点多数位于测站的西面时，宜在上午观测；当多数位于测站的东面时，则宜在下午观测。另外，应尽量缩短边长，当边长较短时，可以精确瞄准觇标或直接采用反射棱镜，此时照准目标的相位差可以忽略。

5. 温度变化对仪器结构的影响

在观测过程中，如果仪器受到阳光的直射，会造成仪器受热不均，致使仪器产生变形，各轴线的相对位置发生变化。即使在测量时采取打伞等措施避免仪器受到阳光直射，仪器依然会受到周围环境温度的影响，使轴线发生微弱变化，最终使视准轴偏离正确位置。

视准轴位置的变化可以由同一测回中照准同一目标的盘左、盘右读数之差中获得，即 $2c$ 值。如果没有由于仪器变形而引起的误差，则由每个观测方向所求得的 $2c$ 值与其真值之间只能有偶然性质的差异。但是如果在连续观测几个测回的过程中温度不断变化，则由每个测回所得的 $2c$ 值有着系统性的差异，而且这个系统性的差异与观测过程中温度的变化有着密切的关系。

由于在一个测站的观测时间相对比较短，因此可以认为外界环境相对稳定，温度变化可以认为与时间成比例关系，即先观测的方向此项误差值较小，后观测的方向此项误差值较大。所以，为了减弱温度变化对观测值的影响，除了要在观测时给仪器撑伞避免阳光直射外，需要在上半测回顺时针观测、下半测回逆时针观测。

5.4.3　观测误差的影响

观测误差来源于观测者本身，主要有对中误差和照准误差两部分，当使用光学经纬仪进行观测时，还会产生读数误差。

对中误差是指仪器的竖轴偏离地面标志点的中心，致使仪器的中心偏离控制点。产生对中误差主要有观测者操作失误、光学对中器不精确、大气折光的影响等原因。《工程测量规范》(GB 50026—2007)中规定，仪器和反光镜的对中误差不应大于 2mm，为了减小对中误差，一般在高等级控制网或大型工程中均采用强制对中墩取代三脚架，几乎可以完全消除对中误差。

照准误差主要受外界条件的影响，如目标成像不稳定、目标背景与目标对比度小等，都会加大照准误差。应选择有利的观测时间，提高照准精度。

利用光学经纬仪进行观测还会产生读数误差。在进行对径分划重合法读数时，其读数误差主要表现为重合误差。读数误差受外界条件的影响比较小，观测时，应注意读数窗的采光，调节好测微器目镜，减小读数误差。

5.4.4　精密测角的基本原则

综上所述，水平角观测受到多方面因素的影响，因此，在观测时必须严格按照相关测量规范的规定，消除或减弱各项误差的影响，提高测角精度。一般在进行精密测角时需要遵循以下原则。

(1) 选取有利的观测时段，确保成像清晰、稳定，水平折光较弱。

(2) 一测回开始观测之前要顾及各个目标，认真调焦，消除视差，在一个测回的观测过程中不得重新调焦，避免引起视准轴的变动。

(3) 每一测回开始前要重新配置度盘。

(4) 每半测回开始前先按照准部要转动的方向预转 1～2 周。

(5) 上、下半测回照准目标的顺序应该相反，一测回完成后需要计算 $2c$ 值，以检核观测质量。

(6) 照准部微动螺旋最后旋转方向应该是"旋进"，并使用微动螺旋的中间部分。

(7) 各测回间应重新整平仪器，并且在观测过程中需要注意水准管气泡的偏移情况，若偏移超过一格，则应在半测回完成后重新整平仪器或及时停止本测回观测，整平后重测。

(8) 每个测站的全部测回应在不同的观测时段进行。

5.5　精密距离测量

电磁波测距直接获得的距离值是地球自然表面上两点之间的初步距离，此距离值必须加入一系列的改正数，方可将其归算至布设平面控制网所需的两点参考椭球面上的距离值或高斯平面上的距离值。距离的改正数主要分为三类，第一类是气象原因造成的光线传播过程的误差改正，例如光速误差等；第二类是由于仪器误差、观测误差等方面的影响而引起的仪器常数误差改正，例如加、乘常数改正等；第三类是成果归算方面的改正，例如倾斜改正、归心改正等。

5.5.1　精密距离测量的基本原则

为了获得准确可靠的测距成果，在距离测量时需要遵循一定的原则，这些原则主要有以下几项。

(1) 所有测距仪器必须进行全面的检验与校正，确保仪器精确可靠。

(2) 控制点与测距边要远离高压线、强磁场、散热体等不利区域，并确保视线有一定的高度。

(3) 观测时要避开不利的观测时段，避开晴天日出后 1 小时之内、正午、日落前 1 小时之内进行距离测量。

(4) 测距前需要提前把仪器放到测量现场，使仪器与外界温度相适应。

(5) 观测时给仪器撑伞，避免阳光直射引起视准轴误差。

(6) 架设全站仪与反射棱镜的同时，要在测线的两个端点上安放温度计、湿度计、气压计等设备，同时测定气象元素，必要时，在测线的沿线也可进行气象元素的采集。温度计宜选用通风干湿温度计，气压计宜选用空盒气压计，温度计应悬挂在离地面和人体 1.5m 以外的地方，读数精确到 0.2℃，气压计应置平，指针不应滞阻，读数精确到 50Pa。

(7) 测站和反射棱镜都要精确对中整平，一般的要求对中误差不大于 2mm。

(8) 距离测量的一个测回是指照准目标一次，读数 2～4 次。各等级边长的测回数以及测回之间读数较差应该符合《工程测量规范》(GB 50026—2007)中的相关规定，如表 5-7 所示。

表 5-7　距离测量测回数与测回较差

平面控制网等级	仪器精度等级	每边测回数		一测回读数较差 /mm	单程各测回较差 /mm	往返测距较差 /mm
		往测	返测			
三等	5mm 级仪器	3	3	≤5	≤7	$\leqslant 2(a+b\times D)$
	10mm 级仪器	4	4	≤10	≤15	
四等	5mm 级仪器	2	2	≤5	≤7	
	10mm 级仪器	3	3	≤10	≤15	
一级	10mm 级仪器	2	—	≤10	≤15	—
二级	10mm 级仪器	1	—	≤10	≤15	

注：a 为仪器加常数；b 为仪器乘常数；D 为待测距离，单位 km。

5.5.2 气象改正

电磁波在大气中传播时受到各类气象条件的影响，前文已经提到，电磁波在大气中的传播速度为 $c = c_0 / n$，其中 $c_0 = 3 \times 10^8 \text{m/s}$ 为真空中的光速值，n 为大气折射率。大气折射率与大气的成分、温度 T、气压 P、湿度 e 以及电磁波的波长 λ 都有着密切的关系，因此，可以将其表示为以下函数：

$$n = f(T, P, e, \lambda) \tag{5-94}$$

一般来说，全站仪在出厂时会给仪器设定一个参考折射率 n_0，因此，仪器直接测定的距离值可以表示为

$$d_0 = \frac{1}{2} \cdot \frac{c_0}{n_0} \cdot t_{2D} \tag{5-95}$$

而测距时实际气象条件下的大气折射率 n 与参考折射率 n_0 是不相同的，实际测得的距离值应该为

$$d_1 = \frac{1}{2} \cdot \frac{c_0}{n} \cdot t_{2D} \tag{5-96}$$

因此，需要观测值中加入气象改正数 v_1。

$$v_1 = d_1 - d_0 = \frac{c_0 t_{2D}}{2n_0} \cdot \frac{n_0 - n}{n} = d_0 \cdot \frac{n_0 - n}{n} \tag{5-97}$$

考虑到 n_0 与 n 较为接近，即 $n_0 - n$ 数值很小，而 n 又非常接近于 1，所以，式(5-97)可以写为

$$v_1 = d_0 (n_0 - n) \tag{5-98}$$

一般来说，大气折射率 n 与气象元素之间的关系式会由仪器厂家提供，因此根据实测的温度、气压等气象元素，就可以计算气象改正。

对于式(5-98)来说，其中的大气折射率 n 一般是通过测定测站和镜站的气象元素后取平均计算而得，该值并不是测线全线折射率的积分平均值，因此产生了折射率代表性误差，也称为气象代表性误差。由此带来的改正数为

$$v_2 = -(k - k^2) \frac{d_1^3}{12R^2} \tag{5-99}$$

式中，$R = 6371 \text{km}$ 为平均地球曲率半径；$k = R/r$ 为折光系数，r 为波道弯曲曲率半径，一般的，对于光波来说，取 $k = 0.13$。

进行气象改正有两种方法，一种是利用全站仪内置的气象改正功能，输入气象改正数进行改正；另一种是利用全站仪观测的原始距离值，利用气象改正公式人工改正。经过气象改正后，距离观测值改正为

$$d_2 = d_0 + v_1 + v_2 \tag{5-100}$$

5.5.3 仪器常数误差改正

仪器常数误差的改正主要包括加常数改正、乘常数改正和周期误差改正三个方面。利用5.2.4 和 5.2.5 两节中的方法，可以求解出全站仪的加常数 K、乘常数 R、周期误差的振幅 A

和初相角 φ_0，则需要在经过气象改正的距离观测值 d_2 之上分别加入加常数改正数 v_3、乘常数改正数 v_4、周期误差改正数 v_5，即

$$\left.\begin{array}{l} v_3 = K \\ v_4 = R \cdot d_2 \\ v_5 = A\sin(\varphi_0 + \Delta\varphi) \end{array}\right\} \tag{5-101}$$

式中，$\Delta\varphi$ 为相位测量中不足 2π 的相位尾数，与被测距离的不足一个精测尺长度的剩余长度相应，其公式为

$$\Delta\varphi = \frac{\Delta l}{U} \cdot 2\pi \tag{5-102}$$

式中，$U = \lambda/2$ 为精测尺长度，Δl 为距离 d_2 减去整尺段后不够一个测尺的剩余部分。即 $\Delta l = d_2 - N \cdot U$。

因此，可以得到经过仪器常数改正后的距离值 d_3，即

$$d_3 = d_2 + v_3 + v_4 + v_5 \tag{5-103}$$

5.5.4　归算改正

归算改正主要分为两部分，一部分是将观测值归算至参考椭球面，一般称为几何改正；另一部分是将参考椭球面上的观测值归算至高斯平面的距离，这一步骤是通过高斯投影实现的，因此又称为投影改正。

1. 几何改正

如图 5-28 所示，由于受到大气折光等因素的影响，经过气象改正和仪器常数改正后的距离值 d_3 实际上为全站仪与棱镜之间的弧线距离，若将其归算至参考椭球面，则一般需要经过以下步骤来实现，即，弧长 d_3 改化为斜距 d_4、斜距 d_4 改化为椭球面平距 d_5、椭球面平距 d_5 改化为椭球面的弧长 d_6。

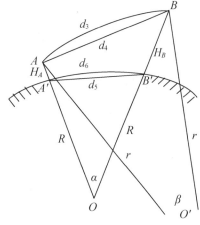

图 5-28　距离的归算改正

1) 弧长 d_3 改化为斜距 d_4

由图 5-28 可以看出，d_3 可以认为是以 O' 为圆心，以波道弯曲曲率半径 r 为半径，以 β 为圆心角的圆弧，而 d_4 则可以看成与 d_3 相对应的弦，则根据其几何关系可得

$$d_4 = d_3 - \frac{d_3^3}{24r^2} \tag{5-104}$$

一般工程控制网中，边长都相对较短，即 d_3 值较小，则此项改正数较小，精度要求不高时，可以认为 $d_4 = d_3$。

2) 斜距 d_4 改化为椭球面平距 d_5

图 5-28 中，在 $\triangle OAB$ 中，根据边长 d_4、地球曲率半径 R、A 点大地高 H_A、B 点大地高 H_B，可以根据余弦定理求得圆心角 α，然后在 $\triangle OA'B'$ 中，根据 α 和 R 可以求得距离 d_5，即

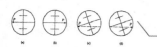

$$d_5 = \sqrt{\frac{d_4^2 - (H_B - H_A)^2}{\left(1 + \dfrac{H_A}{R}\right)\left(1 + \dfrac{H_B}{R}\right)}} \tag{5-105}$$

3) 椭球面平距 d_5 改化为椭球面的弧长 d_6

从图 5-28 可以看出，d_5 和 d_6 分别为相同圆心、相同半径、相同圆心角所对应的弦和弧，因此，可以得出：

$$d_6 = d_5\left(1 - \frac{H_m + \zeta}{R + H_m + \zeta}\right) \tag{5-106}$$

式中：$H_m = \dfrac{1}{2}(H_A + H_B)$ 为测线两端点的平均高程；ζ 为测区的高程异常值。

至此，已将地球自然表面的距离观测值归算至参考椭球面上的弧长。

2. 投影改正

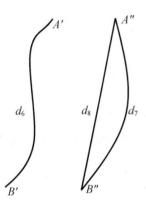

图 5-29　投影改正

经过几何改正，已将地面距离观测值改正至参考椭球面，可以认为是椭球面上 A' 和 B' 两点间的大地线长度 d_6，将其投影至高斯平面可得曲线长度 d_7，而距离测量的最终结果需要的是平面上 A'' 和 B'' 两点间的直线距离 d_8。

如图 5-29 所示，由于平面上投影而成的曲线与两端点间的直线之间的夹角很小，所以可以认为 $d_8 = d_7$。于是，问题集中于 d_6 如何算至 d_7。

通过地图学相关内容可得

$$d_7 = m \cdot d_6 \tag{5-107}$$

式中，m 为长度比。同样通过地图学相关内容可得

$$m = 1 + \frac{y_m^2}{2R_m^2} + \frac{\Delta y^2}{24R_m^2} + \frac{y_m^4}{24R_m^4} \tag{5-108}$$

式中：y_m 为测线两端点的 y 坐标值的平均值；Δy 为测线两端点的 y 坐标值的差值；R_m 为地球平均曲率半径，即

$$\left.\begin{array}{l} y_m = \dfrac{1}{2}(y_A + y_B) \\ \Delta y = y_B - y_A \end{array}\right\} \tag{5-109}$$

所以可得

$$d_8 = d_7 = d_6\left(1 + \frac{y_m^2}{2R_m^2} + \frac{\Delta y^2}{24R_m^2} + \frac{y_m^4}{24R_m^4}\right) \tag{5-110}$$

式(5-109)适用于一等测量的计算，如果用于二等测量，可省略四次项，即

$$d_8 = d_6\left(1 + \frac{y_m^2}{2R_m^2} + \frac{\Delta y^2}{24R_m^2}\right) \tag{5-111}$$

如果用于三、四等测量，可继续省略差值项，即

$$d_8 = d_6 \left(1 + \frac{y_m^2}{2R_m^2} \right) \qquad (5\text{-}112)$$

5.6　精密测距的误差分析

距离测量的精度直接决定着控制网的质量，而距离测量常常受到仪器、外业条件、人为操作等因素的影响，导致测量误差的出现，因此需要从误差的产生原因入手，改进观测质量，估算观测精度。

5.6.1　测距误差的来源

根据相位法测距的基本原理与误差改正计算可知

$$D = N \frac{c}{2nf} + \frac{\varphi}{2\pi} \cdot \frac{c}{2nf} + K \qquad (5\text{-}113)$$

据此，可以得出距离测量中误差表达式为

$$m_D^2 = \left[\left(\frac{m_c}{c} \right)^2 + \left(\frac{m_n}{n} \right)^2 + \left(\frac{m_f}{f} \right)^2 \right] D^2 + \left(\frac{\lambda}{4\pi} \right)^2 m_\varphi^2 + m_k^2 \qquad (5\text{-}114)$$

式中：m_c 为光速值测定中误差；m_n 为大气折射率求定中误差；m_f 为测距频率中误差；m_φ 为相位测定中误差；m_k 为加常数测定中误差；D 为待测距离观测值；λ 为调制波波长；c 为真空中光速值；n 为大气折射率；f 为测距频率。

除了式(5-114)中所指出的各项误差之外，周期误差测定中误差 m_A 和对中误差 m_g 也会对测距精度产生一定的影响，因此测距误差可以完整的表示为

$$m_D^2 = \left[\left(\frac{m_c}{c} \right)^2 + \left(\frac{m_n}{n} \right)^2 + \left(\frac{m_f}{f} \right)^2 \right] D^2 + \left(\frac{\lambda}{4\pi} \right)^2 m_\varphi^2 + m_k^2 + m_A^2 + m_g^2 \qquad (5\text{-}115)$$

由此可见，测距误差主要分为两部分，即与距离成比例关系的误差和与距离无比例关系的误差。与距离成比例关系的误差包括光速值测定误差、大气折射率求定误差、测距频率误差；与距离无比例关系的误差包括相位测定误差、加常数误差、对中误差、周期误差。其中仪器的周期误差较为特殊，它与距离有关系，但是不成比例，仪器设计和调试时可严格控制其数值，使用中如发现其数值较大而且稳定，可以对测距成果施加周期误差改正。

因此，除去周期误差之外，全站仪的测距精度可以写成式(5-4)的形式，即 $m_D = a + bD$。其中，a 为固定误差，b 为比例误差。

5.6.2　测距精度的估算

1. 仪器测距精度的估算

测定控制网边长所能达到的精度的高低主要取决于仪器的测距精度，衡量全站仪测距的

精度一般采用两个指标，即内符合精度和外符合精度

仪器对同一段未知距离进行多次测量，其观测值之间的符合程度称为内符合精度。其精度值可以用一次测定中误差 m 、平均中误差 M 和相对中误差 $M/\overline{D}$ 来表示，其中

$$m = \pm\sqrt{\frac{[v_i v_i]}{n-1}} \tag{5-116}$$

$$M = \pm\frac{m}{\sqrt{n}} \tag{5-117}$$

式(5-116)中，$v_i = D_i - \overline{D}(i=1,2,\cdots,n)$，$D_i$ 为加入各项改正后的平距观测值，$\overline{D}$ 为观测值的平均距离值，n 为测回数。由此可以看出，内符合精度主要反映了仪器的测相误差以及外界大气条件的影响，而仪器的加常数、乘常数、周期误差、对中误差的影响是反映不出来的，因而算出的精度一般偏高。

外符合精度是指用测距仪器测量已知长度的基线，将观测值与基线值比较而求得的精度指标。每台仪器出厂时，必须通过检验给出这一精度指标。假如用一台仪器对已知基线 D_0 测量了 n 次，观测值为 $D_i(i=1,2,\cdots,n)$，则真误差 $\Delta_i = D_i - D_0$，则测距中误差，即外符合精度为：

$$m = \pm\sqrt{\frac{[\Delta_i \Delta_i]}{n}} \tag{5-118}$$

2. 控制网整体测距精度的估算

电磁波测距受到一系列误差源的影响，其实际测距精度往往与理论精度有较大的差距。导线网、边角网等控制网的边长观测完成后，可以对实际的测距精度进行计算和评定。测距的单位权中误差为

$$\mu = \sqrt{\frac{[P\Delta_d \Delta_d]}{2n}} \tag{5-119}$$

式中：Δ_d 为各边往返测距离之差；n 为测距的边数；P 为各边距离测量的先验权，$P = 1/\sigma_D^2$；σ_D 为测距的先验中误差，一般可按全站仪的标称精度计算。

对控制网中的任意一条边，其实际的测距中误差为

$$m_{D_i} = \mu\sqrt{\frac{1}{P_i}} \tag{5-120}$$

式中，P_i 为第 i 边距离测量的先验权。

当网中的边长相差不大时，可按下式计算平均测距中误差：

$$m_D = \sqrt{\frac{[\Delta_d \Delta_d]}{2n}} \tag{5-121}$$

5.7 偏心观测与归心改正

在进行平面控制网方向值和距离值的观测时，受到施工现场大型材料堆放、场地状况复杂等因素的影响，经常会造成已经布设完成或者已经完成部分观测的控制点之间暂时无法通

视，如果废弃该点，则与该点相通视的所有控制点上的工作都将受到影响。此时，如果将仪器或反射棱镜偏离原控制点安放，可能会有较为良好的通视条件。

对于传统的国家三角网来说，需要将全站仪安置在仪器台上进行观测，但是，由于安装不准确或外界环境等因素的影响，有些控制点的仪器台中心与地面标志点中心并不位于同一条铅垂线上，有时标石中心在观测台上的投影点落在观测台的边缘，甚至落在观测台的外面，这时为了仪器的稳定和观测的安全，仍将仪器安置在观测台的中央进行观测，也就是仪器中心偏离了通过标石中心的垂线。另外，有时为了观测的需要，如觇标的橹柱挡住了某个照准方向，仪器也必须偏离通过标石中心的垂线进行观测。

这种仪器中心偏离控制点地面标石中心的铅垂线所进行的观测，称为测站偏心观测。同理，如果照准目标的中心偏离控制点地面标石中心的铅垂线所进行的观测，称为照准点偏心观测。

测站偏心观测与照准点偏心观测都是在不利的环境下采用的特殊观测方法，观测完成后，根据观测值与测站或照准点偏心元素可以将原始观测值改正为正确的观测值。

5.7.1　测站点偏心观测及归心改正

1. 测站点偏心观测

当测站点存在偏心观测时，如图 5-30 所示，B 为控制点标志中心；Y 为仪器中心；T 为照准点标志中心；s 为控制点标志中心 B 与照准点 T 间的水平距离；s_1 为测站点 Y 与照准点 T 之间的实测水平距离；e_Y 为测站偏心距，所谓的测站偏心距是指仪器中心和标石中心间的水平距离；θ_Y 为测站偏心角，所谓的测站偏心角是指以仪器中心为顶点、以偏心距 e_Y 为起始方向，顺时针转到测站零方向的角度；c 为实测方向值 M_{YT} 与正确方向值 M_{BT} 之间相差的一个角度，即测站点方向观测归心改正数，实测方向值 M_{YT} 加上 c 后就等于正确的方向值 M_{BT}。

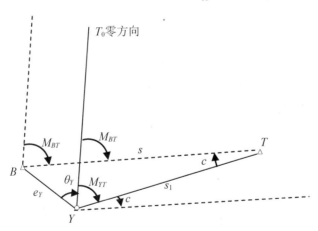

图 5-30　测站点偏心观测

2. 测站点的归心改正

为了得到正确的观测值，需要对测站上的偏心观测所得值加以改正数，以求得正确的观测值。测站点偏心的归心改正主要包括两部分，即方向观测值的归心改正与距离观测值的归心改正。

1) 方向观测值的归心改正

在图 5-30 中，求解出测站点方向观测归心改正数 c 即可根据实测方向值 M_{YT} 得到正确的方向值 M_{BT}。

在 $\triangle BYT$ 中，根据正弦定理可得

$$\sin c = \frac{e_Y}{s}\sin(\theta_Y + M_{YT}) \tag{5-122}$$

当测站偏心距 e_Y 较小时，可以认为式中的 s 与距离观测值 s_1 相等，即 $s = s_1$；而当 e_Y 较大时，则需要利用余弦定理求解出 s。

同理，当 c 为小角时，式(5-122)可以写为

$$c'' = \frac{e_Y}{s}\sin(\theta_Y + M_{YT})\rho'' \tag{5-123}$$

从式(5-123)中可以看出，对于同一测站上的不同观测方向，由于测站点与照准点间的距离、方向值各不相同，所以同一测站上不同方向的方向观测归心改正数也各不相同。

2) 距离观测值的归心改正

如图 5-30 所示，测站偏心观测时，全站仪架设于 Y 点观测目标 T，获得水平距离 s_1，而控制点标石中心 B 至观测目标 T 的水平距离 s 并未获得，需要根据测站偏心元素求得。

在 $\triangle BYT$ 中，根据余弦定理可得

$$s^2 = e_Y^2 + s_1^2 - 2e_Y s_1 \cos(\theta_Y + M_{YT}) \tag{5-124}$$

即

$$s = \sqrt{e_Y^2 + s_1^2 - 2e_Y s_1 \cos(\theta_Y + M_{YT})} \tag{5-125}$$

5.7.2 照准点偏心观测及归心改正

1. 照准点偏心观测

与测站点偏心相类似，照准点也会存在偏心的情况，如图 5-31 所示，B 为测站标石中心，也是仪器中心；T_1 为照准目标中心；T 为照准点标石中心；P_0 为测站点 B 的零方向；M_{BT1} 为实测方向值；s_2 为测站点至照准点的实测水平距离；s 为测站点至照准点标石中心的水平距离；e_T 为照准点偏心距；θ_T 为照准点偏心角，即以照准点偏心距 e_T 为起始方向，顺时针旋转至与照准点零方向相平行的 T_1P_1 方向的夹角；r_1 为照准点归心改正数，即实测方向值 M_{BT1} 与正确方向值 M_{BT} 之间相差的角度，即

$$M_{BT} = M_{BT1} + r_1 \tag{5-126}$$

2. 照准点的归心改正

为了得到正确的观测值，需要对照准点的偏心观测所得值加以改正数，以求得正确的观测值。照准点偏心的归心改正主要包括两部分，即方向观测值的归心改正与距离观测值的归

心改正。

1) 方向观测值的归心改正

如图 5-31，在△BYT_1中，根据正弦定理可得

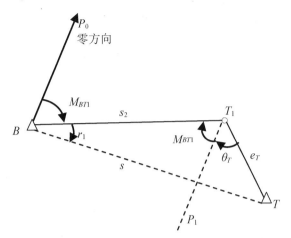

图 5-31　照准点偏心观测

$$\sin r_1 = \frac{e_T}{s}\sin(M_{BT1} + \theta_T) \qquad (5\text{-}127)$$

当e_T较小时，可以认为$s = s_2$；当e_T较大时，则需要利用余弦定理求得s。

同理，当r_1为小角，式(5-127)可以写成

$$r_1 = \frac{e_T}{s}\sin(M_{BT1} + \theta_T)\rho'' \qquad (5\text{-}128)$$

从式(5-128)中可以看出，对于同一照准点，不同测站在照准其进行观测时，由于测站点与照准点间的距离、方向值各不相同，所以同一照准点上不同的观测方向，其方向观测归心改正数也各不相同。

2) 距离观测值的归心改正

如图 5-31 所示，照准点偏心观测时，全站仪架设于 B 点照准 T_1，获得水平距离s_2，而控制点标石中心 B 至照准目标正确位置 T 的水平距离s并未获得，需要根据照准点偏心元素求得。

在△BTT_1中，根据余弦定理可得

$$s^2 = s_2^2 + e_T^2 - 2s_2 e_T \cos(M_{BT1} + \theta_T) \qquad (5\text{-}129)$$

即

$$s = \sqrt{s_2^2 + e_T^2 - 2s_2 e_T \cos(M_{BT1} + \theta_T)} \qquad (5\text{-}130)$$

3. 测站偏心和照准点偏心同时存在时的改正

如果测站偏心与照准点偏心同时存在，则在归心改正时需要分别计算测站归心改正数和照准点归心改正数。如图 5-32 所示，B 为测站标石中心，Y 为仪器中心，T 为照准点标石中心，T_1为照准目标中心，s_1为仪器中心至照准目标中心的实测水平距离。

当进行水平方向观测值归心改正时，可首先假定照准点无偏心，则根据式(5-122)可计算

得出测站点归心改正数 c''；然后在进行照准点归心改正，根据式(5-127)计算得出照准点归心改正数 r_1''，即方向改正数为 $c'' + r_1''$。

同理，当进行水平距离观测值归心改正时，也可首先假定照准点无偏心，根据式(5-125)将仪器中心 Y 至照准目标中心 T_1 的实测水平距离 s_1 改正至测站点标石中心 B 至照准目标中心 T_1 的水平距离 s_2。然后再根据照准点归心改正公式，即式(5-130)，将 s_2 改正至测站标石中心 B 至目标点标石中心 T 的水平距离 s。

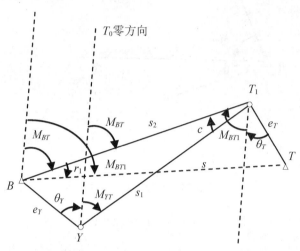

图 5-32　测站偏心与照准点偏心同时存在

5.7.3　归心元素的测定

按照上述方法进行归心改正时，方向观测值 M 和距离观测值 s 可以从外业观测值中获得，而测站偏心距 e_Y、测站偏心角 θ_Y、照准点偏心距 e_T、照准点偏心角 θ_T 都必须精确测得方可进行计算。归心元素的测定一般要求准确标定控制点标石中心 B、仪器中心 Y 的位置，当某些国家高等级控制点上同时设有照准圆筒时，还需要标定照准圆筒中心 T 的位置。常用的归心元素测定方法主要有图解法和直接法两种。

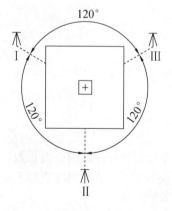

图 5-33　测定归心元素的场地布置

1. 图解法

图解法又称为归心投影，一般适用于偏心距小于 0.5m 的情况。其基本思想是将标石中心 B、仪器中心 Y、照准圆筒中心 T 沿铅垂线投影至一张置于水平位置的归心投影用纸上，然后在纸上量取归心元素 e 和 θ。

图解法测定归心元素的主要步骤如下。

(1) 在标石上方安置小平板，并使标石中心 B、仪器中心 Y、照准圆筒中心 T 均能投影至该平板上，调整小平板处于水平位置，在小平板上固定归心投影用纸。

(2) 如图 5-33 所示，在围绕小平板适当距离处，分别选择三个位置 Ⅰ、Ⅱ、Ⅲ，使三点与标石中心的连线互成 120°

角,并确保在每一个位置均能看见标石中心、仪器中心、照准圆筒中心以及归心投影用纸。

(3) 在位置 I 上安置经纬仪或全站仪,对中整平后,盘左状态下照准标石中心 B ,固定照准部,保持照准部水平方向上不发生任何移动,上仰望远镜,照准小平板上的归心投影用纸。指挥小平板处作业员用细铅笔在纸上标出十字丝竖丝与投影用纸前后边缘的交点;在盘右状态下,同样标记十字丝竖丝与投影用纸前后边缘的交点,分别连接两个前点和两个后点,各取中点,设为 B_1 、B_1' 并连线,如图 5-34 所示。

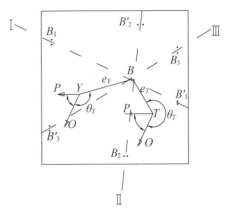

图 5-34　归心元素的测定

(4) 同样方法,在位置 II、III 分别标出十字丝竖丝与投影用纸前后边缘的交点的中点 B_2 、B_2' 、B_3 、B_3' ,并分别连线。

(5) 如果没有误差的影响, B_1B_1' 、B_2B_2' 、B_3B_3' 三条直线应该相交于同一点,而实际情况下三条直线往往没有相交于一点,而是形成一个三角形,这个三角形称为示误三角形。在《工程测量规范》(GB 50026—2007)中规定示误三角形的最长边,对于标石、仪器中心的投影不应大于 5mm,对于照准标志中心的投影不应大于 10mm。如果满足此限差,则此示误三角形的中心就是标石中心的投影点 B 。

(6) 用同样的方法将仪器中心 Y 和照准圆筒中心 T 也投影至同一张纸上。

(7) 用照准仪的直尺边缘分别切于 Y 点和 T 点瞄准零方向并绘制零方向线,如图 5-34 中 YO 和 TO ,同时在 Y 点和 T 点上描绘一条指向另一个任意邻点的方向线,这条方向线叫检查方向线,如图 5-34 中的 YP 和 TP 。方向线 YO 和 YP 以及 TO 和 TP 之间的夹角的图解值与观测值之差应在误差允许范围内。

(8) 在图上用直尺量出测站偏心距 e_Y 和照准点偏心距 e_T ,精确至 mm,用量角器量出测站偏心角 θ_Y 和照准点偏心角 θ_T ,精确至 15′。

按此方法求解归心元素操作较为简单,精度较高,广泛适用于实际工作中。

2. 直接法

当偏心距较大时,标石中心 B 、仪器中心 Y 、照准圆筒中心 T 无法沿铅垂线投影至同一张归心投影用纸上,因此,上述方法无法实现,此时,一般采用直接法直接测定归心元素。

首先将仪器中心 Y 和照准圆筒中心 Y 投影至地面,然后在地面上用钢尺直接量取测站偏心距 e_Y 和照准点偏心距 e_T 。量取时,要注意保持钢尺的水平状态,同时要往返观测或更换钢尺的起始读数。量取 e_Y 和 e_T 时也可以采用全站仪进行。

测站偏心角 θ_Y 和照准点偏心角 θ_T 可用经纬仪或全站仪直接测得,一般至少应测量两个测回,读数精确至10″。和图解法测定归心元素时一样,在投影点 Y 和 T 上测定 θ_T 和 e_T 时,应联测与另一检查方向线之间的角度,以资检核。若偏心距小于投影仪器望远镜的最短视距时,则地面点在望远镜内不能成像,此时可将该方向用细线延长,以供照准。

直接测定的归心元素, e_Y 、e_T 、θ_Y 、θ_T 均应记录在于簿上。此外,还应按一定比例尺缩绘在归心投影用纸上,作为投影资料,在投影用纸上应注明测定方法和手簿编号。

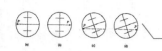

习　　题

1. 名词解释：视准轴误差；水平轴误差；垂直轴误差；周期误差；加常数；乘常数。

2. 简述全站仪编码度盘、光栅度盘测角的基本原理。

3. 简述全站仪脉冲法测距、相位法测距的基本原理。

4. 采用相位法测距的全站仪中为何设置两种频率的测尺？这两种测尺有什么区别？它们的作用分别是什么？

5. 简述全站仪"三轴误差"的检验方法以及"三轴误差"对观测值造成的影响，如何消除或减弱"三轴误差"对测量结果造成的影响？

6. 周期误差是如何产生的？如何测定全站仪的周期误差？

7. 全站仪的加常数和乘常数是如何产生的？如何测定全站仪的加常数和乘常数？

8. $2c$ 的含义和作用是什么？

9. 《工程测量规范》中对方向观测法的超限成果的取舍与重测有哪些规定？

10. 在水平角观测中，应遵守哪些基本规则？它们分别减弱或消除哪些误差的影响？

11. 精密测距时主要有哪些注意事项？

12. 为何要对全站仪测距成果进行气象改正？如何改正？

13. 全站仪测距成果的归算改正包括哪几项？如何进行改正？

14. 精密测距主要有哪些误差来源？这些误差中，哪些是比例误差？哪些是固定误差？

15. 什么是偏心观测？偏心观测包括哪两方面？如何进行归心改正？

16. 归心元素如何测定？

第6章 高程控制网的布设与实施

这一章将主要讨论国家高程控制网的施测。高程测量根据所使用仪器和施测方法不同，分为水准测量、三角高程测量、GNSS 拟合高程测量。国家高程控制测量按精度等级划分一、二、三、四等。用水准测量的方法，按《国家一、二等水准测量规范》(GB/T 12897—2006)和《国家三、四等水准测量规范》(GB/T 12898—2009)的技术要求建立国家高程控制网，称为国家水准网。它是高程控制的基础。

本章将着重介绍精密水准仪和精密水准尺的特点、精密水准仪和精密水准尺的检验和校正、精密水准测量的实施、精密水准测量的误差来源和注意事项、水准测量概算、精密三角高程测量、跨河高程传递等内容。

6.1 精密水准仪与精密水准尺

本节主要介绍精密水准仪和精密水准尺的特点、自动安平精密水准仪、电子水准仪的原理及使用。

6.1.1 精密水准仪的特点

对于精密水准测量的精度而言，除一些外界因素的影响外，观测仪器——水准仪在结构上的精确性与可靠性是具有重要意义的。为此，对精密水准仪必须具备的一些条件提出了下列要求。

(1) 高质量的望远镜光学系统。

为了在望远镜中能获得水准标尺上分划线的清晰影像，望远镜必须具有足够的放大倍率和较大的物镜孔径。一般精密水准仪的放大倍率应大于 40 倍，物镜的孔径应大于 50mm。

(2) 坚固稳定的仪器结构。

仪器的结构必须使视准轴与水准轴之间的联系相对稳定，不受外界条件的变化而改变它们之间的关系。一般精密水准仪的主要构件均用特殊的合金钢制成，并在仪器上套有起隔热作用的防护罩。

(3) 高精度的测微器装置。

精密水准仪必须有光学测微器装置，借以精密测定小于水准标尺最小分划线间格值的尾数，从而提高在水准标尺上的读数精度。一般精密水准仪的光学测微器可以读到 0.1mm，估读到 0.01mm。

(4) 高灵敏性的管水准器

一般精密水准仪的管水准器的格值为 $8 \sim 10''/2mm$。由于水准器的灵敏度愈高，观测时要使水准器气泡迅速置中也就越困难，为此，在精密水准仪上必须有倾斜螺旋(又称微倾螺旋)

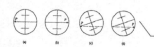

的装置，借以可以使视准轴与水准轴同时产生微量变化，从而使水准气泡较为容易地精确置中以达到视准轴的精确整平。

(5) 高性能的补偿器装置。

对于自动安平水准仪补偿元件的质量以及补偿器装置的精密度都会影响补偿器性能的可靠性。如果补偿器不能给出正确的补偿量，或是补偿不足，或是补偿过量，都会影响精密水准测量观测成果的精度。

我国水准仪系列按精度分类有 S05 型、S1 型、S3 型、S10 型等。S 是"水"字的汉语拼音第一个字母，S 后面的数字表示每千米往返测平均高差的偶然中误差的毫米数。

我国水准仪系列及基本技术参数列于表 6-1。

表 6-1 我国水准仪系列及基本技术参数

技术参数项目	水准仪系列型号			
	S05	S1	S3	S10
每公里往返平均高差中误差	≤0.5mm	≤1mm	≤3mm	≤10mm
望远镜放大率	≥40 倍	≥40 倍	≥30 倍	≥25 倍
望远镜有效孔径	≥60mm	≥50mm	≥42mm	≥35mm
管状水准器格值	10″/2mm	10″/2mm	20″/mm	20″/2mm
测微器有效量测范围	5mm	5mm		
测微器最小分格值	0.05mm	0.05mm		
自动安平水准仪 补偿性能　补偿范围	±8′	±8′	±8′	±10′
安平精度	±0.1″	±0.2″	±0.5″	±2″
安平时间	≤2s	≤2s	≤2s	≤2s

6.1.2 精密水准尺的特点

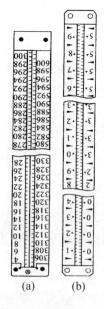

图 6-1 因瓦合金标尺

水准标尺是测定高差的长度标准，如果水准标尺的长度有误差，则对精密水准测量的观测成果带来系统性质的误差影响，为此，对精密水准标尺提出如下要求：

(1) 当空气的温度和湿度发生变化时，水准标尺分划间的长度必须保持稳定，或仅有微小的变化。一般精密水准尺的分划是漆在因瓦合金带上，因瓦合金带则以一定的拉力引张在木质尺身的沟槽中，这样因瓦合金带的长度不会受木质尺身伸缩变形影响。水准标尺分划的数字是注记在因瓦合金带两旁的木质尺身上，如图 6-1 所示。

(2) 水准标尺的分划必须十分正确与精密，分划的偶然误差和系统误差都应很小。水准标尺分划的偶然误差和系统误差的大小主要决定于分划刻度工艺的水平，当前精密水准标尺分划的偶然中误差一般在 8～11μm。由于精密水准标尺分划的系统误差可以通过水准标尺的平均每米真长加以改正，所以分划的偶然误差代表水准标尺分划的综合精度。

(3) 水准标尺在构造上应保证全长笔直，并且尺身不易发生长度和弯扭等变形。一般精密水准标尺的木质尺身均应采用经过特殊处理的优质木料制作。为了避免水准标尺在使用中尺身底部磨损而改变尺身的长度，在水准标尺的底面必须钉有坚固耐磨的金属底板。

在精密水准测量作业时，水准标尺应竖立于特制的具有一定重量的尺垫或尺桩上。尺垫和尺桩的形状如图 6-2 所示。

(4) 在精密水准标尺的尺身上应附有圆水准器装置，作业时扶尺者借以使水准标尺保持在垂直位置。在尺身上一般还应有扶尺环的装置，以便扶尺者使水准标尺稳定在垂直位置。

(5) 为了提高对水准标尺分划的照准精度，水准标尺分划的形式和颜色与水准标尺的颜色相协调，一般精密水准标尺都为黑色线条分划，如图 6-1 所示。而水准尺的尺面一般漆成浅黄色，有利于观测时对水准标尺分划精确照准。

线条分划精密水准标尺的分格值有 10mm 和 5mm 两种。分格值为 10mm 的精密水准标尺如图 6-1(a)所示，它有两排分划，尺面右边一排分划注记从 0～300cm，称为基本分划，左边一排分划注记从 300～600cm 称为辅助分划，同一高度的基本分划与辅助分划读数相差一个常数，称为基辅差，通常又称尺常数，水准测量作业时可以用以检查读数的正确性。分格值为 5mm 的精密水准尺如图 6-1(b)所示，它也有两排分划，但两排分划彼此错开 5mm，所以实际上左边是单数分划，右边是双数分划，也就是单数分划和双数分划各占一排，而没有辅助分划。木质尺面右边注记的是米数，左边注记的是分米数，整个注记从 0.1～5.9m，实际分格值为 5mm，分划注记比实际数值大了一倍，所以用这种水准标尺所测得的高差值必须除以 2 才是实际的高差值。

与数字编码水准仪配套使用的条形码水准尺如图 6-3 所示。通过数字编码水准仪的探测器来识别水准尺上的条形码，再经过数字影像处理，给出水准尺上的读数，取代了在水准尺上的目视读数。

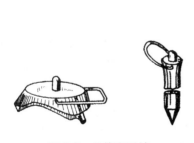

图 6-2　尺垫和尺桩

图 6-3　条形码水准尺

6.1.3　自动安平精密水准仪

1. 自动安平水准仪的补偿原理

如图 6-4 所示，当仪器的视准轴水平时，在十字丝分划板中心 O 点得到水准标尺上的正确读数 A，当仪器的垂直轴没有完全处于垂直位置时，视准轴倾斜了小角度 α，这时，十字

丝分划板中心移到 O_1 处，得到水准标尺上的读数 A_1。而来自水准标尺上的正确读数 A 的水平光线并不能进入十字丝分划板 O_1，这是由于视准轴倾斜了小角度 α，十字丝分划板位移了距离 a。如在望远镜成像光路上，离十字丝分划板 g 的地方安置一种光学元件，使来自水准标尺上的读数 A 的水平光线通过光学元件偏转 β 角(或平移 a)而仍正确地落在十字丝分划板的中心 O_1 处，这时来自倾斜视线的光线通过该光学元件将不再落在十字丝分划板的中心 O_1 处，整个视场中的影像都平行移动了距离 a，即在仪器发生微倾的情况下仍可读取到视线水平时的正确读数。该光学元件称为光学补偿器。

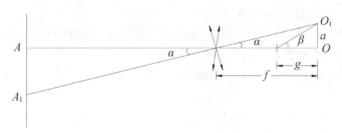

图 6-4　光学补偿器原理

下面讨论水平光线通过补偿器使光线偏转 β 角后能正确进入倾斜视准轴的十字丝分划板中心 O_1 的条件，也就是仪器发生微倾的情况下补偿器能给出正确补偿的条件。

由于视准轴倾斜角 α 和偏转角 β 都是小角度，所以由图 6-4 可得

$$f\alpha = g\beta$$

即有

$$\beta = \frac{f}{g}\alpha \qquad (6\text{-}1)$$

式中：f 是望远镜物镜的焦距。

可知，凡能满足式(6-1)的条件的成像都能得到正确的补偿。补偿器如果安置在望远镜成像光路的 $f/2$ 处，即使 $g = f/2$ 处，则由式(6-1)可得

$$\beta = 2\alpha$$

也就是说，当偏转角 β 等于两倍视准轴倾斜角 α 时，补偿器能给出正确的补偿。

由图 6-4 可知，若补偿器能使来自水平的光线平移量 $a = f\alpha$，则平移后的光线也将正确地成像在十字丝分划板 O_1 处，从而达到正确补偿的目的。

对于不同型号的自动安平水准仪，采用不同的光学元件，如棱镜、透镜、平面反射镜等作为补偿器，具有各自的特色，以发挥其补偿作用。

2. DS05 精密水准仪

图 6-5　DS05 精密水准仪

DS05 精密水准仪是自动安平精密水准仪，如图 6-5 所示，精度控制在 0.5mm/km 以内，内置平板测微器结构，仪器采用全密封设计，密封等级可达 IP55 高效防尘防水。38 倍物镜放大倍率，观测目标更清晰；补偿器稳定可靠，补偿工作范围 $\pm15'$，补偿安平精度不大于 $\pm0.3''$，圆水准器灵敏度 $10'/2\text{mm}$，安平时间 2s。

该仪器主要用于国家二、三等水准测量、建筑工程测量、变形及沉降监测、矿山测量、大型机器安装、工具加工测量和精密工程测量等方面,仪器利用自动补偿技术和数字式光学测微尺读数系统,可大大提高作业效率和测量精度。

6.1.4　电子水准仪

电子水准仪又叫数字水准仪,由基座、水准器、望远镜及数据处理系统组成,电子水准仪是以自动安平水准仪为基础,在望远镜光路中增加了分光镜和探测器(CCD),并采用条纹编码标尺和图像的处理电子系统而构成的光机电一体化的高科技产品。

电子水准仪内置应用软件,可以自动完成读数、记录和计算,可通过数据通讯将数据传输到计算机内进行后续处理,也可以通过远程通信将已测得的成果直接传输给用户。

国产测绘仪器 NL 系列自动安平水准仪以及 DL 系列数字电子水准仪产品。其中 NL2 的精度为 $M_\Delta \leqslant \pm 1.0\text{mm}$;DL3003 的精度为 $M_\Delta \leqslant \pm 0.3\text{mm}$;可满足不同水准测量的需求。DL3003 数字电子水准仪如图 6-6 所示。

图 6-6　DL3003 数字水准仪

需要说明的是,数字电子水准仪有效率高、精度好、科技含量高等优点;但从实践来看,该类仪器对观测环境和条件要求很高,比如当测站与竖尺点有少许遮挡物、两处的明亮程度有差别(一处在阴影、一处在阳光)、标尺上有灰尘等情况时,仪器就处于屏蔽状态(不工作)并发出警示,排除这些情况后,就可以继续测量。总之要求比较高,在很多情况下给外业工作带来一些麻烦,目前这种状况还无法得到改善。

6.2　精密水准仪与水准尺的检验

为了保证水准测量成果的精度,对所用的水准仪和水准尺应按水准测量规范中规定的有关项目进行必要的检验。水准仪和水准标尺各部件之间关系不正确,会影响到水准测量成果的精度。此外,外界条件的影响,也会使水准仪和水准标尺各部件之间的关系发生变化,所以,需要定期对所用的水准仪和水准标尺进行检验。

6.2.1　精密水准仪的检验

按照水准测量规范,作业前应对水准仪进行检验。对于新购置的仪器还需要进行调焦透镜运行误差的测定;倾斜螺旋隙动差、分划误差和分划值的测定;自动安平仪器补偿误差的测定等。

1. 水准仪及其附件的检视

检视就是对仪器及其附件仔细地从整体上进行查看和核对。检视的内容有:

(1) 仪器外表是否良好、清洁、有无碰伤、零件密封性是否良好等。

(2) 光学零件表面质量和清洁情况, 有无油污, 擦痕、霉点, 镀膜是否完整、望远镜成像是否清晰。符合水准器成像和读数设备是否明亮、分划是否清晰、均匀等。

(3) 仪器各转动部分如垂直轴、脚螺旋、调焦螺旋、倾斜螺旋、测微螺旋等是否灵活, 制动和微动螺旋是否有效。

(4) 仪器的附件、备用件是否齐全、完好, 脚架是否牢固, 仪器箱、搭扣、背带是否安全可靠, 备件是否完备可用等。

2. 圆水准器安置正确性的检验

不同的仪器的概略整平水准器即圆水准器可能形式上稍有不同, 但都必须满足仪器整平后, 圆水准器轴平行于仪器垂直轴的要求。检验方法如下:

概略整平仪器后, 使望远镜与两个脚螺旋的连线平行, 用两个脚螺旋将水准管气泡精密整置居中。旋转望远镜 180° 后, 若气泡偏离中央, 则用连线与望远镜相平行的两个螺旋和倾斜螺旋各改正其偏差量的一半。再将望远镜旋转 180°, 按上法再改正气泡的偏差, 如此反复检校, 直至望远镜旋转 180° 前后气泡仍然居中为止。此后, 再旋转望远镜 90°, 用第三个脚螺旋使管水准器气泡精密居中。这时的仪器垂直轴已经垂直, 若圆水准气泡偏离中央位置, 则用圆水准改正螺丝使气泡居中, 再固紧改正螺丝即可。

3. 光学测微器隙动差和分划值的测定

光学测微器是精确测定小于水准标尺上分划间隔尾数的设备。测微器本身效用是否正确、测微器分划尺的分划值是否正确都会直接影响到观测值的精度。因此, 在作业前应进行此项检验和测定。

测定测微器分划值的基本思想是: 利用一根分划值经过精密检定的特制分划尺和测微器分划尺进行比较。将特制分划尺竖立在与仪器等高的一定距离处, 旋转测微螺旋, 使楔形丝先后对准特制分划尺上两根相邻的分划线, 这时测微器分划尺移动了 L 格。现设特制分划尺上分划线间隔值为 d, 测微器分划尺一个分格的值为 g, 则

$$g = \frac{d}{L}$$

特制分划尺上的分划线宽度约为 1mm, 分划线间隔约为 8mm(用于 N3 等精密水准仪)或 4mm(用于 Ni004 等精密水准仪), 分划线要依次编号, 采用多个分划检测。

测定测微器分划值的具体方法是: 先在选定的相距 5～6m 的两点处, 分别安置水准仪和竖立特制分划尺。特制分划尺可固定在水准标尺上, 并能使其在水准标尺上作上下移动, 以便使仪器能夹准特制分划尺某条分划线。水准标尺应置于稳固的尺桩或尺台上。

此项检验应选择在成像清晰稳定的时间段内和良好的环境中进行。测定按往测和返测构成一个测回, 为了使测微器上所有使用的分划都能受到检验和保证检测的精度, 要求测定 8 个测回。一测回的具体步骤如下。

(1) 整置仪器, 对准水准标尺, 使用倾斜螺旋使水准气泡影像精密符合, 在一测回中应严格保持倾斜螺旋的位置不变。

(2) 旋转测微螺旋, 使测微器读数在 10 小格附近, 指挥扶尺者将特制分划尺作上下移动, 直至特制分划尺上某一分划线被楔形丝夹住, 然后将特制分划尺固定, 并在一测回中保持此

位置不变。

(3) 进行往测：旋进测微螺旋，用楔形丝先后夹准特制分划尺上两相邻分划线，读取并记录分划线编号和相应的测微器读数。

(4) 进行返测：返测应在往测后立即进行。按相反的次序旋出测微螺旋使楔形丝夹准往测时所用的相邻分划线，读取并记录分划线编号和相应的测微器读数。

每完成两测回后，应将特制分划尺稍加移动或变更仪器的高度，以使每测回各观测特制分划尺上不同的分划间隔，从而减弱特制分划尺分划线误差的影响。

由各观测组所测定的格值取平均值作为测微器分划尺的实际格值，按水准规范规定，实测格值与名义格值之差，即测微器分划线偏差应小于 0.001mm，否则，应送厂修理。

光学测微器隙动差的测定，主要是比较当旋进测微螺旋和旋出测微螺旋，照准特制分划尺上同一分划线时，在测微器上的两次读数差 Δ，如果读数差 Δ 超过一格时，表明测微器效用不正确，其主要原因是测微器制造和安装不完善所致，为了避免这种误差的影响，一般规定在作业时只采用旋进测微螺旋进行读数。Δ 过大时，应送专业修理部门检修。

4. 视准轴与水准管轴相互关系的检验

水准测量的基本原理是根据水平视线在水准标尺上的读数，求得各点间的高差，而水平视线的建立又是借助于水准器气泡居中或自动安平装置水平补偿来实现的。因此，水准仪视准轴与水准轴必须满足相互平行这一重要条件。但是视准轴与水准轴相互平行的关系难以绝对保持，而且在仪器的使用过程中，这种相互平行的关系还会发生变化。显然，视准轴与水准轴如不能保持相互平行的关系，则当水准气泡居中时，并不能确保视准轴水平，最后将影响观测高差的正确性。所以在每次作业前应进行此项检验。

水准仪的水准管轴与视准轴一般既不在同一平面内也不相互平行，而是两条空间直线。它们在垂直面上和水平面上的投影一般都不相互平行，延长后是两条相交的直线，在垂直面上投影的交角，称为 i 角误差。在水平面上投影的交角 φ，称为交叉误差。这两种误差都在一定条件下对观测值有影响。

1) i 角误差的检验与校正

(1) 准备。

在一较为平坦的场地上用钢卷尺量取一直线 J_1ABJ_2，如图 6-7 所示。其中，J_1、J_2 为安置仪器处，A、B 为立标尺处，在线段 J_1ABJ_2 上使 $J_1A=BJ_2$。设 $D_1=BJ_2$，使近标尺的距离 D_1 为 5~7m，远标尺距离 $D_2=J_1B=J_2A$ 为 40~50m(D_1 和 D_2 的限制，是为了减少由于调焦透镜运行不正确对 i 角产生的影响以及提高 i 角的检验精度，经研究后提出的要求)，分别在 A、B 处打一尺桩或放置稳定的尺台。

(2) 观测方法。

在 J_1、J_2 处先后安置仪器，精密整平仪器后，分别在 A、B 标尺上各照准基本分划读数四次并取其中数后分别为：a_1'、b_1、a_2、b_2。

(3) 计算方法。

i 角的计算按下列公式进行，即

$$\left.\begin{array}{l} \Delta = [(a_2 - b_2) - (a_1 - b_1)] / 2 \\ i = \Delta \cdot \rho'' / (D_2 - D_1) - 1.61 \times 10^{-5} \cdot (D_1 + D_2) \end{array}\right\} \tag{6-2}$$

式中：i 以秒为单位；$\rho'' = 206265''$；其他长度均以 mm 为单位。

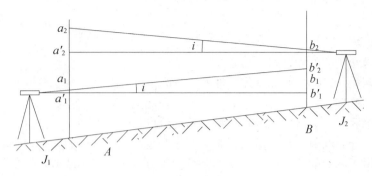

图 6-7 *i* 角的检验

国家一、二等及三、四等水准测量要求，对 *i* 角分别大于15″和20″的仪器必须进行校正。

2) 交叉误差的测定

水准仪经过 *i* 角的检验和校正，视准轴和水准轴在垂直面上的投影已保持平行(严格讲，只能说是基本平行，一般还存在残存的 *i* 角)，但还不能严格保持在水平面上投影的平行，也就是说，还存在交叉误差。

如果有交叉误差存在，当仪器垂直轴略有倾斜时，即使是水准管轴水平，视准轴也不水平，从而使视准轴与水准轴在垂直面上的投影不平行，而产生了 *i* 角。应该指出，这时由此产生的 *i* 角是由于交叉误差的存在、当存在垂直轴倾斜的条件时转化形成的。

如果仪器不存在交叉误差，则整平仪器后，使仪器绕视准轴左右倾斜时，水准气泡也不会发生移动；如果仪器存在交叉误差，则整平仪器后，使仪器绕视准轴左右倾斜时，水准气泡就会发生移动或偏离，交叉误差就是根据这一特征进行检验的。具体步骤如下：

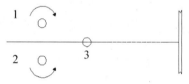

图 6-8　交叉误差测定

(1) 将水准仪置于距离水准标尺约 50m 处，并使其中两个脚螺旋在望远镜照准标尺的垂直方向上，如图 6-8 中的脚螺旋 1、2。

(2) 将仪器整平，旋转倾斜螺旋使水准气泡精密符合。用测微螺旋使楔形丝夹准水准标尺上一条分划线，并记录水准标尺与测微器分划尺上的读数，在整个检验过程中应保持水准标尺和测微器分划尺上的读数不变，也就相当于在实验过程中保持视准轴方向不变。

(3) 将照准方向一侧的脚螺旋 1 升高两周，为了不改变视准轴的方向，应将另一侧的脚螺旋 2 等量降低，保持楔形丝仍夹准水准标尺上原来的分划线，相当于仪器在绕视准轴旋转。此时，仪器的垂直轴倾斜，注意观察并记录水准气泡的偏移方向和大小。

(4) 按相反的方向旋转脚螺旋 1、2 回到原来的位置，使楔形丝在夹准水准标尺上原分划线的条件下，水准气泡两端恢复到符合的位置。

(5) 将脚螺旋 2 升高两周，脚螺旋 1 作等量降低，使楔形丝夹准水准标尺上原分划线，此时的仪器相对于步骤(3)向另一侧倾斜，注意观察并记录水准气泡的偏移方向和大小。

根据仪器先后向两侧倾斜时水准气泡的偏移方向和大小来分析判断视准轴与水准轴的

关系，可能出现下列不同的情况：

当垂直轴向两侧倾斜时，水准气泡的影像仍保持符合，则仪器不存在 i 角误差和交叉误差，若水准气泡同向偏移量相等，则仅有 i 角误差，而没有交叉误差；若同向偏移但偏移量不等，则 i 角误差大于交叉误差；若异向偏移且偏移量不等，则交叉误差大于 i 角误差；若异向偏移且偏移量相等，则仅有交叉误差，而没有 i 角误差。

根据上面的分析，当仪器垂直轴向两侧倾斜，水准气泡有异向偏移的情况，则有交叉误差存在。水准规范规定偏移量大于 2mm 时，必须进行交叉误差的校正。

校正工作是通过水准器侧方的改正螺旋来实现和完成的。

必须指出，当同时存在交叉误差和 i 角误差时，为便于校正交叉误差，先将 i 角误差校正好。

自动安平水准仪由于结构和整平原理发生了变化，没有交叉误差的问题。

5. 倾斜螺旋隙动差和分划值的测定

倾斜螺旋的作用是在水准尺上读数前将水准气泡影像精确符合，以达到视准轴的精确整平。另外，在按倾斜螺旋法进行跨河水准测量时，要用倾斜螺旋测定视线的微小倾角，要用到倾斜螺旋分划值参数，因此，必须测定其分划值。

倾斜螺旋的旋进和旋出照准同一分划时，其读数之差，即为倾斜螺旋隙动差，用以判断倾斜螺旋效用的正确性。水准测量规范规定，倾斜螺旋隙动差对于一、二等精密水准测量应小于 $2.0''$，否则认为倾斜螺旋效用不正确，在作业中应严格地只准用旋进倾斜螺旋使水准气泡两端精密符合。

检定在检定室内专用平台上进行。由往测和返测构成一个测回，往测按旋进方向使用倾斜螺旋，返测时倾斜螺旋的旋转方向与往测相反。水准测量规范规定检验必须进行两个测回。这项检验实际上是同时检验了倾斜螺旋隙动差和分划值两个项目。

6.2.2　精密水准尺的检验

按照水准测量规范规定，在作业前对精密水准标尺应进行的检验项目如下。

(1) 标尺的检视。

(2) 标尺上圆水准器的检校。

(3) 标尺分划面弯曲差的测定。

(4) 标尺名义米长及分划偶然中误差的测定。

(5) 标尺尺带拉力的测定。

(6) 一对水准标尺零点不等差及基辅分划读数差的测定。

下面仅对(3)、(4)、(6)等较为复杂的检验项目给以讨论，其他检验可参考相关规范。

1. 水准标尺分划面弯曲差的测定

水准标尺尺面如有弯曲，观测时将使读数偏大。水准标尺分划面的弯曲程度用弯曲差来表示。所谓弯曲差即通过分划面两端点的直线中点至分划面的距离，以 f 表示。可知，弯曲差越大，表示弯曲的程度越大。

设弯曲的分划面长度为 l，分划面两端点间的直线长度为 L，则尺长变化 $\Delta l = l - L$。若测得分划面的弯曲差为 f，则尺长变化 Δl 与弯曲差 f 的关系式为：

$$\Delta l = \frac{8f^2}{3l} \tag{6-3}$$

由于分划面的弯曲引起的尺长改正 Δl 可按上式计算。例如，设标尺的名义长度 $l = 3\text{m}$；测得 $f = 4\text{mm}$，则 $\Delta l = 0.014\text{mm}$，而对每米分划平均真长的影响为 0.005m，该改正数对高差的影响是系统性的，水准测量规范规定，对于线条式的因瓦合金水准标尺，弯曲差 f 不得大于 4mm，超过此限值时，一般对标尺进行弯曲校正，或对水准标尺施加相应的尺长改正。

弯曲差的测定方法是：在水准标尺的两端点间引张一条细线，直接量取细线中点至分划面的距离，即为标尺的弯曲差。

2. 标尺名义长度及分划偶然中误差的测定

按水准测量规范规定，精密水准标尺在作业开始之前和作业结束之后应送专门的检定部门进行每米真长的检验，取一对水准标尺的检定结果的中数作为一对水准标尺平均每米真长。一对水准标尺的平均每米真长与名义长度 1m 之差称为平均米真长偏差，以 f 表示，则

$$f = \text{平均米真长} - 1\text{m} \tag{6-4}$$

用于精密水准测量的水准标尺，水准测量规范规定，如果一对水准标尺平均米真长偏差大于 0.1mm，就不能用来作业。当对水准标尺平均米真长偏差大于 0.02mm，则应对相应的观测高差施加每米真长改正 δ，从而得到改正后的高差 h'，即

$$h' = h + \delta = h + fh \tag{6-5}$$

式中：h 以 m 为单位，f 以 mm/m 为单位。

水准标尺的分划误差，由专门的检定单位进行检验，其值应不大于 0.1mm。

3. 一对水准标尺零点不等差及基辅分划读数差的测定

水准标尺的注记是从底面起算的，对于分格值为 10mm 的精密因瓦水准尺，如果从底面至第一分划线的中线的距离不是 1dm，其差数则叫作零点误差。两根水准标尺的零点误差之差，叫作一对水准标尺的零点不等差。当水准标尺存在这种误差时，在水准测量的一个测站的观测高差中，就含有这种误差，在相邻两测站所测观测高差之和中，这种误差的影响就得到抵消。因此，规定在水准路线的每个测段的测站数为偶数站。

在同一视线高度时，水准尺上的基本分划和辅助分划的读数之差，称为基辅差，也称为尺常数，对于 1cm 分格的水准标尺来说其基辅差为 301.550cm。

6.3　精密水准测量的实施

国家水准测量按照施测的精度分为一、二、三、四等，精密水准测量一般指国家一、二等水准测量。由于各项工程不同建设阶段的高程控制测量中，一般很少需要一等水准测量。本节重点介绍二等水准测量，而一等水准和二等水准除测站限差等指标有所不同之外，其他作业方法和作业程序基本一致。

6.3.1　二等水准测量

精密水准测量一般指国家一、二等水准测量,在各项工程的不同建设阶段的高程控制测量中,极少进行一等水准测量,故在工程测量技术规范中,将水准测量分为二、三、四等三个等级,其精度指标与国家水准测量的相应等级一致。

下面以二等水准测量为例来说明精密水准测量的实施。

1. 精密水准测量作业的一般规定

根据精密水准测量中各种误差的性质及其影响规律,《国家一、二等水准测量规范》(GB/T 12897—2006)中对精密水准测量的实施作出各种相应的规定,目的在于尽可能消除或减弱各种误差对观测成果的影响。

(1) 观测前 30min,应将仪器置于露天阴影处,使仪器与外界气温趋于一致;观测时应用测伞遮蔽阳光;迁站时应罩以仪器罩。

(2) 仪器距前、后视水准标尺的距离应尽量相等,其差应小于规定的限值:二等水准测量中规定,一测站前、后视距差应小于 1.0m,前、后视距累积差应小于 3m。这样,可以消除或削弱与距离有关的各种误差对观测高差的影响,如 i 角误差和垂直折光等影响。

(3) 对气泡式水准仪,观测前应测出倾斜螺旋的置平零点,并作标记,随着气温变化,应随时调整置平零点的位置。对于自动安平水准仪的圆水准器,须严格置平。

(4) 同一测站上观测时,不得两次调焦;转动仪器的倾斜螺旋和测微螺旋,其最后旋转方向均应为旋进,以避免倾斜螺旋和测微器隙动差对观测成果的影响。

(5) 在两相邻测站上,应按奇、偶数测站的不同观测程序进行观测,对于往测奇数测站按“后前前后”、偶数测站按“前后后前”的观测程序在相邻测站上交替进行。返测时,奇数测站与偶数测站的观测程序与往测时相反,即奇数测站由前视开始,偶数测站由后视开始。这样的观测程序可以消除或减弱与时间成比例均匀变化的误差对观测高差的影响,如 i 角的变化和仪器的垂直位移等影响。

(6) 在连续各测站上安置水准仪时,应使其中两脚螺旋与水准路线方向平行,而第三脚螺旋轮换置于路线方向的左侧与右侧。

(7) 每一测段的往测与返测,其测站数均应为偶数,由往测转向返测时,两水准标尺应互换位置,并应重新整置仪器。在水准路线上每一测段上测站数均应为偶数,可以削减两水准标尺零点不等差等误差对观测高差的影响。

(8) 每一测段的水准测量路线应进行往测和返测,这样,可以消除或减弱性质相同、正负号也相同的误差影响,如水准标尺垂直位移的误差影响。

(9) 一个测段的水准测量路线的往测和返测应在不同的气象条件下进行,如分别在上午和下午观测。

(10) 使用补偿式自动安平水准仪观测的操作程序与水准器水准仪相同。观测前对圆水准器应严格检验与校正,观测时应严格使圆水准器气泡居中。

(11) 水准测量的观测工作间歇时,最好能结束在固定的水准点上,否则,应选择两个坚稳可靠、光滑突出、便于放置水准标尺的固定点,作为间歇点加以标记,间歇后,应对两个

间歇点的高差进行检测，检测结果如符合限差要求(对于二等水准测量，规定检测间歇点高差之差应≤1.0mm)，就可以从间歇点起测。若仅能选定一个固定点作为间歇点，则在间歇后应仔细检视，确认没有发生任何位移，方可由间歇点起测。

2. 精密水准测量观测

1) 测站观测程序

往测时，奇数测站照准水准标尺分划的顺序为：

后视标尺的基本分划；

前视标尺的基本分划；

前视标尺的辅助分划；

后视标尺的辅助分划；

往测时，偶数测站照准水准标尺分划的顺序为：

前视标尺的基本分划；

后视标尺的基本分划；

后视标尺的辅助分划；

前视标尺的辅助分划。

返测时，奇、偶数测站照准标尺的顺序分别与往测偶、奇数测站相同。

按光学测微法进行观测，以往测奇数测站为例，一测站的操作程序如下：

(1) 置平仪器。气泡式水准仪望远镜绕垂直轴旋转时，水准气泡两端影像的分离，不得超过 1cm，对于自动安平水准仪，要求圆气泡位于指标圆环中央。

(2) 将望远镜照准后视水准标尺，使符合水准气泡两端影像近于符合(双摆位自动安平水准仪应置于第Ⅰ摆位)。随后用上、下丝分别照准标尺基本分划进行视距读数(如表 6-2 中的(1)和(2))。视距读取 4 位，第四位数由测微器直接读得。然后，使符合水准气泡两端影像精确符合，使用测微螺旋用楔形平分线精确照准标尺的基本分划，并读取标尺基本分划和测微分划的读数(3)。测微分划读数取至测微器最小分划。

(3) 旋转望远镜照准前视标尺，并使符合水准气泡两端影像精确符合(双摆位自动安平水准仪仍在第Ⅰ摆位)，然后，用上、下丝分别照准标尺基本分划进行视距读数(5)和(6)。用楔形平分线照准标尺基本分划，并读取标尺基本分划和测微分划的读数(4)。

(4) 用水平微动螺旋使望远镜照准前视标尺的辅助分划，并使符合气泡两端影像精确符合(双摆位自动安平水准仪置于第Ⅱ摆位)，用楔形平分线精确照准并进行标尺辅助分划与测微分划读数(7)。

(5) 旋转望远镜，照准后视标尺的辅助分划，并使符合水准气泡两端影像精确符合(双摆位自动安平水准仪仍在第Ⅱ摆位)，用楔形平分线精确照准并进行辅助分划与测微分划读数(8)。

表 6-2 中第(1)至(8)栏是读数的记录部分，(9)至(18)栏是计算部分，现以往测奇数测站的观测程序为例，来说明计算内容与计算步骤。

表 6-2　二等水准测量观测记录簿

测自＿＿＿＿＿＿＿＿至＿＿＿＿＿＿＿＿　　20　年　　月　　日

温度＿＿＿＿＿＿＿云量＿＿＿＿＿＿＿＿＿　　风向风速＿＿＿＿

天气＿＿＿＿＿＿＿土质＿＿＿＿＿＿＿＿＿　　太阳方向＿＿＿＿

测站编号	后尺	下丝 上丝	前尺	下丝 上丝	方向尺及号	标尺读数		基+K-辅 (一减二)	备考
	后距		前距			基本分划 (一次)	辅助分划 (二次)		
	视距差 d		$\sum d$						
	(1)		(5)		后	(3)	(8)	(14)	
	(2)		(6)		前	(4)	(7)	(13)	
	(9)		(10)		后-前	(15)	(16)	(17)	
	(11)		(12)		h	—		(18)	
					后				
					前				
					后-前				
					h				

视距部分的计算

$$(9) = (1) - (2)$$
$$(10) = (5) - (6)$$
$$(11) = (9) - (10)$$
$$(12) = (11) + 前站(12)$$

高差部分的计算与检核

$$(14) = (3) + K - (8)$$

式中 K 为基辅差(对于 N3 水准标尺而言 $K=3.01550\text{m}$)

$$(13) = (4) + K - (7)$$
$$(15) = (3) - (4)$$
$$(16) = (8) - (7)$$
$$(17) = (14) - (13) = (15) - (16) 检核$$
$$(18) = \frac{1}{2} \times [(15) + (16)]$$

以上即一测站全部操作与观测过程。一、二等精密水准测量外业计算尾数取位如表 6-3 所示。

表 6-3　一、二等水准测量外业计算的单位及数字的取位规定

项目 等级	往（返）测距离总和/km	测段距离中数/km	各测站高差/mm	往（返）测高差总和/mm	测段高差中数/mm	水准点高程/mm
一	0.01	0.1	0.01	0.01	0.1	1
二	0.01	0.1	0.01	0.01	0.1	1

表 6-2 中的观测数据系用 N3 精密水准仪测得的,当用 S1 型或 Ni 004 精密水准仪进行观测时,由于与这种水准仪配套的水准标尺无辅助分划,故在记录表格中基本分划与辅助分划的记录栏内,分别记入第一次和第二次读数。

2) 精密水准测量限差

按照《国家一、二等水准测量规范》(GB/T 12897—2006)中的要求,精密水准测量中每一测站上的限差如表 6-4 所示。

表 6-4 精密水准测量测站限差

| 等级 | 视线长度 | | 前后视距差/m | 前后视距累计差/m | 视线高度(下丝读数)/m | 基辅分划读数之差/mm | 基辅分化所得高差之差/mm | 上下丝读数平均值与中丝读数之差/mm | | 检测间歇点高差之差/mm |
	仪器类型	视线长度/m						0.5cm分化标尺	1cm分化标尺	
一	S05	≤30	≤0.5	≤1.5	≥0.5	≤0.3	≤0.4	≤1.5	≤3	≤0.1
二	S1	≤50	≤1.0	≤3.0	≥0.3	≤0.4	≤0.6	≤1.5	≤3	≤1.0
	S05	≤50								

测段路线往返测高差不符值、附合路线和环线闭合差以及检测已测测段高差之差的限差值如表 6-5 所示。

表 6-5 水准测量检核限差

项目 等级	测段路线往返测高差不符值/mm	附合路线闭合差/mm	环线闭合差/mm	检测已测测段高差之差/mm
一等	$\pm 2\sqrt{K}$	$\pm 2\sqrt{L}$	$\pm 2\sqrt{F}$	$\pm 3\sqrt{R}$
二等	$\pm 2\sqrt{K}$	$\pm 4\sqrt{L}$	$\pm 4\sqrt{F}$	$\pm 6\sqrt{R}$

若测段路线往返测不符值超限,应先就可靠程度较小的往测或返测进行整测段重测;附合路线和环线闭合差超限,应就路线上可靠程度较小,往返测高差不符值较大或观测条件较差的某些测段进行重测,如重测后仍不符合限差,则需重测其他测段。

6.3.2 二等水准测量的精度评定

水准测量的精度根据往返测的高差不符值来评定,因为往返测的高差不符值集中反映了水准测量各种误差的共同影响,这些误差对水准测量精度的影响,不论其性质和变化规律都是极其复杂的,其中有偶然误差的影响,也有系统误差的影响。

根据研究和分析可知,在短距离,如一个测段的往返测高差不符值中,偶然误差是得到反映的,虽然也不排除有系统误差的影响,但毕竟由于距离短,所以影响很微弱,因而从测段的往返高差不符值 Δ 来估计偶然中误差,还是合理的。在长的水准线路中,例如一个闭合环,影响观测的,除偶然误差外,还有系统误差,而且这种系统误差,在很长的路线上,也表现有偶然性质。环线闭合差表现为真误差的性质,因而可以利用环线闭合差 W 来估计含有偶然误差和系统误差在内的全中误差,现行水准规范中所采用的计算水准测量精度的公式,就是以这种基本思想为基础而导得的。

由 n 个测段往返测的高差不符值 $\varDelta$ 计算每千米单程高差的偶然中误差(相当于单位权观测中误差)的公式为

$$\mu = \pm \sqrt{\dfrac{\dfrac{1}{2}\left[\dfrac{\varDelta\varDelta}{R}\right]}{n}} \tag{6-6}$$

往返测高差平均值的每公里偶然中误差为

$$M_\varDelta = \frac{1}{2}\mu = \pm \sqrt{\frac{1}{4n}\left[\frac{\varDelta\varDelta}{R}\right]} \tag{6-7}$$

式中，$\varDelta$ 是各测段往返测的高差不符值，以 mm 为单位；R 是各测段的长度，以 km 为单位；n 是测段的数目。式(6-7)就是水准测量规范中规定用以计算往返测高差平均值的每千米偶然中误差的公式，这个公式是不严密的，因为在计算偶然误差时，没有顾及系统误差的影响。顾及系统误差的严密公式，形式比较复杂，计算也比较麻烦，而所得结果与式(6-7)所算得的结果相差甚微，所以式(6-7)可以认为具有足够的可靠性。

按水准测量规范规定，一、二等水准路线须以测段往返高差不符值按式(6-7)计算每千米水准测量往返高差中数的偶然中误差 $M_\varDelta$。当水准路线构成水准网的闭合环超过 20 个时，还需按闭合环闭合差 W 计算每千米水准测量高差中数的全中误差 M_{W}。

计算每千米水准测量高差中数的全中误差的公式为

$$M_{\mathrm{W}} = \pm \sqrt{\frac{\boldsymbol{W}^T \boldsymbol{Q}^{-1} \boldsymbol{W}}{N}} \tag{6-8}$$

式中，$\boldsymbol{W}$ 是水准环线经过正常水准面不平行改正后计算的闭合环闭合差矩阵，$\boldsymbol{W}^T$ 是 $\boldsymbol{W}$ 的转置矩阵 $\boldsymbol{W}^T = (w_1 w_2 \cdots w_N)$，$w_i$ 为第 i 环的闭合差，以 mm 为单位；N 为水准环的数目，协因数矩阵 $\boldsymbol{Q}$ 中对角线元素为各环线的周长 $F_1, F_2 \cdots, F_N$，对于非对角线元素来说，如果图形不相邻，则一律为零，如果图形相邻，则为相邻边长度(千米数)的负值。

每千米水准测量往返高差中数偶然中误差 $M_\varDelta$ 和全中误差 M_{W} 的限值如表 6-6 所示。

当偶然中误差 $M_\varDelta$ 或全中误差 M_{W} 超限时，应分析原因，重测有关测段或路线。

表 6-6　一、二等水准测量偶然中误差和全中误差的限值

等　级	一等/mm	二等/mm
$M_\varDelta$	≤0.45	≤1.0
M_{W}	≤1.0	≤2.0

6.4　精密水准测量的误差来源与注意事项

精密水准测量的误差按其来源可分为仪器误差、外界条件引起的误差和和观测误差三种。研究这些误差的目的是发现它们的规律及找出减弱或消除误差影响的方法。

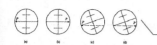

6.4.1 仪器误差

1. 视准轴与水平轴不平行的误差

1) i 角误差的影响

虽然经过 i 角的检验校正，但要使两轴完全保持平行是很困难的，因此，当水准气泡居中时，视准轴仍不能保持水平，使水准标尺上的读数产生误差，并且与视距成正比。

如图 6-9 所示，$s_{前}$、$s_{后}$ 分别为前后视距，假设 i 角不变，则在前后水准标尺上的读数误差分别为 $i'' \cdot s_{前} \dfrac{1}{\rho''}$ 和 $i'' \cdot S_{后} \dfrac{1}{\rho''}$，由此可得 i 角对高差的误差影响为

$$\delta_s = i''(s_{后} - s_{前})\frac{1}{\rho''} \tag{6-9}$$

对于一个测段的高差总和的误差影响为

$$\sum \delta_s = i''\left(\sum s_{后} - \sum s_{前}\right)\frac{1}{p''} \tag{6-10}$$

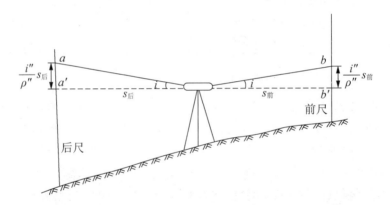

图 6-9 i 角误差对测站高差的影响

由此可见，在 i 角保持不变的情况下，一个测站上的前后视距相等或一个测段的前后视距总和相等，则 i 角误差的影响可以得到消除。但在实际作业中，要求前后视距完全相等是困难的。下面讨论前后视距不等差的容许值问题。

设 $i = 15''$，要求 δ_s 对高差的影响小到可以忽略不计的程度，如 $\delta_s = 0.1\text{mm}$，那么前后视距之差的容许值可由式(6-9)算得，即

$$(s_{后} - s_{前}) \leqslant \frac{\delta_s}{i''} \approx 1.4\text{m}$$

顾及观测时各种外界因素的影响，规定二等水准测量前后视距差应不大于 1m。为了使各种误差不致累积起来，还规定由测段第一个测站开始至每一测站的前后视距累积差，对于二等水准测量而言应不大于 3m。

2) φ 角误差的影响

当仪器不存在 i 角，则在仪器的垂直轴严格垂直时，交叉误差 φ 并不影响在水准标尺上的读数，因为仪器在水平方向转动时，视准轴与水准轴在垂直面上的投影仍保持互相平行，

因此对水准测量并无不利影响。但当仪器的垂直轴倾斜时，如与视准轴正交的方向倾斜一个角度，那么这时视准轴虽然仍在水平位置，但水准轴两端却产生倾斜，从而水准气泡偏离居中位置，仪器在水平方向转动时，水准气泡将移动，当重新调整水准气泡居中进行观测时，视准轴就会偏离水平位置而倾斜，显然它将影响在水准标尺上的读数。为了减少这种误差对水准测量成果的影响，应对水准仪上的圆水准器进行检验与校正和对交叉误差 φ 进行检验与校正。

2. 水准标尺长度误差的影响

1) 水准标尺每米长度误差的影响

在精密水准测量作业中必须使用经过检验的水准标尺。设 f 为水准标尺每米间隔平均真长误差，则对一个测站的观测高差 h 应加的改正数为

$$\delta_f = hf \tag{6-11}$$

对于一个测段来说，应加的改正数为

$$\sum \delta_f = f \sum h \tag{6-12}$$

式中，$\sum h$ 为一个测段各测站观测高差之和。

2) 两水准标尺零点差的影响

两水准标尺的零点误差不等，设 a,b 水准标尺的零点误差分别为 Δa 和 Δb，它们都会在水准标尺上产生误差。

如图 6-10 所示，在测站 I 上顾及两水准标尺的零点误差对前后视水准标尺上读数 b_1，a_1 的影响，则测站 I 的观测高差为

$$h_{12} = (a_1 - \Delta a) - (b_1 - \Delta b) = (a_1 - b_1) - \Delta a + \Delta b$$

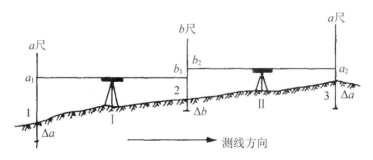

图 6-10　标尺零点差对观测高差的影响

在测站 II 上，顾及两水准标尺零点误差对前后视水准标尺上读数 a_2，b_2 的影响，则测站 II 的观测高差为

$$h_{23} = (b_2 - \Delta b) - (a_2 - \Delta a) = (b_2 - a_2) - \Delta b + \Delta a$$

则 1、3 点的高差，即 I、II 测站所测高差之和为

$$h_{13} = h_{12} + h_{23} = (a_1 - b_1) + (b_2 - a_2)$$

由此可见，尽管两水准标尺的零点误差 $\Delta a \neq \Delta b$，但在两相邻测站的观测高差之和中，抵消了这种误差的影响，故在实际水准测量作业中各测段的测站数目应安排成偶数，且在相邻测站上使两水准标尺轮流作为前视尺和后视尺。

6.4.2　自然条件的影响

1. 温度变化对 i 角的影响

精密水准仪的水准管框架是同望远镜筒固连的，为了使水准轴与视准轴的联系比较稳固，这些部件是采用因瓦合金钢制造的，并把镜筒和框架整体装置在一个隔热性能良好的套筒中，以防止由于温度的变化，使仪器有关部件产生不同程度的膨胀或收缩，而引起 i 角的变化。

但是当温度变化时，完全避免 i 角的变化是不可能的。例如仪器受热的部位不同，对 i 角的影响也显著不同，当太阳射向物镜和目镜端时，影响最大，旁射水准管一侧时，影响较小，旁射与水准管相对的另一侧时，影响最小。因此，温度变化对 i 角的影响是极其复杂的，实验结果表明，当仪器周围的温度均匀地每变化 1℃时，i 角将平均变化约为 0.5″，有时甚至更大些，有时可达到 1″～2″。

由于 i 角受温度变化的影响很复杂，因而对观测高差的影响是难以用改变观测程序的办法来完全消除，而且，这种误差影响在往返测不符值中也不能完全被发现，这就使高差中数受到系统性的误差影响，因此，减弱这种误差影响最有效的办法是减少仪器受热辐射的影响，如观测时要打伞，避免日光直接照射仪器等，以减小 i 角的复杂变化，同时，在观测开始前应将仪器预先从箱中取出，使仪器充分地与周围空气温度一致。

如果我们认为在观测的较短时间段内，由于受温度的影响，i 角与时间成比例地均匀变化，则可以采取改变观测程序的方法在一定程度上来消除或削弱这种误差对观测高差的影响。

两相邻测站 Ⅰ、Ⅱ 对于基本分划如按下列①、②、③、④程序观测，即

在测站 Ⅰ 上：①后视，②前视。

在测站 Ⅱ 上：③前视，④后视。

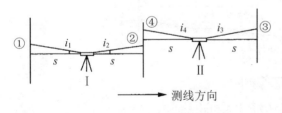

图 6-11　i 角的变化对观测结果的

则由图 6-11 可知，对测站 Ⅰ、Ⅱ 观测高差的影响分别为 $-s(i_2-i_1)$ 和 $+s(i_4-i_3)$，s 为视距，i_1、i_2、i_3、i_4 为每次读数变化了的 i 角。

由于我们认为在观测的较短时间段内，i 角与时间成比例地均匀变化，所以 $(i_2-i_1)=(i_4-i_3)$，由此可见，在测站 Ⅰ、Ⅱ 的观测高差之和中就抵消了由于 i 角变化的误差影响，但是，由于 i 角的变化不完全按照与时间成比例地均匀变化，因此，严格地说，(i_2-i_1) 与 (i_4-i_3) 不一定完全相等，再说相邻奇偶测站的视距也不一定相等，所以按上述程序进行观测，只能说基本上消除由于 i 角变化的误差影响。

根据同样的道理，对于相邻测站 Ⅰ、Ⅱ 辅助分划的观测程序应为

在测站 Ⅰ 上：①前视，②后视。

在测站 Ⅱ 上：③后视，④前视。

综上所述，在相邻两个测站上，对于基本分划和辅助分划的观测程序可以归纳为奇数站的观测程序为：

后(基)——前(基)——前(辅)——后(辅)。

偶数站的观测程序为:

前(基)——后(基)——后(辅)——前(辅)。

所以,将测段的测站数安排成偶数,对于削减由于i角变化对观测高差的误差影响也是必要的。

2. 仪器和水准标尺(尺台或尺桩)垂直位移的影响

仪器和水准标尺在垂直方向位移所产生的误差,是精密水准测量误差的重要来源之一。

按图 6-12 中的观测程序,当仪器的脚架随时间推移而逐渐下沉时,在读完后视基本分划读数转向前视基本分划读数的时间内,由于仪器的下沉,视线将有所下降,而使前视基本分划读数偏小。同理,由于仪器的下沉,后视辅助分划读数偏小,如果前视基本分划和后视辅助分划的读数偏小的量相同,则采用"后前前后"的观测程序所测得的基辅高差的平均值中,可以较好地减弱这项误差的影响。

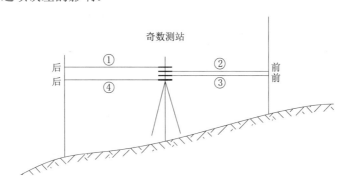

图 6-12　水准标尺升降对观测结果的影响

水准标尺(尺台或尺桩)的垂直位移,主要是发生在迁站的过程中,由原来的前视尺转为后视尺而产生下沉,于是总使后视读数偏大,使各测站的观测高差都偏大,成为系统性的误差影响。这种误差影响在往返测高差的平均值中可以得到有效的抵偿,所以水准测量一般都要求进行往返测量。

在实际作业中,我们要尽量设法减少水准标尺的垂直位移,如立尺点要选在中等坚实的土壤上;水准标尺立于尺台后至少要半分钟后才进行观测,这样可以减少其垂直位移量,从而减少其误差影响。

有时仪器脚架和尺台(或尺桩)也会发生上升现象,就是当我们用力将脚架或尺台压入地下之后,在我们不再用力的情况下,土壤的反作用有时会使脚架或尺台逐渐上升,如果水准测量路线沿着土壤性质相同的路线敷设,而每次都有这种上升的现象发生,结果会产生系统性的误差影响,根据研究,这种误差可以达到相当大的数值。

3. 大气垂直折光的影响

近地面大气层的密度分布一般随离开地面的高度变化而变化,也就是说,近地面大气层的密度存在着梯度。因此,光线通过在不断按梯度变化的大气层时,会引起折射系数的不断变化,导致视线成为一条各点具有不同曲率的曲线,在垂直方向产生弯曲,并且弯向密度较大的一方，这种现象叫作大气垂直折光。

在地势较为平坦的地区进行水准测量时，前后视距相等，则折光影响相同，使视线弯曲的程度也相同，因此，在观测高差中就可以消除这种误差的影响。但是，由于越接近地面的大气层，密度的梯度越大，前后视线离地面的高度不同，视线所通过大气层的密度也不同，折光影响也就不同，所以前后视线在垂直面内的弯曲程度也不同。如水准测量通过一个较长的坡度时，由于前视视线离地面的高度总是大于(或小于)后视视线离地面的高度，当上坡时前视所受的折光影响比后视要大，视线弯曲凸向下方，这时，垂直折光对高差将产生系统性的误差影响。为了减弱垂直折光对观测高差的影响，应使前后视距尽量相等，并使视线离地面有足够的高度，在坡度较大的水准路线上进行作业时应适当缩短视距。

大气密度的变化还受到温度等因素的影响。上午由于地面吸热，使得地面上的大气层离地面越高温度越低；中午以后，由于地面逐渐散热，地面温度开始低于大气的温度。因此，垂直折光的影响，还与一天内的不同时间有关，在日出后半小时左右和日落前半小时左右这两段时间内，由于地表面的吸热和散热，使近地面的大气密度和折光差变化迅速而无规律，故不宜进行观测；在中午一段时间内，由于太阳强烈照射，使空气对流剧烈，致使目标成像不稳定，也不宜进行观测。为了减弱垂直折光对观测高差的影响，水准测量规范还规定每一测段的往测和返测应分别在上午和下午，这样在往返测观测高差的平均值中可以减弱垂直折光的影响。折光影响是精密水准测量一项主要的误差来源，它的影响与观测所处的气象条件、水准路线所处的地理位置和自然环境、观测时间、视线长度、测站高差以及视线离地面的高度等因素有关。虽然当前已有一些试图计算折光改正数的公式，但精确的改正值还是难以测算。因此，在精密水准测量作业时必须严格遵守水准测量规范中的有关规定。

6.4.3 观测误差

精密水准测量的观测误差，主要有水准器气泡居中的误差、照准水准标尺上分划的误差和读数误差等，这些误差都是属于偶然性质的。由于精密水准仪有倾斜螺旋和符合水准器，并有光学测微器装置，可以提高读数精度，同时用楔形丝照准水准标尺上的分划线，这样可以减小照准误差，因此，这些误差影响都可以有效地控制在很小的范围内。实验结果分析表明，这些误差在每测站上由基辅分划所得观测高差的平均值中的影响还不到 0.1mm。

精密水准测量的精度受到诸多因素的影响，观测过程中必须规范操作，除了各项技术指标要满足相应规范的要求之外，还应注意以下问题。

(1) 在观测中，不允许为通过限差规定而凑数，以免成果失去真实性。

(2) 记录员除了记录和计算外，还必须检查观测条件是否合乎规定，限差是否满足要求，否则应及时通知观测员重测。记录员必须牢记观测程序，注意不要记录错误。字迹要整齐清晰，不得涂改，更不允许描字和就字改字。在一个测站上应在计算和检查完毕，确信无误后才可搬站。

(3) 扶尺员在观测之前须将标尺立直扶稳。严禁双手脱开标尺，以防摔坏标尺的事故发生。

(4) 量距要保证通视，前、后视距相等和一定的视线高度。

6.5　精密三角高程测量

水准测量由于其受地形限制的影响较大，在地形起伏较大的地区施测起来很不方便。由于测距精度的大幅提高，为精密三角高程测量提供的基础，据文献记载，精密三角高程测量能达到二等水准的精度。本节介绍精密三角高程基本原理、影响三角高程测量精度的竖直角观测、球气差的测定及影响，以及精密三角高程测量的精度评定等。

6.5.1　三角高程测量概述

传统的三角高程测量是利用经纬仪观测两点间的垂直角和由平面控制网所提供的两点间的水平距离，根据平面三角公式来计算两点之间的高差。与水准测量比较，该法具有更灵活、简便的特点，特别适合地形起伏较大的山区高程测量的工作。通常在水准网的控制下，用四等水准支线直接测定三角网中一定数量的三角点高程，作为高程起算点，然后用三角高程测量的方法测定与其余各三角点的高差，经过数据处理，即可得到三角高程网中各点的三角高程。

三角高程测量的高差计算公式，基本形式如下

$$h = S \cdot \tan \alpha + \frac{1-K}{2R} \cdot S^2 + i - v \tag{6-13}$$

式中，S 为两点间实地水平距离，α 为两点间的垂直角观测值，K 为大气垂直折光系数，i 为测站点仪器高，v 为测站点觇标高。

实际工作中也可直接利用两点间的实测的斜距和垂直角以及测站仪器高和觇标高这四个直接观测量计算两点间高差的。若在 A 点设站观测 B 点，测得的斜距为 d(经过各项该项改正后的斜距)，垂直角为 α，A 点的仪器高为 i，B 点的觇标高为 v，则 A、B 之间的高差为

$$h_{AB} = d \cdot \sin \alpha + \frac{1-K}{2R} \cdot d^2 \cdot \cos^2 \alpha + i - v \tag{6-14}$$

式中，R 为测区的参考椭球平均曲率半径，K 为大气垂直折光系数。

如果按式(6-14)计算的相邻测站间的对向往、返高差分别为 h_1 和 h_2，则高差中数为

$$h_{中} = \frac{h_1 - h_2}{2} \tag{6-15}$$

三角高程测量方法具有传递高程简便灵活、受地形条件限制较少等优点。但还是受到诸多因素的影响，使三角高程测量的精度很难有显著的提高，这就限制了三角高程测量的应用范围。在诸多因素中尤以边长误差、垂直角误差以及折光影响最为突出。

6.5.2　垂直角的观测与指标差的计算

垂直角的观测方法有中丝法和三丝法两种。

1. 中丝法

中丝法也称单丝法，就是以望远镜十字丝的水平中丝照准目标进行观测，构成一个测回

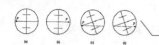

的观测程序为:

(1) 在盘左位置,用水平中丝照准目标一次,如图 6-13(a)所示,使指标水准器气泡精密符合,读取垂直度盘读数,得盘左读数 L。

(2) 在盘右位置,按盘左时的方法进行照准和读数,如图 6-13(b)所示,得盘右读数 R。

2. 三丝法

三丝法就是以上、中、下 3 条水平横丝依次照准目标并进行观测。构成一个测回的观测程序为:

(1) 在盘左位置,按上、中、下 3 条水平横丝依次照准同一目标各一次,如图 6-14(a)所示,使指标水准器气泡精密符合,分别进行垂直度盘读数,得盘左读数 L。

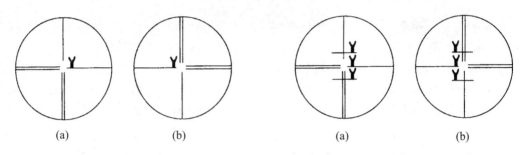

(a)	(b)	(a)	(b)
图 6-13 中丝法观测		6-14 三丝法观测	

(2) 在盘右位置,再按上、中、下 3 条水平横丝依次照准同一目标各一次,如图 6-14(b)所示,使指标水准器气泡精密符合,分别进行垂直度盘读数,得盘右读数 R。

根据具体情况,在实际作业时可灵活采用上述两种方法,如 T3 光学经纬仪仅有一条水平横丝,在观测时只能采用中丝法。

按垂直度盘读数计算垂直角和指标差的公式列于表 6-7。

表 6-7 垂直角及指标差计算公式

仪器类型	计算公式		各测回互差限值	
	垂直角	指标差	垂直角	指标差
J1(T3)	$\alpha = L - R$	$i = (L+R) - 180°$	10″	10″
J2(T2,010)	$\alpha = \dfrac{1}{2}[(R-L) - 180°]$	$i = \dfrac{1}{2}[(L+R) - 360°]$	15″	15″

6.5.3 球气差的影响与测定

大气垂直折光系数 K,是随地区、气候、季节、地面覆盖物和视线超出地面高度等条件不同而变化的,要精确测定它的数值,目前尚不可能。通过实验发现,K 值在一天内的变化,大致在中午前后数值最小,也较稳定;日出、日落时数值最大,变化也快。因而垂直角的观测时间最好在地方时 10 时至 16 时之间,此时 K 值约在 0.08~0.14。不少单位对 K 值进行过大量的计算和统计工作,例如某单位根据 16 个测区的资料统计,得出 $K = 0.107$。

在实际作业中，往往不是直接测定 K 值，而是设法确定 C 值，因为 $C = \dfrac{1-K}{2R}$。而平均曲率半径 R 对一个小测区来说是一个常数，所以确定了 C 值，K 值也就知道了。由于 K 值是小于 1 的数值，故 C 值恒为正（K 值变化趋势如图 6-15 所示）。

下面介绍确定 C 值的两种方法。

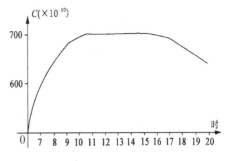

图 6-15　K 值变化趋势

1. 根据水准测量的观测成果确定 C 值

在已经由水准测量测得高差的两点之间观测垂直角，设由水准测量测得的高差为 h，那么，根据垂直角的观测值按式(6-13)计算两点之间的高差，如果所取的 C 值正确的话，也应该得到相同的高差值，也就是

$$h = s_0 \tan \alpha_{1,2} + C s_0^2 + i_1 - v_2 \tag{6-16}$$

在实际计算时，一般先假定一个近似值 C_0，代入上式可求得高差的近似值 h_0，即

$$h_0 = s_0 \tan \alpha_{1,2} + C_0 s_0^2 + i_1 - v_2 \tag{6-17}$$

则

$$h - h_0 = (C - C_0) s_0^2 \tag{6-18}$$

可得

$$C - C_0 = \frac{h - h_0}{s_0^2} \tag{6-19}$$

令式中 $C - C_0 = \Delta C$，则按式(6-19)求得的 ΔC 值加在近似值 C_0 上，就可以得到正确的 C 值。

2. 根据同时对向观测的垂直角计算 C 值

设两点间的正确高差为 h，由同时对向观测的成果算出的高差分别为 $h_{1,2}$ 和 $h_{2,1}$，由于是同时对向观测，所以可以认为 $C_{1,2} = C_{2,1} = C_0$，则

$$h = h_{1,2} + \Delta C s_0^2$$
$$-h = h_{2,1} + \Delta C s_0^2$$

由以上两式可得

$$\Delta C = \frac{h_{1,2} + h_{2,1}}{2 s_0} \tag{6-20}$$

从而可以按下式求出 C 值

$$C = C_0 + \Delta C \tag{6-21}$$

无论用哪一种方法，都不能根据一两次测定的结果确定一个地区的平均折光系数，而必须从大量的三角高程测量数据中推算出来，然后再取平均值才较为可靠。

6.5.4　精密三角高程测量的精度分析

下面以对向三角高程测量为例，对其精度作一基本分析。

按式(6-14)可列出两个对向高差计算公式：

$$h_1 = d_1 \sin \alpha_1 + \frac{1-K_1}{2R} d_1{}^2 \cos^2 \alpha_1 + i_1 - v_2 \left.\vphantom{\frac{1-K_1}{2R}}\right\}$$
$$h_2 = d_2 \sin \alpha_2 + \frac{1-K_2}{2R} d_2{}^2 \cos^2 \alpha_2 + i_2 - v_1$$

(6-22)

式中，d_1 和 d_2、α_1 和 α_2 分别为对向观测的斜距和垂直角，代入式(6-14)又得

$$h_{中} = \frac{1}{2}[(d_1 \sin \alpha_1 - d_2 \sin \alpha_2) + \frac{1-K_1}{2R} d_1{}^2 \cos^2 \alpha_1 - \frac{1-K_2}{2R} d_2{}^2 \cos^2 \alpha_2$$
$$+ (i_1 - i_2) + (v_1 - v_2)]$$

(6-23)

按照协方差传播律，上式全微分可得高差中数的方差，再考虑到同类观测量观测精度相同，即有 $m_{\alpha 1} = m_{\alpha 2} = m_\alpha$，$m_{d1} = m_{d2} = m_D$，$m_{K1} = m_{K2} = m_K$，$m_{i1} = m_{i2} = m_i$，$m_{t1} = m_{t2} = m_t$，则高差中数的方差式可写为：

$$m_{h中}{}^2 = \frac{1}{2}\left[(\sin \alpha \cdot m_D)^2 + \left(d \cos \alpha \frac{m_\alpha}{\rho}\right)^2 + \left(\frac{1}{2R} d^2 \cos^2 \alpha \cdot m_K\right)^2 + m_i{}^2 + m_t{}^2\right]$$

(6-24)

对上式右端逐项误差分析如下。

(1) 测距误差 m_D。它对高差的影响与垂直角 α 的大小有一定的关系，它与 α 共同对高差精度的影响并不显著。

(2) 测角误差 m_α。垂直角观测误差对高差的影响随着水平距离的增加正比例增大，其影响远远超过测距误差，是制约高差精度的最主要误差来源。为了削弱其影响，一是控制距离的长度，二是增加垂直角的测回数，改进照准标志，提高垂直测角的精度。

(3) 大气垂直折光误差 m_K。由式(6-23)可以看出，如果在相同的时间对向观测垂直角，可以认为 $K_1 = K_2$，这就抵偿了大气垂直折光对高差中数的影响。但是事实上，对向观测难以同时进行，对向大气垂直折光的影响也不完全一样。往测和返测时 K 值总会存在差异，所以对向观测时，m_K 应是往返测大气垂直折光系数 K 值变化的影响。其次由式(6-24)还可以看出，大气垂直折光差对所测高差的影响随着距离的增加而急剧增加，但在 1km 范围内，它的影响并不大。

(4) 量高误差 m_i 和 m_t 作业时用钢卷尺量取仪器和觇标高各两次，取中数使 $m_i = m_t = 2mm$。

6.6　跨河高程测量

跨河高程测量由于其特殊性，其方法也不同于普通的高程测量，目前跨河高程测量的方法主要有三种：跨河水准测量、跨河三角高程测量、GNSS 跨河高程测量。本节主要介绍跨河水准测量和 GNSS 跨河高程测量。

6.6.1　跨河水准测量

相关规范规定，当一、二等水准路线跨越江河、峡谷、湖泊、洼地等障碍物的视线长度

在 100m 以内时，可用一般观测方法进行施测，但在测站上应变换一次仪器高度，观测两次的高差之差应不超过 1.5mm，取用两次观测的中数。若视线长度超过 100m 时，则应根据视线长度和仪器设备等情况，选用特殊的方法进行观测。

1. 跨河水准测量的特点及跨越场地的布设

跨河水准测量有其自身独特的特点，首先，由于跨越障碍物的视线较长，使观测时前后视距不能相等，仪器 i 角误差的影响随着视线长度的增长而增大，致使由短视线后视读数减长视线前视读数所得高差中包含有较大的 i 角误差影响；其次，跨越障碍的视线大大加长，必然使大气垂直折光的影响增大，这种影响随着地面覆盖物、水面情况和视线离水面的高度等因素的不同而不同，同时还随空气温度的变化而变化，因而也就随着时间而变化；最后，视线长度的增大，导致水准标尺上的分划，在望远镜中观察就显得非常细小，甚至无法辨认，因而也就难以精确照准水准标尺分划和无法读数。

跨河水准测量场地按图 6-16 布设，水准路线由北向南推进，必须跨过一条河流。此时可在河的两岸选定立尺点 b_1、b_2 和测站 I_1、I_2。I_1、I_2 同时又是立尺点。选点时使 $b_1 I_1$ 与 $b_2 I_2$ 相等。

观测时，仪器先在 I_1 处后视 b_1，在水准标尺上读数为 B_1，再前视 I_2(此时 I_2 点上竖立水准标尺)，在水准标尺上读数为 A_1。设水准仪具有某一定值的 i 角误差，其值为正，由此对读数 B_1 的误差影响为 Δ_1，对于读数 A_1 的误差影响为 Δ_2，则由 I_1 站所得观测结果，可按下式计算 b_2 相对于 b_1 的正确高差

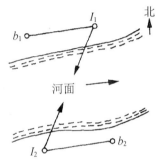

图 6-16 跨河水准测量点位布置方案一

$$h'_{b1b2} = (B_1 - \Delta_1) - (A_1 - \Delta_2) + h_{I2b2} \tag{6-25}$$

将水准仪迁至对岸 I_2 处，原在 I_2 的水准标尺迁至 I_1 作后视尺，原在 b_1 的水准标尺迁至 b_2 作前视尺。在 I_2 观测得后视水准标尺读数为 B_2，其中 i 角的误差影响为 Δ_2 前视水准尺读数为 A_2，其中 i 角的误差影响为 Δ_1。则由 I_2 站所得观测结果，可按下式计算 b_2 相对于 b_1 的正确高差

$$h''_{b1b2} = h_{b1I1} + (B_2 - \Delta_2) - (A_2 - \Delta_1) \tag{6-26}$$

取 I_1、I_2 测站所得高差的平均值，即

$$
\begin{aligned}
h_{b1b2} &= \frac{1}{2}(h'_{b1b2} + h''_{b1b2}) \\
&= \frac{1}{2}[(B_1 - A_1) + (B_2 - A_2) + (h_{b1I1} + h_{I2b2})]
\end{aligned} \tag{6-27}
$$

由此可知，由于在两个测站上观测时，远、近视距是相等的，所以由于仪器 i 角误差对水准标尺上读数的影响，在平均高差中得到抵消。

仪器在 I_1 站观测为上半测回观测，在 I_2 站观测为下半测回观测，由此构成一个测回的观测。观测测回数、跨河视线长度和测量等级在水准测量规范中有明确规定。跨河水准测量的全部观测测回数，应分别在上午和下午观测各占一半。或分别在白天和晚间观测。测回间应间歇 30min，再开始下一测回的观测。

事实上，按上述方式解决问题是有条件的，因为仪器的 i 角并不是不变的固定值。只有

当跨越的视距较短(小于 500m)、渡河比较方便，可以在较短时间内完成观测工作时，上述布点方式才是可行的。另外，为了保证跨越两岸的视线 I_1I_2 在相对方向上具有相同的折光影响，对 I_1 和 I_2 的点位选择，应特别注意，这主要是为了解决折光影响的问题。

为了更好地消除仪器 i 角的误差影响和折光影响，最好用两架同型号的仪器在两岸同时进行观测，两岸的立尺点 b_1、b_2 和仪器观测站 I_1、I_2 也可布置成如图 6-17 和图 6-18 所示的两种形式。布置时尽量使 $b_1I_1 = b_2I_2$，$I_1b_2 = I_2b_1$。

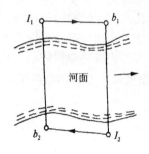

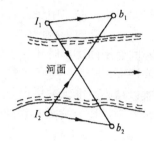

图 6-17　跨河水准测量点位布置方案二　　　　图 6-18　跨河水准测量点位布置方案三

为了尽可能使往返跨越障碍物的视线受着相同的折光影响，对跨越地点的选择应特别注意。要尽量选择在两岸地形相似、高度相差不大而距离较短的地点跨越；草丛、沙滩、芦苇等受日光照射后，上面空气层中的温度分布情况变化很快，产生的折光影响很复杂，所以要力求避免通过它们的上方；两岸测站至水面的一段河滩，距离应相等，并应大于 2m；立尺点应打带有帽钉的木桩，以利于立尺。两岸仪器视线离水面的高度应相等，当跨河视线长度小于 300m 时，视线离水面高度应不低于 2m；大于 300m 时，应不低于 $4\sqrt{s}$ m(s 为跨河视线的千米数)；若水位受潮汐影响时，应按最高水位计算；当视线高度不能满足要求时，须埋设牢固的标尺桩，并建造稳固的观测台或标架。

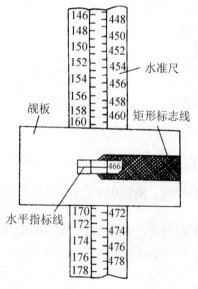

图 6-19　光学测微器法觇板

2. 观测方法

1) 光学测微法

若跨越障碍的距离在 500m 以内，则可用这种方法进行观测。为了能照准较远距离的水准标尺分划并进行读数，要预先制作有加粗标志线的特制觇板，如图 6-19 所示。

觇板可用铝板制作，涂成黑色或白色，在其上画有一个白色或黑色的矩形标志线，如图 6-19 所示。矩形标志线的宽度按所跨越障碍物的距离而定，一般取跨越障碍距离的 1/25 000，如跨越距离为 250m，则矩形标志线的宽度为 1cm。矩形标志线的长度约为宽度的 5 倍。

觇板中央开一矩形小窗口，在小窗口中央装有一条水平的指标线。指标线可用马尾丝或细铜丝代之。指标线应恰好平分矩形标志线的宽度，即与标志线的上、下边缘等距。

觇板的背面装有夹具，可使觇板沿水准标尺尺面上下滑动，并能用夹具将觇板固定在水准标尺上的任一位置。

在测站上整平仪器后，先对本岸近标尺进行观测，接连照准标尺的基本分划两次，使用光学测微器进行读数。

向对岸水准标尺读数的方法是：将仪器置平，对准对岸水准标尺，并使符合水准器气泡精密符合(此时视线精确水平)，再使测微器读数置于分划全程的中央位置，即平行玻璃板居于垂直位置。然后按预先约定的信号或通过无线电话指挥对岸人员将觇板沿水准标尺上下移动，直至觇板上的矩形标志线被望远镜中的楔形丝平分夹住为止，这时觇板指标线在水准标尺上的读数，就是水平视线在对岸水准标尺上的读数。为了测定读数的精确值，再移动觇板，使觇板指标线精确对准水准标尺上最邻近的一条分划线，则根据水准标尺上分划线的注记读数和用光学测微器测定的觇标指标线的平移量，就可以得到水平视线在对岸水准标尺上的精确读数了。

为了精确测定觇板指标线的平移量，一般规定要多次用光学测微器使楔形丝照准觇板的矩形标志线，按多次测定结果的平均数作为觇板指标线的平移量。

2) 倾斜螺旋法

当跨越障碍的距离很大(500m 以上甚至 1～2km)时，上述光学测微器法的照准和读数精度就会受到限制，在这种情况下，必须采用其他方法来解决向对岸水准标尺的照准和读数问题。目前所采用的是"倾斜螺旋法"。

所谓倾斜螺旋法，就是用水准仪的倾斜螺旋使视线倾斜地照准对岸水准标尺(一般叫远尺)上特制觇板的标志线(用于倾斜螺旋法的觇板上有 4 条标志线)，利用视线的倾角和标志线之间的已知距离来间接求出水平视线在对岸水准标尺上的精确读数。视线的倾角可用倾斜螺旋分划鼓的转动格数(指倾斜螺旋有分划鼓的仪器，如 N3 精密水准仪)或用水准器气泡偏离中央位置的格数(指水准器管面上有分划的仪器，如 Ni 004 精密水准仪)来确定。

用于倾斜螺旋法的觇板，一般有 4 条标志线或两条标志线，觇板中央也有小窗口和觇板指标线，借觇板指标线可以读取水准标尺上的读数，如图 6-20、图 6-21 所示。

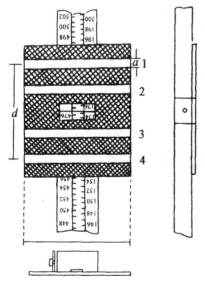

图 6-20　倾角螺旋法觇板

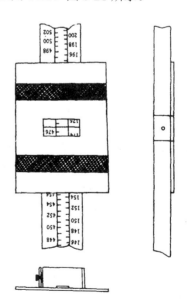

图 6-21　觇板读数

根据实验，当仪器距水准标尺为 25m 时，水准尺分划线宽以取 1mm 为宜。以此类推，如果跨河宽度为 s_m，则觇板标志线的宽度为

$$a = \left(\frac{1}{25}s_m\right) \text{mm} \tag{6-28}$$

觇板上、下相距最远的两条标志线，也就是标志线 1、4 的中线之间的距离 d，以倾斜螺旋转动一周的范围(对 N3 水准仪而言约为100″)或不大于气泡由水准管一端移至另一端的范围(对 Ni 004 水准仪而言约为110″)为准，一般取 80″ 左右，故

$$d = \frac{80''}{\rho''}s \tag{6-29}$$

式中，s 为跨河距离。在图 6-20 中，觇板的 2、3 标志线可适当地对称安排。觇板的宽度 b 一般取 $s/5$，跨河距离 s 以 m 为单位，觇板宽度 b 的单位为 mm。

倾斜螺旋法的基本原理是：通过观测对岸水准标尺上觇板的 4 条标志线，并根据倾斜螺旋的分划值来确定标志线之间所张的夹角，然后通过计算求得相当于水平视线在对岸水准标尺上的读数，而本岸水平视线在水准标尺上的读数可用一般的方法读取。

设在本岸水准标尺上的读数为 b，对岸水准标尺上相当于水平视线的读数为 A，则两岸立尺点间的高差为 $(b-A)$。

为了求得 A 值，在远尺上安置觇板，以便对岸仪器照准，如图 6-22 所示。

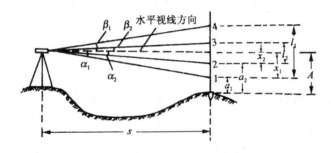

图 6-22 倾角螺旋法

图 6-22 中，l_1 为觇板标志线 1、4 间的距离；l_2 为觇板标志线 2、3 间的距离；a_1 为水准标尺零点至觇板标志线 1 的距离；a_2 为水准标尺零点至觇板标志线 2 的距离；x_1 为标志线 1 至仪器水平视线的距离；x_2 为标志线 2 至仪器水平视线的距离。

α_1、α_2、β_2、β_1 为仪器照准标志线 1、2、3、4 的方向线与水平视线的夹角。这些夹角的值根据仪器照准标志线 1、2、3、4 时倾斜螺旋读数与视线水平时倾斜螺旋读数之差(格数)，乘以倾斜螺旋分划鼓的分划值 μ 而求得。图中 s 为仪器至对岸水准标尺的距离。

由于 α_1、α_2、β_2、β_1 都是小角，所以按图 6-22 可写出下列关系式

$$s\frac{\alpha_1}{\rho} = x_1$$

$$s\frac{\beta_1}{\rho} = l_1 - x_1$$

由上两式可得

$$x_1 = \frac{l_1 \alpha_1}{\alpha_1 + \beta_1} \tag{6-30}$$

同理，可得

$$x_2 = \frac{l_2 \alpha_2}{\alpha_2 + \beta_2} \tag{6-31}$$

由图 6-22 又知

$$\left. \begin{array}{l} A_1 = a_1 + x_1 \\ A_2 = a_2 + x_2 \end{array} \right\} \tag{6-32}$$

则取其平均数即为仪器水平视线在对岸水准标尺上的读数 A ，即

$$A = \frac{1}{2}(A_1 + A_2) \tag{6-33}$$

A 值求出后，即可按一般方法计算两岸立尺点间的高差。设在本岸水准标尺(近尺)上读数为 b ，则高差为

$$h = b - A \tag{6-34}$$

式(6-30)和式(6-31)中的 l_1、l_2，可在测前用一级线纹米尺精确测定；式(6-32)中的 a_1 和 a_2 是由觇板指标线在水准标尺上的读数减去觇板标志线 1、2 的中线至觇板指标线的间距求得。

一测回的观测工作和观测程序如下：

(1) 观测近尺。直接照准水准标尺分划，用光学测微器读数。进行两次照准并读数。

(2) 观测远尺。先转动光学测微器，使平行玻璃板置于垂直位置，并在观测过程中保持不动。旋转倾斜螺旋，由觇板最低的标志线开始，从下至上用楔形丝依次精确照准标志线 1、2、3、4，并分别读取倾斜螺旋分划鼓读数(对于 Ni 004 水准仪，读取水准气泡两端的读数)，称为往测；然后，从上至下依相反次序用楔形丝照准标志线 4、3、2、1，同样分别读取倾斜螺旋分划鼓读数，称为返测。必须指出，在往、返测照准 4 条标志线中间(往测时，照准标志线 1、2 之后；返测时，照准标志线 4、3 之后)，还要旋转倾斜螺旋，使符合水准气泡精确符合两次 (往、返测各两次)，并进行倾斜螺旋读数，此读数就是当视线水平时倾斜螺旋分划鼓的读数。

由往、返测合为一组观测，观测的组数随跨河视线长度和水准测量的等级不同而异。各组的观测方法相同。

由(1)、(2)的观测组成上半测回。

(3) 上半测回结束后，立即搬迁水准标尺和水准仪至对岸进行下半测回观测。此时，观测本岸与对岸水准标尺的次序与上半测回相反，观测方法与上半测回相同。由上、下半测回组成一个测回。

从前面所述的观测方法可知，近尺的读数是用光学测微器测定，而照准远尺的觇板标志线时，只是在倾斜螺旋分划鼓上读数，最后通过计算得到相当于视线水平时在水准标尺上的读数，并没有使用光学测微器。因此，必须在远尺读数中预先加上平行玻璃板在垂直位置时的光学测微器读数 C(C 值随仪器的不同而异，例如 N3 水准仪 $C=5\text{mm}$)，然后与近尺读数相减得到近、远尺立尺点的高差，即

$$h = b - (A + C) \tag{6-35}$$

在 I_1 岸时，由 $(b - A)$ 所得的是立尺点 b_2 对于立尺点 b_1 的高差 h_1；在 I_2 岸时，由 $(b - A)$ 所得的是立尺点 b_1 对于立尺点 b_2 的高差 h_2。它们的正负号相反，所以一测回的高差中数为

$$h = \frac{1}{2}(h_1 - h_2) \tag{6-36}$$

用两台仪器在两岸同时观测的两个结果，称为一个"双测回"的观测成果，双测回的高差观测值 H 是取两台仪器所得高差的中数，即

$$H = \frac{1}{2}(h' + h'') \tag{6-37}$$

取全部双测回的高差中数，就是最后的高差观测值 H_0。

一个双测回的高差观测的中误差 m_H 和所有双测回高差平均值的中误差 m_{H_0} 可按下列公式计算

$$m_H = \pm\sqrt{\frac{[vv]}{N-1}} \tag{6-38}$$

$$m_{H_0} = \pm\frac{m_H}{\sqrt{N}} \tag{6-39}$$

式中，N 为双测回数；$v_i = H_0 - H_i (i = 1, 2, \cdots, N)$。

按水准测量规范规定，各双测回高差之间的差数应不大于按下式计算的限值

$$\mathrm{d}H_{\text{限}} \leqslant 4m_\Delta\sqrt{Ns}(\mathrm{mm}) \tag{6-40}$$

式中，m_Δ 是相应等级水准测量所规定的每公里高差中数的偶然中误差的限值(如二等水准测量 $m_\Delta \leqslant 1.0\mathrm{mm}$)；$s$ 为跨河视线的长度，按图 6-22 可写出计算 s 的公式为

$$s = \frac{l_1}{\alpha_1 + \beta_1}\rho'' \tag{6-41}$$
$$或 s = \frac{l_2}{\alpha_2 + \beta_\alpha}\rho''$$

3) 经纬仪倾角法

当跨越障碍物的距离在 500m 以上时，按水准测量规范规定，也可用经纬仪倾角法。此法最长的适应距离可达 3000m。经纬仪倾角法的基本原理是：用经纬仪观测垂直角，间接求出视线水平时中丝在远、近水准标尺上的读数，二者之差就是远、近立尺点间的高差。

观测近尺时，直接照准水准标尺上的分划线。观测远尺时，则照准安置在水准标尺上的觇板，用于此法的觇板只需两条标志线。

对近尺观测时，如图 6-23 所示，使望远镜中丝照准与水平视线最邻近的水准标尺基本分划的分划线 a，此时的垂直角为 α。则相当于水平视线在水准标尺上的读数为

$$b = a - x = a - \frac{\alpha}{\rho}\cdot d \tag{6-42}$$

式中，a 为望远镜中丝照准水准标尺上基本分划的分划线注记读数；d 为仪器至水准标尺的距离；α 为倾斜视线的垂直角，用经纬仪的垂直度盘测定。

对远尺观测时，如图 6-24 所示，使觇板的两标志线对称于经纬仪望远镜的水平视线，并将觇板固定在水准标尺上。将望远镜中丝分别照准觇板上的两标志线，则相当于水平视线在远尺上的读数为

$$A = a + x = a + \frac{\alpha}{\alpha + \beta}\cdot l \tag{6-43}$$

式中，a 为觇板的下标志线在水准标尺上的读数，可按觇板指标线求得；α,β 为照准觇板标志时倾斜视线的垂直角，用经纬仪的垂直度盘测定；l 为觇板两标志线之间的距离，可用一级线纹米尺预先精确测定。

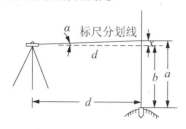

图 6-23　经纬仪倾角法近尺观测

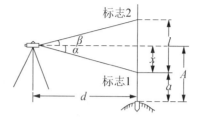

图 6-24　经纬仪倾角法远尺观测

用此法观测时，应选用指标差较为稳定而无突变的经纬仪，并且在观测前，应对仪器进行下列两项检验与校正。

(1) 用垂直度盘测定光学测微器行差。

(2) 测定垂直度盘的读数指标差。

有关此方法的观测程序、限差要求等，在相关规范中均有规定。

6.6.2　GNSS 跨河高程测量

传统的跨河高程测量的方法受交通、气象等条件制约，工作效率较低。随着我国经济建设的迅猛发展，许多在建或拟建的特大型桥梁所跨越的水面越来越宽，传统测量方法显得越来越困难，所需费用也越来越高。GNSS 技术所具有的三维定位功能，以其快速、全天候等测量优点，为跨河高程测量提供了新方法。下面对此方法作一简单介绍。

1. GNSS 跨河高程测量的点位布设

GNSS 跨河高程测量最好选择在地形较为平坦的平原、丘陵且河流两岸地貌形态基本一致的地区进行。

为获得稳定的高程异常变化率，GNSS 跨河高程测量路线应该以直伸形状布设如图 6-25(a) 所示，非跨河点(A_1、A_2、D_1、D_2)宜位于跨河点(B、C)连线的延长线上，且各点间距离大致与跨河距离相等。

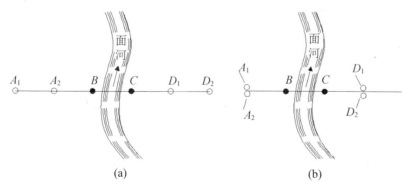

图 6-25　GNSS 跨河测量点位布置

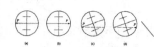

由于地形、点位环境等条件限制不能满足图 6-25(a)要求时，可采取如图 6-25(b)所示的布设方式，河流同岸的非跨河点 A_1、A_2 或 D_1、D_2 可以在同一个点位附近埋设，但点位位置应位于沿跨河方向轴线(图中 BC 延长线)上或在其两侧且大致对称，非跨河点距跨河点的距离大致与跨河距离相等。

因此，采用 GNSS 测量法进行跨河高程测量时，GNSS 点位应尽可能选于水准路线附近，并有利于进行 GNSS 观测及水准联测。应避开土质松软和强磁场地段，以及行人、车辆来往较多的场所。应分析已有的地形、重力和水准等与大地水准面相关的测量资料，选择河流两岸大地水准面具有相同的变化趋势，且变化相对平缓的方向上布设跨河路线。

2. GNSS 跨河高程测量的误差分析

由前面的介绍可知，GNSS 测得的是大地高，而我们国家采用的高程系统是正常高，所以需要将测得的结果应用 GNSS 高程拟合转换成正常高。

GNSS 高程拟合转换用到 GNSS 所测的相对于参考椭球的大地高、几何水准所测的相对于似大地水准面的正常高，以及通过重力测量等手段得到的地球重力场模型。所以对 GNSS 跨河水准的测量结果进行误差分析，应分别考虑影响大地高、正常高、地球重力场模型精度的因素以及它们的综合作用。

影响 GNSS 大地高精度的主要因素有 GNSS 星历误差、对流层对 GNSS 信号的折射影响等。卫星星历误差取决于卫星跟踪站的数量及空间分布、观测值的数量及精度、轨道计算时所用的轨道模型及定轨软件的完善程度等，它是影响 GNSS 高程测量精度的主要因素，其主要源于 GNSS 卫星轨道摄动的复杂性和不稳定性。对流层折射影响是指 GNSS 信号通过对流层和平流层交界时，传播的路径发生弯曲而产生测量偏差。

影响正常高精度的因素主要是水准测量误差。

地球重力场模型精度，即高程异常变化率的求解精度，取决于所选跨河区域的平坦程度，以及跨河点选择的均匀程度。在小区域平坦地区，我们认为高程异常变化率是一致的。

跨越水面的高程测量，在某种特定的条件下，还可以采用其他方法。例如，在北方的严寒季节，可以在冰上进行水准测量。在跨越水流平缓的河流、静水湖泊等，当精度要求不高时，可利用静水水面传递高程。

近几年来，激光技术在测量上的应用日益广泛，可以预料，用激光水准仪进行跨越障碍物的水准测量将逐渐显示其优越性，从而在技术装备、观测方法以及成果整理等方面将有一个较大的革新。

6.7 水准测量概算

水准测量概算是水准测量平差前进行的准备工作。在水准测量概算前必须对水准测量的外业观测资料进行严格的检查，在确认正确无误、各项限差都符合要求后，方可进行概算工作。概算的主要内容有：观测高差的各项改正数的计算和水准点概略高程表的编制等。全部概算结果均列于表 6-8 中。

表 6-8　二等水准测量外业高差与概略高程表

路线名称：Ⅰ柳宝 35 基至Ⅰ柳南 1 基　仪器：DS05　施测年份：2011.3.8　观测者：汪泽华　校算者：张三　编算者：刘强　检查者：丁一

水准标尺每米长度改正数 f：−0.04mm

测段编号	水准点号	测段距离 R/km 往测	测段距离 R/km 返测	往返测段距离中数 R/km	测站数 n 往测	测站数 n 返测	观测高差 h/m 往测	观测高差 h/m 返测	标尺长度改正 δ/mm 往测	标尺长度改正 δ/mm 返测	往返测高差符值 Δ/mm	判断往返测高差不符值是否超限	ΔΔ/R m	加δ后往返测段高差中数 h/m	近似高程 H′/m	平均高程 H_m/m	纬度 φ(°′″)	纬差 Δφ(′)	平均纬度 $φ_m$(°′″)	水准面不平行改正 ε/mm	加ε后往返测段高差中数 h/m	高差改正数 v/mm	改正后高差 h/m	概略高程 H/m	备注
1	2	3	4	5	6	7	8	9	10	11	12	13	14	15	16	17	18	19	20	21	22	23	24	25	
	Ⅰ宝35基														424.8760									424.8760	
1		5.75	5.85	5.8	98	96	20.34442	−20.34628	0.00	0.00	−1.86	不超限	0.6	20.3454		435.0487	24°28′00″	−3.00	24°26′30″	1.5	20.3469	−1.12	20.3457		
	Ⅱ宜柳1														445.2214									445.2217	
2		5.61	5.59	5.6	100	98	77.30418	−77.30285	0.00	0.00	1.33	不超限	0.3	77.3035		483.8731	24°25′00″	−3.00	24°23′30″	1.7	77.3052	−1.08	77.3041		
	Ⅱ宜柳2														522.5249									522.5259	
3		4.98	5.02	5.0	74	72	55.57608	−55.57765	0.00	0.00	−1.57	不超限	0.5	55.5769		550.3133	24°22′00″	−3.00	24°20′30″	1.9	55.5788	−0.97	55.5778		
	Ⅱ宜柳3														578.1017									578.1037	
4		5.61	5.59	5.6	98	96	73.45018	−73.45180	0.00	0.00	−1.62	不超限	0.5	73.4510		614.8272	24°19′00″	−3.00	24°17′30″	2.1	73.4531	−1.08	73.4520		
	Ⅱ宜柳4														651.5527									651.5557	
5		5.41	5.39	5.4	94	94	17.09470	−17.09410	0.00	0.00	0.60	不超限	0.1	17.0944		660.0999	24°16′00″	−2.00	24°15′00″	1.5	17.0959	−1.04	17.0949		
	Ⅱ宜柳5														668.6471									668.6506	
6		5.71	5.69	5.7	82	80	32.77058	−32.77295	0.00	0.00	−2.37	不超限	1.0	32.7718		685.5030	24°14′00″	−3.00	24°12′30″	2.4	32.7741	−1.10	32.7730		
	Ⅱ宜柳6														701.4189									701.4236	
7		5.89	5.91	5.9	94	92	80.54852	−80.54705	0.00	0.00	1.47	不超限	0.4	80.5478		741.6928	24°11′00″	−2.00	24°10′00″	1.7	80.5495	−1.14	80.5484		
	Ⅱ宜柳7														781.9667									781.9720	
8		4.88	4.92	4.9	94	94	11.74528	−11.74502	0.00	0.00	0.26	不超限	0.0	11.7452		787.8392	24°09′00″	−1.00	24°08′30″	0.9	11.7461	−0.95	11.7451		
	Ⅱ宜柳8														793.7118									793.7171	
9		5.29	5.31	5.3	78	76	−18.07448	18.07182	0.00	0.00	−2.66	不超限	1.3	−18.0732		784.6752	24°08′00″	1.00	24°08′30″	−0.9	−18.0741	−1.02	−18.0751		
	Ⅱ宜柳9														775.6387									775.6420	
10		4.79	4.81	4.8	80	74	−10.14555	10.14612	0.00	0.00	0.57	不超限	0.1	−10.1458		770.5658	24°09′00″	1.00	24°09′30″	−0.9	−10.1467	−0.93	−10.1476		
	Ⅱ宜柳10														765.4928									765.4943	
11		5.57	5.63	5.6	102	93	−101.09735	101.09932	0.00	0.00	1.97	不超限	0.7	−101.0983		714.9437	24°10′00″	1.00	24°10′30″	−0.8	−101.0992	−1.08	−101.1002		
	Ⅱ宜柳11														664.3945									664.3941	
12		5.00	5.40	5.2	96	96	−61.95932	61.95985	0.00	0.00	0.53	不超限	0.7	−61.9596		633.4147	24°11′00″	2.00	24°12′00″	−1.5	−61.9610	−1.01	−61.9620		
	Ⅱ宜柳12														602.4349									602.4320	
13		4.67	4.73	4.7	74	72	−54.99660	54.99618	0.00	0.00	−0.42	不超限	0.0	−54.9964		574.9367	24°13′00″	2.00	24°14′00″	−1.3	−54.9977	−0.91	−54.9986		
	Ⅱ宜柳13														547.4385									547.4334	
14		5.89	5.91	5.9	102	98	10.05025	−10.05168	0.00	0.00	−1.43	不超限	0.3	10.0510		552.4640	24°15′00″	2.00	24°16′00″	−1.3	10.0497	−1.14	10.0485		
	Ⅱ宜柳14														557.4895									557.4820	
15		5.00	5.20	5.1	86	82	15.64822	−15.64972	0.00	0.00	−1.50	不超限	0.4	15.6490		565.3087	24°17′00″	3.00	24°18′30″	−2.0	15.6470	−0.99	15.6460		
	Ⅰ柳南1基														573.1280		24°20′00″							573.1280	
Σ	15	80.05	80.95	80.5	1352	1313	148.25911	−148.26581	0.00	0.00		不超限 不超限	6.3	148.2625						5.1	148.2676				(检核)

W = 15.57 mm
$M_Δ$ = 0.3 mm

水准路线闭合差　W = 15.57 mm
偶然中误差　$M_Δ$ = 0.3 mm

备注：
已知：
Ⅰ柳宝35基高程为：424.876m
Ⅰ柳南1基高程为：573.128m

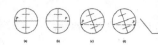
6.7.1　水准标尺尺长误差及改正数的计算

水准标尺每米长度误差对高差的影响是系统性质的。根据规定，当一对水准标尺每米长度的平均误差 f 大于±0.02mm 时，就要对观测高差进行改正，对于一个测段的改正 $\sum \delta_f$ 可按下式计算，即

$$\sum \delta_f = f \sum h \tag{6-44}$$

由于往返测观测高差的符号相反，所以往返测观测高差的改正数也将有不同的正负号。

设有一对水准标尺经检定得，1 米间隔的平均真长为 999.96mm，则 f =(999.96-1000)= -0.04mm。在表 6-8 中第一测段，即从Ⅰ柳宝 35 基到Ⅱ宜柳 1 水准点的往返测高差 $h = \pm 20.345$m，则该测段往返测高差的改正数 $\sum \delta_f$ 为

$$\sum \delta_f = -0.04 \times (\pm 20.345) = \mp 0.81 \text{(mm)}$$

详见表 6-8 第 17、18 栏。

6.7.2　水准面的不平行性及改正数的计算

按水准规范规定，各等级水准测量结果，均须计算正常水准面不平行的改正。正常水准面不平行改正数 ε 可按下式计算，即

$$\varepsilon_i = -A H_i (\Delta \varphi)' \tag{6-45}$$

式中，ε_i 为水准测量路线中第 i 测段的正常水准面不平行改正数，A 为常系数，当水准测量路线的纬度差不大时，常系数 A 可按水准测量路线纬度的中数 φ_m 和下式算得

$$A = \frac{2\alpha}{\rho'} \cdot \sin 2\varphi_m = 0.0000015381 \times \sin 2\varphi_m \tag{6-46}$$

H_i 为第 i 测段始末点的近似高程，以 m 为单位；$\Delta \varphi_i' = \varphi_2 - \varphi_1$，以分为单位，$\varphi_1$ 和 φ_2 为第 i 测段始末点的纬度，其值可由水准点点之记或水准测量路线图中查取。

在表 6-8 中，按水准路线平均纬度 φ_m =24°18′算得常系数 A =1 153×10^{-9}。第一测段，即Ⅰ柳宝 35 基到Ⅱ宜柳 1 水准测量路线始末点近似高程平均值 H 为(425 +445)/2=435m，纬度差 $\Delta \phi = -3'$，则第一测段的正常水准面不平行改正数 ε_1 为

$$\varepsilon_1 = -1153 \times 10^{-9} \times 435 \times (-3) = +1.5 \text{(mm)}$$

详见表 6-8 第 21 栏。

6.7.3　水准路线闭合差的计算

水准测量路线闭合差 W 的计算公式为

$$W = (H_0 - H_n) + \sum_1^n h_i' + \sum_1^n \varepsilon_i \tag{6-47}$$

式中，H_0 和 H_n 为水准测量路线两端点的已知高程；$\sum h'$ 为水准测量路线中各测段观测高差加入尺长改正数 δ_f 后的往返测高差中数之和；$\sum \varepsilon$ 为水准测量路线中各测段的正常水准面不平行改正数之和。

根据表 6-8 中的数据按式(6-26)计算水准路线的闭合差：

$$W = (424.876 - 573.128)\text{m} + 148.2565\text{m} + 5.0\text{mm} = 9.5\text{mm} \tag{6-48}$$

6.7.4　高差改正数的计算

水准测量路线中每个测段的高差改正数可按下式计算

$$v = -\frac{R_i}{\sum\limits_{1}^{n} R_i} W \tag{6-49}$$

即将水准测量路线闭合差 W 按测段长度 R 成正比的比例配赋予各测段的高差中。在表 6-8 中，水准测量路线的全长 $\sum R = 80.9\text{km}$，第一测段的长度 $R=5.8\text{km}$，则第一测段的高差改正数为

$$v = -\frac{5.8}{80.9} \times 9.5 = -0.7(\text{mm})$$

详见表 6-8 中第 23 栏。

最后根据已知点高程及改正后的高差计算水准点的概略高程，即

$$H = H_0 + \sum\limits_{1}^{i} h' + \sum\limits_{1}^{i} \varepsilon + \sum\limits_{1}^{i} v \tag{6-50}$$

习　　题

1. 名词解释：电子水准仪；球气差。
2. 简述精密水准仪和精密水准尺的特点。
3. 自动安平水准仪中是如何实现自动安平功能的。
4. 精密水准仪和水准尺需要进行哪几项的检验？如何检验？
5. 精密水准测量的一般规则有哪些？各个规则的作用是什么？
6. 简述精密水准测量的观测顺序，在一个测站上都有哪些限差要求？对于二等水准测量来说，这些限差的具体数值是多少？
7. 精密水准测量的主要误差来源有哪些？其中，哪些是仪器误差？哪些是自然条件影响造成的误差？哪些是观测误差？这些误差对观测值会造成什么影响？如何消除或减弱这些误差的影响？
8. 精密水准测量中相邻测站为什么要变换观测顺序？
9. 对于精密水准测量中的超限成果如何处理？如何决定是否重测以及重测哪些成果？
10. 如何提高三角高程测量的精度？
11. 精密三角高程测量中的球气差改正系数 C 如何确定？
12. 跨河高程传递主要有哪些方法？分析各种方法的优缺点与适用范围。
13. 跨河水准测量中，如何选择跨河场地？如何布设点位？如何进行读数？
14. 利用 GPS 进行跨河高程测量时如何布设控制点？它主要受到哪些误差的影响？
15. 为什么要进行水准测量概算？水准测量概算主要有哪些计算项目？

第 7 章　将地面观测成果归算至高斯平面

在这一章,我们将主要讨论由地球表面观测成果归算至椭球表面上的测量元素(大地线的方向和长度等),再转化计算至投影平面上,以便满足工程测量、地形测图对平面坐标的需要,而这种转化必须通过某种投影的方法来实现。

本章将首先介绍地面观测值归算至参考椭球面,再介绍正形投影的特性和建立高斯平面直角坐标系的原理和方法,以便解决高斯投影坐标计算以及大地线方向和长度的投影计算问题。最后介绍不同投影带之间的换算以及工程平面坐标系统的选择等问题。

本章所介绍的内容,既有重要的理论意义,又有很强的实用价值。

7.1　将地面观测值归算至参考椭球面

参考椭球面是测量计算的基准面,而野外的各种测量工作都是在地面上进行的,测站点和照准点一般都超过参考椭球面一定高度,观测的基准线不是各点相应的椭球面的法线,而是各点的垂线,各点的垂线与法线间存在着垂线偏差,因此,也就不能直接在地面上处理观测成果,而应将地面观测的元素(方向和距离等)归算至椭球面上。在归算中有两条基本要求:

(1) 以椭球面的法线为基准。

(2) 将地面观测元素化为椭球面上的相应元素。

7.1.1　水平方向观测值的归算

水平方向归算至椭球面上,需进行垂线偏差改正、标高差改正及截面差改正,习惯上把这三项改正简称为三差改正。

1. 垂线偏差改正

地面上所有水平方向的观测都是以垂线为根据的,而在椭球面上则要求以该点的法线为依据。因此在测站上,把以垂线为依据的地面观测的水平方向值归算到椭球面上以法线为依据的方向值而应加的改正定义为垂线偏差改正,以 δ_u 表示。

如图 7-1 所示,以测站 A 为中心作出单位半径的辅助球,u 是垂线偏差,它在子午圈和卯酉圈上的分量分别以 ξ,η 表示,M 是地面观测目标 m 在球面上的投影。

垂线偏差改正的计算公式为

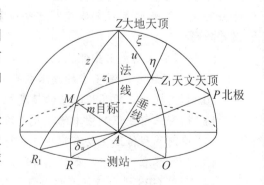

图 7-1　垂线偏差改正

$$\delta_u'' = -(\xi'' \sin A_m - \eta'' \cos A_m) \cot Z_1$$
$$= -(\xi'' \sin A_m - \eta'' \cos A_m) \tan \alpha \qquad (7\text{-}1)$$

式中：ξ, η 为测站点上的垂线偏差在子午圈及卯酉圈上的分量，它们可在测区的垂线偏差分量图中内插取得；A_m 为测站点至照准点的大地方位角；Z_1 为照准点的天顶距；α 为照准点的垂直角。

需要注意的是，在图 7-1 中，与垂线垂直和法线垂直的水平度盘应不重合，但它们的夹角很小，对水平方向读数的影响可忽略，故视它们为重合。

由式(7-1)可知，垂线偏差改正的数值主要与测站点的垂线偏差分量、观测方向以及观测方向的天顶距(或垂直角)有关。

例如在 $A_m = 0°$、$\tan \alpha = 0.01$ 的情况下，当 $\xi = \eta = 5''$ 时，得 $\delta_u'' = 0.05''$；当 $\xi = \eta = 10''$ 时，得 $\delta_u'' = 0.1''$。可见这项改正是很小的，只有在国家一、二等三角测量计算中，才加入该项改正。

2. 标高差改正

标高差改正又称由照准点高度而引起的改正。不在同一子午面或同一平行圈上的两点的法线是不共面的。当进行水平方向观测时，如果照准点高出椭球面某一高度，则照准面就不能通过照准点的法线同椭球面的交点，由此引起的方向偏差的改正叫作标高差改正，以 δ_h 表示。

如图 7-2 所示，A 为测站点，如果测站点观测值已加垂线偏差改正，则可认为垂线同法线一致。这时测站点在椭球面上或者高出椭球面某一高度，对水平方向是没有影响的。这是因为测站点法线不变，则通过某一照准点只能有一个法截面。

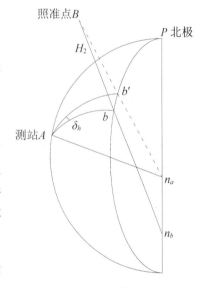

图 7-2　标高差改正

设照准点的大地高为 H_2，An_a 和 Bn_b 分别为 A 点及 B 点的法线，B 点法线与椭球面的交点为 b。因为通常 An_a 和 Bn_b 不在同一平面内，所以在 A 点照准 B 点得出的法截线是 Ab' 而不是 Ab，因而产生了 Ab 同 Ab' 方向的差异。按归算的要求，地面各点都应沿自己法线方向投影到椭球面上，即需要的是 Ab 方向值而不是 Ab' 方向值，因此需加入标高差改正数 δ_h''，以便将 Ab' 方向改到 Ab 方向。

给出标高差改正的计算公式为：

$$\delta_h'' = \frac{\rho'' e^2}{2 M_2} H_2 \cos^2 B_2 \sin^2 A_1 \qquad (7\text{-}2)$$

式中：B_2 为照准点大地纬度；A_1 为测站点至照准点的大地方位角；M_2 是与照准点纬度 B_2 相应的子午圈曲率半径；H_2 为照准点高出椭球面的高程，它由三部分组成：

$$H_2 = H_{常} + \zeta + a \qquad (7\text{-}3)$$

其中 $H_常$ 为照准点标石中心的正常高，ζ 为高程异常，a 为照准点的觇标高。

由式(7-2)可知，标高差改正主要与照准点的高程有关。经过此项改正后，便将地面观测的水平方向值归化为椭球面上相应的法截弧方向。

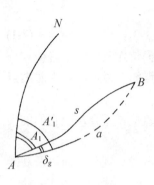

图 7-3　截面差改正

假设 $A_1 = 45°$，$B_2 = 45°$，当 $H_2 = 200\text{m}$ 时，$\delta_h'' = 0.01''$；当 $H_2 = 2000\text{m}$ 时，$\delta_h'' = 0.1''$。可见 δ_h'' 数值微小，在进行局部地区的控制测量时，可不必考虑此项改正。

3. 截面差改正

在椭球面上，纬度不同的两点由于其法线不共面，所以在对向观测时相对法截弧不重合，应当用两点间的大地线代替相对法截弧。这样将法截弧方向化为大地线方向应加的改正叫截面差改正，用 δ_g 表示。

如图 7-3 所示，AaB 是 A 至 B 的法截弧，它在 A 点处的大地方位角为 A_1'，ASB 是 AB 间的大地线，它在 A 点的大地方位角是 A_1，A_1 与 A_1' 之差 δ_g 就是截面差改正。

截面差改正的计算公式为

$$\delta_g'' = -\frac{\rho'' e^2}{12 N_1^2} s^2 \cos^2 B_1 \sin 2A_1 \tag{7-4}$$

式中 s 为 AB 间大地线长度，N_1 为测站点纬度 B_1 相对应的卯酉圈曲率半径。

在一般情况下，一等三角测量应加三差改正，二等三角测量应加垂线偏差改正和标高差改正，而不加截面差改正；三等和四等三角测量可不加三差改正。但当 $\xi = \eta > 10''$ 时或者 $H > 2000\text{m}$ 时，则应分别考虑加垂线偏差改正和标高差改正。在特殊情况下，应该根据测区的实际情况作具体分析，然后再做出加还是不加改正的规定，如表 7-1 所示。

表 7-1　三差改正对比

三差改正	主要关系量	是否要加改正		
		一等	二等	三、四等
垂线偏差改正	ξ, η	加	加	酌情
标高差改正	H	加	加	酌情
截面差改正	s	不加	不加	不加

7.1.2　距离观测值的归算

电磁波测距仪测得的距离是连接地面两点间的直线斜距，也应将它归算到参考椭球面上。如图 7-4 所示，地面点 Q_1 和 Q_2 的大地高分别为 H_1 和 H_2。其间用电磁波测距仪测得的斜距为 D，现要求大地点在椭球面上沿法线的投影点 Q_1' 和 Q_2' 间的大地线的长度 s。

在工程测量中边长一般都是几千米，最长也不过十几千米，因此，所求的大地线的长度可以认为是半径 R_A 相应的圆弧长，其中

$$R_A = \frac{N}{1 + e'^2 \cos B_1 \cos^2 A_1} \tag{7-5}$$

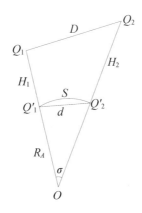

图 7-4　地面观测距离与椭球面距离的关系

参考 5.5.4 节中的相关内容，电磁波测距边长归算至椭球面上的计算公式可写为

$$s = D - \frac{1}{2}\frac{\Delta h^2}{D} - D\frac{H_m}{R_A} + \frac{D^3}{24R_A^2} \tag{7-6}$$

式中 $H_m = \frac{1}{2}(H_1 + H_2)$ 。

电磁波测距边长归算的几何意义为：

(1) 式(7-6)中右端第二项是由于控制点之高差引起的倾斜改正的主项，经过此项改正，测线已变成平距。

(2) 第三项是由平均测线高出参考椭球面而引起的投影改正，经此项改正后，测线已变成弦线。

(3) 第四项则是由弦长改化为弧长的改正项。

电磁波测距边长归算至椭球面上的计算公式还可用下式表达

$$s = \sqrt{D^2 - \Delta h^2}\left(1 - \frac{H_m}{R_A}\right) + \frac{D^3}{24R_A^2} \tag{7-7}$$

显然第一项即为经高差改正后的平距。

7.2　地图投影的基本知识

通过 7.1 节中的相关计算，地面观测元素已经归算至参考椭球面上(大地线方向和距离)，但椭球面上点的大地坐标不能直接用于控制平面测图，也不能作为工程测量的控制，并且椭球面上的计算显得异常的复杂。若能把椭球面上的元素通过一定的方法归算至平面上，既能满足测图和工程测量的需要，又能使计算问题变得简单。因此有必要进一步把椭球面上的元素归算至平面上，即所谓的"地图投影"。本节主要介绍地图投影的实质、投影的变形及投影的分类等问题。

7.2.1　地图投影的实质

参考椭球面是大地测量计算的基准面，以椭球面为基准的大地坐标系是大地测量的基本坐标系，对于研究地球形状大小、大地主题解算、编制地图等都发挥着重要的作用。但从实用上来看，大地坐标系也有其不便之处：第一，大地坐标不能直接用来控制测图。因为地图是平面的，它要求作为控制测图的控制点坐标也必须是平面坐标。第二，相对于平面，在椭球面上进行各类测量计算非常复杂，虽然椭球面也是标准的数学曲面，但在其上进行各类测量计算远不如在平面上来得方便、简洁。为了控制地形测图和简化测量计算，非常有必要将椭球面上的元素归算到平面上，选择一种合适的投影方法，来解决测量元素由椭球面到平面的转化问题。

所谓地图投影，简略地说，就是将椭球面各元素(包括坐标、方向和长度)按照一定的数学规则归算到平面上。其中确定点的坐标之间的投影关系是关键，因为点的位置确定后，两点间的大地线的方位和距离自然就确定了。这里说的一定的数学规则，可用下面的两个方程式表示：

$$\left. \begin{array}{l} x = F_1(L, B) \\ y = F_2(L, B) \end{array} \right\} \tag{7-8}$$

式中：L, B 是椭球面上某点的大地坐标，而 x, y 是该点投影后的平面直角坐标，这里所说的平面通常也叫投影面。

式(7-8)表示了椭球面上的某点同投影面上的对应点之间的解析关系，根据它可以求出相应的方向和长度的投影关系。由此可见，投影问题的实质就是建立椭球面元素和投影面相对应的元素之间的数学解析关系。在地图投影中，投影的种类和方法很多，每种方法的本质特征都是坐标投影公式 F 的具体形式体现的。

我们知道，椭球面和球面都是不可展曲面，不能直接展成平面。如果取一可展平面(如平面、圆锥面、圆柱面)，使其与椭球面相切或相割，然后按一定的数学规则，将椭球面上的元素转换到可展曲面上去，并将可展曲面展平，就变成平面上的元素了。这样就将本来不可展平的椭球面，人为地转变成平面。由此得到的平面元素必然要产生投影变形。投影变形包括长度变形、角度变形和面积变形。在选取投影函数时，可以对它们进行适当的控制：可以使某种变形为零，其他变形保留；或使某种变形小些，其他变形大些；也可使各种变形都存在，而都在适当限度内。但是，不论选择何种投影函数，都不能使各种变形同时消失，也就是说变形是不可避免的。

7.2.2　地图投影的变形

1. 长度比

为了研究投影的长度变形，需要首先引入投影长度比的重要概念。所谓的投影长度比就是投影面上的无限小线段 ds 与椭球面上的对应线段实际长度 dS 之比，以 m 表示，即

$$m = \frac{ds}{dS} \tag{7-9}$$

这里需要说明的是，长度比与地图比例尺不同。地图比例尺是运用地图投影方法绘制经

纬线网时，首先把地球椭球体按规定的比例尺缩小，然后才能把它表示在平面上。这个比例尺称为主比例尺，即一般地图上所注明的比例尺。但是由于投影时有变形，主比例尺仅能被保持在某些地方，其余地方或是大于或是小于这个比例尺。

2. 投影变形的分类

投影变形包括长度、角度及面积三个方面。

1) 长度变形

长度比 m 与 1 之差，称为长度变形，用 r 表示，即

$$r = m - 1 \tag{7-10}$$

由于 m 的值可能大于、小于、等于 1，因此 r 的值可能为正、为负或为零。

2) 角度变形

在研究投影前后图形是否相似的情况时，需要考虑图形投影前后角度是否发生变形。设椭球面上某个角度 u，投影到平面上为 u'，则 $(u'-u)$ 称为角度变形。

3) 面积变形

当我们需要研究投影前后图形的面积变形情况，可以依据面积比来衡量。所谓面积比是指椭球面上一无限小的图形，投影到平面上的面积与原椭球面图形面积之比的极限。椭球面上一微分圆投影到平面上为一微分椭圆。椭球面上单位圆的面积为 π，微分椭圆的面积为 πab，所以投影的面积比为

$$P = \frac{\pi ab}{\pi} = ab \tag{7-11}$$

与长度变形的定义方式相同，面积比与 1 的差值 $(P-1)$ 称为面积变形。

7.2.3　地图投影的分类

投影的分类方法很多，一般按照变形的性质来分，有等角、等面积、等距任意投影等。等角投影是指投影前后角度不发生变形；等面积投影是指投影前后面积没有变形；任意投影是指各种变形都存在，但都相对较小。若按投影面来分，可分为方位投影、圆锥投影和圆柱投影等；若按投影面与参考椭球面及相对位置关系来分，可以分为正轴投影、斜轴投影、横轴投影等；还有根据创始人的姓名命名的，如兰勃特、墨卡托、高斯投影等。

从以上分类来看，无论采用哪种投影总要产生部分变形。等面积投影，虽然保持面积不变，但角度变形较大，长度也有变形。这种投影多用于行政区划图、经济图等。任意投影，各种变形都有，但都较小，适用于一般要求不太严格的地图。等角投影，保持角度不变形，也即保持小范围内图形相似，但长度有变形，面积变形还较大，它便于地形图的测制和应用，对于军事上、工程上的定位和定向有很强的实用价值，因此多用于国家基本地形图以及航海图、航空图等。在传统控制测量中，由于大量的观测数据是角度，实际采用等角投影是很有利的。

综上所述，地图投影必然产生投影变形。根据各种投影变形，人们可以根据具体的需要进行掌控和控制。可以使某一种变形为零，也可以使全部的变形都存在，但减小到一定合适的程度或企图使全部的变形同时消失，显然是不可能的。

7.3 椭球面到平面的正形投影

在控制测量中，为了控制测图和计算的需要，需要将一定范围的大地控制网投影到平面上进行解算，如果椭球面上的微小图形(如某一区域的大地控制网)投影到平面上，能使投影前后图形保持相似，即角度保持不变，这样在计算、测图、用图时将有很大便利。在这种投影中，角度不产生变形，即前面讲过的等角投影；又在一定范围内，投影前后图形保持相似，因此又叫正形投影。这一节我们主要介绍正形投影的特点及正形投影的一般条件。

7.3.1 正形投影的特点

正形投影前后角度保持不变，在平面上解算大地控制网时，就可以把椭球面上的角度不加改正的转换到平面上，唯一需要顾及的是，椭球面上的大地线投影到平面上通常是一曲线，而平面上的计算采用两点间的弦线方向。这种方向改正一般很小，改化公式也较简单。只是在一定等级的三角测量中才顾及其影响，而在图根控制测量和地形测图中不必顾及。又因为正形投影前后图形保持相似，这意味着在较大比例尺地形图中，因其范围不大，图中各种地形、地物相对位置与实地完全相同。显然使用这样的地图对国防和经济建设都极为方便。因此，只有正形投影才最适用于地形测图。

正形投影若在极小区域内，使椭球面上的图形投影到平面后形状不变，就必须满足两个基本要求：

一是在投影的任一点上，投影长度比 m 为一常数，不随方向而变化。

二是在该点上任意两条微分线段的交角，投影到平面上后仍然等于椭球面上的相应角度，也就是说投影前后角度保持不变。

上述两个要求是一致的，能满足其一，必能满足其二。可见等角投影得到的图形是正形的，所以通常也将等角投影称为正形投影。

综上所述，可以得到正形投影的一个重要特点：投影长度比 m 仅与点的位置有关，而与方向无关。

但是正形投影的这个特点是有条件的，只有在微小范围内才成立。在广大面积上保持地图与实地相似是不可能的，因为这样就意味着椭球面可以不变形的铺展在平面上，这显然是不可能的，所以不同点处的长度比 m 是不一样的。

7.3.2 正形投影的一般条件

1. 等量坐标

在研究正形投影条件时，使用等量坐标比大地坐标更为方便。首先给出等量坐标的概念。在椭球面上，采用大地坐标(L, B)为参数的经纬线网时，如图 7-5(a)所示，椭球面上的弧素可表示为

$$dS^2 = M^2 dB^2 + r^2 dL^2 \tag{7-12}$$

式中，M、r 分别为子午圈曲率半径和平行圈曲率半径。这时，经线弧素和纬线弧素分别为

$$\left.\begin{array}{l} dS_L = MdB \\ dS_B = rdL \end{array}\right\} \tag{7-13}$$

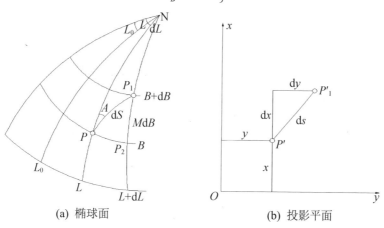

(a) 椭球面　　　　　(b) 投影平面

图 7-5　等量坐标

在椭球面上，M 和 r 是不相等的，当取 $dB = dL$ 时，dS_L 和 dS_B 也是不相等的。所以由大地坐标 (L, B) 构成的经纬线网，只能把椭球面划分为无穷小的矩形。

为了研究问题的方便，在地图投影中，常用等量坐标 (l, q) 代替大地坐标 (L, B) 组成经纬线网，这里的 l 为等量经度，它等于某点经度 L 与假设的零子午线经度 L_0 之差，即

$$\left.\begin{array}{l} l = L - L_0 \\ dl = dL \end{array}\right\} \tag{7-14}$$

设

$$dq = \frac{M}{r} dB \tag{7-15}$$

式中，q 为等量纬度，它是大地纬度 B 的函数，则式(7-12)可简化为

$$dS^2 = r^2 \left[(dq)^2 + (dl)^2 \right] \tag{7-16}$$

这时，经线弧素和纬线弧素分别为

$$\left.\begin{array}{l} dS_L = rdq \\ dS_B = rdl \end{array}\right\} \tag{7-17}$$

显然，当取 $dq = dl$ 时，dS_L 和 dS_B 也是相等的。所以以 (l, q) 为参数的经纬线网，把椭球面划分为无穷小的正方形，因此称 (l, q) 为等量坐标。等量经纬线网与大地经纬线网的区别只不过是改变了纬线的位置间隔，在建立投影方程时，使用等量坐标更为方便。

2. 正形投影条件的推导

基本思路：要导出正形投影的一般条件，就必须抓住正形投影区别于其他投影的特点，即在正形投影中，长度比3°与方向无关。具体步骤如下：

(1) 由长度比定义，导出长度比具体公式。

(2) 根据长度比 m 与方位角 A 无关，推导出正形投影的一般条件。

如图 7-5 所示，$\mathrm{d}s$ 为投影平面弧素，根据高等数学中平面曲线的弧素公式又可以写出

$$\mathrm{d}s^2 = \mathrm{d}x^2 + \mathrm{d}y^2 \tag{7-18}$$

此时投影长度比为

$$m = \frac{\mathrm{d}s^2}{\mathrm{d}S^2} = \frac{(\mathrm{d}x)^2 + (\mathrm{d}y)^2}{(M\mathrm{d}B)^2 (r\mathrm{d}L)^2} = \frac{(\mathrm{d}x)^2 + (\mathrm{d}y)^2}{r^2\left[(\mathrm{d}q)^2 + (\mathrm{d}l)^2\right]} \tag{7-19}$$

根据等量坐标 (l, q) 和大地坐标 (L, B) 之间的一一对应的关系，投影方程式(7-8)也可以写成：

$$y_m^2 = \frac{\left(y_m^2\right)_{\min} + \left(y_m^2\right)_{\max}}{2} \tag{7-20}$$

取上式的全微分，得

$$\left. \begin{aligned} \mathrm{d}x &= \frac{\partial x}{\partial q}\mathrm{d}q + \frac{\partial x}{\partial l}\mathrm{d}l \\ \mathrm{d}y &= \frac{\partial y}{\partial q}\mathrm{d}q + \frac{\partial y}{\partial l}\mathrm{d}l \end{aligned} \right\}$$

将以上两式平方后求和，并令：

$$\left. \begin{aligned} E &= \left(\frac{\partial x}{\partial q}\right)^2 + \left(\frac{\partial y}{\partial q}\right)^2 \\ F &= \frac{\partial x}{\partial q}\frac{\partial x}{\partial l} + \frac{\partial y}{\partial q}\frac{\partial y}{\partial l} \\ G &= \left(\frac{\partial x}{\partial l}\right)^2 + \left(\frac{\partial y}{\partial l}\right)^2 \end{aligned} \right\} \tag{7-21}$$

将式(7-21)代入式(7-19)得：

$$m^2 = \frac{E(\mathrm{d}q)^2 + 2F(\mathrm{d}q)(\mathrm{d}l) + G(\mathrm{d}l)^2}{r^2\left[(\mathrm{d}q)^2 + (\mathrm{d}l)^2\right]} \tag{7-22}$$

上式不包含与方向有关的元素，为引入"长度比 m 与方位角 A 无关"这个条件，对式(7-22)还需做如下的变换。

如图 7-5 所示

$$\tan(90^\circ - A) = \frac{P_2 P_1}{PP_2} = \frac{M\mathrm{d}B}{r\mathrm{d}l} = \frac{\mathrm{d}q}{\mathrm{d}l}$$

即

$$\mathrm{d}l = \tan \mathrm{d}q \tag{7-23}$$

$$m^2 = \frac{E(\mathrm{d}q)^2 + 2F(\mathrm{d}q)(\mathrm{d}l) + G(\mathrm{d}l)^2}{r^2\left[(\mathrm{d}q)^2 + (\mathrm{d}l)^2\right]} = \frac{E + 2F\tan A + G\tan^2 A}{r^2 \sec^2 A}$$

$$= \frac{E\cos^2 A + 2F\sin A\cos A + G\sin^2 A}{r^2} \tag{7-24}$$

由式(7-24)可知，要使 m 与 A 无关，必须满足：

$$F = 0, E = G$$

将式(7-21)代入可得：

$$
\left.\begin{array}{l}
\dfrac{\partial x}{\partial q}\dfrac{\partial x}{\partial l}+\dfrac{\partial y}{\partial q}\dfrac{\partial y}{\partial l}=0 \\[4mm]
\left(\dfrac{\partial x}{\partial q}\right)^2+\left(\dfrac{\partial y}{\partial q}\right)^2=\left(\dfrac{\partial x}{\partial l}\right)^2+\left(\dfrac{\partial y}{\partial l}\right)^2
\end{array}\right\}
\tag{7-25}
$$

求解式(7-25)并舍去不合理结果，可得

$$
\left.\begin{array}{l}
\dfrac{\partial x}{\partial q}=\dfrac{\partial y}{\partial l} \\[4mm]
\dfrac{\partial x}{\partial l}=-\dfrac{\partial y}{\partial q}
\end{array}\right\}
\tag{7-26}
$$

式(7-26)就是正形投影的充分必要条件。在由椭球面投影到平面时，凡满足上式的投影即为正形投影。是法国数学家柯西(A.L.Cauchy)和德国数学家黎曼(B.Riemann)导出的，又称柯西-黎曼微分方程。

与此相反，可以得到平面到椭球面的正形投影的一般条件为：

$$
\left.\begin{array}{l}
\dfrac{\partial q}{\partial x}=\dfrac{\partial l}{\partial y} \\[4mm]
\dfrac{\partial l}{\partial x}=-\dfrac{\partial q}{\partial y}
\end{array}\right\}
\tag{7-27}
$$

在满足 $F=0,E=G$ 的条件后，椭球面到平面的正形投影的长度比公式化简为

$$
\left.\begin{array}{l}
m^2=\dfrac{E}{r^2}=\dfrac{\left(\dfrac{\partial x}{\partial q}\right)^2+\left(\dfrac{\partial y}{\partial q}\right)^2}{r^2} \\[6mm]
m^2=\dfrac{G}{r^2}=\dfrac{\left(\dfrac{\partial x}{\partial L}\right)^2+\left(\dfrac{\partial y}{\partial L}\right)^2}{r^2}
\end{array}\right\}
\tag{7-28}
$$

上面两个公式是等价的，只是表现形式不同，可以具体根据求导的方便进行选择。这一公式将进一步用于研究高斯投影的长度比、长度变化规律及距离改正等。由于高斯投影方程对 l 求导比较方便，在使用时一般使用式(7-28)。

7.4　高　斯　投　影

7.3 节导出了正形投影的一般条件，高斯投影是正形投影的一种，本节的内容就是在正形投影一般条件的基础上，加上高斯投影的特殊条件，导出高斯投影坐标正算、反算公式，以及利用高斯投影的正反算公式推导出坐标邻带计算的方法。

7.4.1 高斯投影概述

1. 高斯投影产生的背景

高斯投影是高斯-克吕格投影的简称，也称为横轴等角切椭圆柱投影，是地球椭球面到平面上正形投影的一种。德国数学家、物理学家、大地测量学家高斯在1820—1830年对德国汉诺威地区的三角测量成果进行处理时，曾采用了由他本人研究的将一条中央子午线长度投影规定为固定比例尺的椭球正形投影，可是并没有发表和公布。人们只是从他给朋友的部分信件中知道这种投影的结论性投影公式。

高斯投影的理论是在他去世后，德国学者史赖伯于1866年出版的专著《汉诺威大地测量投影方法的理论》中进行了整理和加工，从而使高斯投影的理论得以公布于世。

更详细地阐述高斯投影理论并给出实用公式的是由德国大地测量学家克吕格在他1912年出版的《地球椭球向平面的投影》中给出的。在这部专著中，克吕格对高斯投影进行了比较深入的研究和补充，从而使之在很多国家得以应用。因此，将该投影称之为高斯-克吕格投影，简称高斯投影。

为了方便的实际应用高斯投影，德国学者巴乌盖尔在1919年建议采用3°带投影，并把纵坐标轴西移500km，在纵坐标前冠以代号。

高斯-克吕格投影得到了世界许多测量学家的重视和研究。其中保加利亚的测量学者赫里斯托夫的研究工作最具代表性。他的两部专著1943年的《旋转椭球上的高斯-克吕格坐标》及1955年的《克拉索夫斯基椭球上的高斯和地理坐标》在理论和实践上都丰富和发展了高斯-克吕格投影。

现在世界上许多国家都采用高斯-克吕格投影，比如奥地利、德国、希腊、英国、美国等，我国于1952年正式决定采用高斯-克吕格投影，主要应用在控制测量、工程测量以及一些较大比例尺的地图测绘和制图方面。

2. 高斯投影的概念

如图7-6所示，假想有一个椭圆柱面横套在地球椭球体外，并与某一条子午线(此子午线称为中央子午线或轴子午线)相切，椭圆柱的中心轴通过椭球体中心，然后用一定投影方法，将中央子午线两侧各一定经差范围内的地区投影到椭圆柱面上，再将此柱面展开即成为高斯投影平面，如图7-7所示。此高斯投影是正形投影的一种。图7-6和图7-7是形象的几何解释，实际应用时都是严格按照数学模型计算出各点的投影位置。

在高斯投影平面上，中央子午线和赤道的投影都是直线，且中央子午线投影前后长度保持不变。前面已经分析过，如果能够保证投影前后图形保持相似，这对控制测量和地图制图来说是非常有利的。因此要求高斯投影是正形投影。归纳起来，高斯投影应具备以下3个条件：

(1) 投影前后角度保持不变，即满足正形投影的要求。

(2) 中央子午线投影后是一条直线。

(3) 中央子午线投影后长度不变，其投影长度比恒等于1。

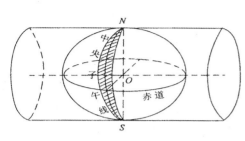

图 7-6　高斯投影

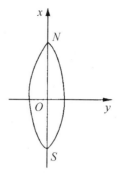

图 7-7　高斯平面直角坐标系

以上 3 个条件中，第一条是正形投影的一般条件，也就是说要满足柯西-黎曼微分方程。后面两个条件是高斯投影本身的特定条件。

如何根据高斯投影的 3 个条件，确定投影函数，进而得到投影公式，将在后面的章节中详细讨论。这里只是近似地描述了高斯投影的几何概念。

7.4.2　高斯投影的分带

1. 分带的原因及原则

高斯投影中，除了中央子午线外，其余任何线段，投影后都产生长度变形，而且离中央子午线越远，变形越大。因此，需要对此加以限制，以减小其影响。限制长度变形的最有效的办法，就是"分带"投影。具体说，就是将整个椭球面沿子午线划分成若干经差相等的狭窄地带，各带分别进行投影，得到若干不同的投影带。位于各带中央的子午线称为中央子午线，用于分割投影带的子午线(投影带边缘的子午线)称为分带子午线。

由于分带投影带限制在中央子午线两旁狭窄范围之内，所以有效限制了长度变形，显然，在一定范围内，带数越多，各带就越窄，长度变形也就越小。从限制长度变形的角度考虑，分带越多越好。

分带投影后，各投影带有各自不同的坐标轴和原点，从而形成彼此相互独立的高斯平面直角坐标系。这样，位于分带子午线两侧的点就属于不同的坐标系。在生产作业中，作业区域往往跨越不同的投影带，需要将其化为同一坐标系中，因而必须进行投影带之间的坐标换算，称为邻带换算。从这个角度考虑，为了减小分带计算以及换带计算中引起的计算误差，又要求分带不宜过多。

综上所述，在实际分带时，应当兼顾上述两方面的要求。我国的投影分带主要有 6°带(每隔经差 6°分一带)和 3°带(每隔经差 3°分一带)两种分带方法。如图 7-8 所示。6°带可用于中小比例尺测图，3°带可用于大比例尺测图。国家标准中规定：所有国家大地点均按高斯正形投影计算其在 6°带内的平面直角坐标。在 1：1 万和更大比例尺测图的地区，还应加算其在 3°带内的平面直角坐标。(具体的邻带换算办法会在后面的章节中专门进行介绍)。我们通常将控制点在 6°带和 3°带内的坐标称为国家统一坐标。

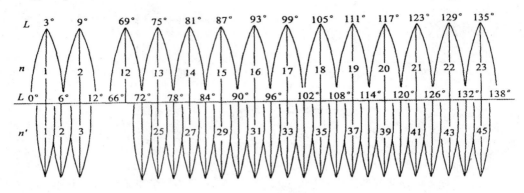

图 7-8　高斯投影分带

2. 分带方法

高斯投影 6° 带：自 0° 子午线起每隔经差 6° 自西向东分带，依次编号 1,2,3,…,带号 N、中央子午线经度 L_N 以及点的经度 L，它们的关系按下式确定：

$$\left.\begin{aligned} L_N &= 6°N - 30° \\ N &= \text{int}\left(\frac{1}{60°}\right) + 1(0)(\text{有余数加1，整除加0}) \end{aligned}\right\} \tag{7-29}$$

高斯投影 3° 带：自 1.5° 子午线起每隔经差 3° 自西向东分带，依次编号 1,2,3,…。它的中央子午线一部分同 6° 带中央子午线重合，一部分同 6° 带的分界子午线重合，带号 n、中央子午线经度 L_n 以及点的经度 L，它们的关系按下式确定：

$$\left.\begin{aligned} L_n &= 3°n \\ n &= \text{int}\left(\frac{L - 1.5°}{3°}\right) + 1(0)(\text{有余数加1，整除加0}) \end{aligned}\right\} \tag{7-30}$$

我国地域辽阔，西自东经 73° 起，东至东经 135° 止，6° 带自第 13 带至第 23 带，共 11 带，3° 带自第 24 带至第 45 带，共 22 带，跨度很大。

7.4.3　高斯平面直角坐标系的建立

由于高斯投影是分带进行投影的，每个投影带都有各自不同的中央子午线，投影带间互不相干，因此每个投影带均可以建立不同的平面直角坐标系。由高斯投影可知，中央子午线和赤道投影后均为直线且正交。如果以中央子午线的投影为纵坐标轴，即 x 轴，赤道的投影为横坐标轴，即 y 轴，中央子午线的投影和赤道的交点投影为原点 O，于是，构成了高斯平面直角坐标系 $O\text{-}xy$，习惯上，x 轴指向朝北，y 轴指向朝东。中央子午线又称"轴子午线"。它是计算经差的零子午线，也是计算等量经度的 l 的"假定零子午线"。

每一个带都独立进行投影，因此，每一个投影带都有各自的直角坐标，这种坐标通常称为自然坐标。我们国家的地理位置位于北半球，故 x 均为正值，y 值则有正值、负值之分。如图 7-9(a)中的 B 点位于纵坐标轴以西，y_B 坐标值为负值。为了计算方便，避免 y 坐标出现负值，故规定每带的中央子午线各自西平移 500km，这样在某带一点的横坐标值均需加

500km。为了区别某一坐标值属于哪一带，规定在自然坐标的横坐标值前冠以所在的带号，这个坐标值称为通用坐标值，如图 7-9(b)所示。

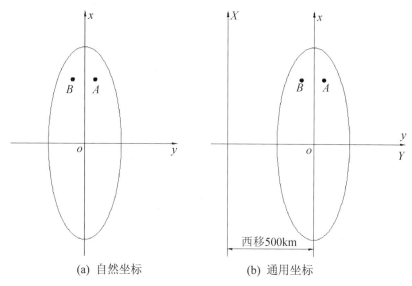

(a) 自然坐标　　　　　　　　　　(b) 通用坐标

图 7-9　自然坐标与通用坐标

7.4.4　高斯投影计算内容

地面观测值归算到椭球面上后，可以通过两种途径获得各点的高斯平面直角坐标：

(1) 按第 2 章所述方法解算球面三角形，推算各边大地方位角，解算出各点大地坐标，然后按高斯投影坐标正算求解各点高斯平面直角坐标；

(2) 将椭球面上的起算元素和观测元素归算至高斯投影平面，然后解算平面三角形、推算各边坐标方位角，在平面上进行平差计算，然后求解各点的平面直角坐标。

上面两种途径解算的结果完全一致，但第一种做法工作量太大，通常会选择第二种做法，把控制网直接归算到高斯投影平面上，在平面上完成平差和各种计算工作。下面以三角网为例说明归算工作的基本概念和内容。

图 7-10(a)表示椭球面上的三角网，图 7-10(b)为该三角网在平面上的投影。由于投影是等角的，所以椭球面上大地线之间的夹角等于平面上投影曲线之间的夹角。但是，各大地线的长度并不等于它们在平面上的投影曲线的长度，因为产生了长度变形。

为了在平面上进行平差和计算，必须把椭球面上以大地线为边的三角网，换算成高斯投影平面上以直线为边的三角网，需要进行下列工作：

(1) 将起算点(如点 1)的大地坐标(B_1, L_1)换算成高斯投影平面上其投影点的平面直角坐标(x_1, y_1)。这项工作称之为高斯投影坐标正算。

(2) 将起算边(如图 7-10(a)中的 12)的大地方位角换算为平面坐标方位角。

如图 7-10(b)，$1't$ 是过起算点 $1'$ 的平行于 x 轴的纵坐标线，该方向称为 $1'$ 点的坐标北方向。T_{12} 就是弦线 $1'2'$ 的坐标方位角；$1'n$ 是椭球面上子午线 $1N$ 的投影方向，称为 $1'$ 点的真北方向。由于投影是等角的，所以 $1'n$ 顺时针方向到投影曲线 $1'2'$ 的角度，就等于椭球面上的大地线 12 的大地方位角 A_{12}。

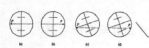

控制测量学

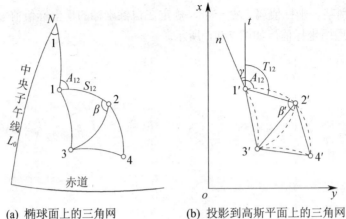

(a) 椭球面上的三角网　　　(b) 投影到高斯平面上的三角网

图 7-10　三角网的投影

我们用 γ 表示坐标北方向 $1't$ 相对于真北方向 $1'n$ 构成的夹角，称作 $1'$ 点的平面子午线收敛角。再用 δ_{12} 表示表示投影曲线的弦线与投影曲线构成的夹角，称为方向改正数。由图 7-10(b) 可知，T_{12} 与 A_{12} 之间的关系为：

$$T_{12} = A_{12} - \gamma + \delta_{12} \tag{7-31}$$

可见，由大地方位角换算成平面坐标方位角时，需要计算出平面子午线收敛角和方向改正数。

(3) 将起算边的大地线长度 S_{12} 归算为高斯平面上的直线长度 D_{12}。为此，可以直接在大地线 S_{12} 中加入一项改正数 ΔS，即

$$D_{12} = S_{12} + \Delta S \tag{7-32}$$

将椭球面上的大地线长度改化为高斯平面上直线长度的计算叫距离投影，其 ΔS 称为距离改正。

(4) 对于椭球面上的三角网的各观测方向和观测边长分别进行方向改正和距离改正，归算为高斯投影平面上的直线方向和直线距离，组成由平面三角形构成的整体网形，进行平差计算，解算平面三角形，推算各控制点的平面直角坐标。

综上所述，高斯投影计算内容包括：高斯投影坐标计算(高斯投影正算、反算)、平面子午线收敛角计算、方向改正计算、距离改正计算。这些内容将在下面的两节中分别进行介绍。

7.4.5　高斯投影正反算与邻带换算

1. 高斯投影正算公式

高斯投影正算，就是椭球面元素到平面元素的投影计算，即已知椭球面上的大地坐标 (L, B) 计算高斯平面直角坐标 (x, y)，也就是确定高斯投影方程的过程。

已知椭球面到平面投影方程的一般形式是

$$\left.\begin{array}{l} x = f_1(l, q) \\ y = f_2(l, q) \end{array}\right\} \tag{7-33}$$

基本思路：根据高斯投影的三个条件，把投影方程的一般形式级数展开，运用待定系

数法最终确定高斯投影正算公式。

在椭球面上,已知 P 点的大地坐标为 (L, B),相应的等量坐标为 (l, q),现求投影后的平面坐标 (x, y),如图 7-11 所示。

又由于高斯投影是按带投影的,在每带内经差 l 是不大的一般在 $0 \sim 3.5°$ 以内,$\dfrac{l}{\rho}$ 是以微小量,所以可以将式(7-33)中的函数展开成经差 l 的幂级数。

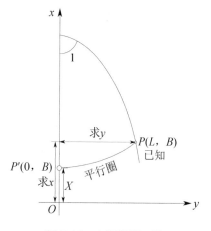

图 7-11　高斯投影正算

$$x = m_0 + m_1 l + m_2 l^2 + m_3 l^3 + m_4 l^4 + \cdots \left.\vphantom{\begin{matrix}1\\1\end{matrix}}\right\} \qquad (7\text{-}34)$$
$$y = n_0 + n_1 l + n_2 l^2 + n_3 l^3 + n_4 l^4 + \cdots$$

式中,m_0、m_1、$m_2 \cdots$,n_0、n_1、$n_2 \cdots$ 为待定系数,它们是等量纬度的 q (或大地纬度 B)的函数。根据高斯投影的第一个投影条件的需要,对式(7-34)求偏导数得

$$\frac{\partial x}{\partial q} = \frac{\mathrm{d}m_0}{\mathrm{d}q} + l \frac{\mathrm{d}m_1}{\mathrm{d}q} + l^2 \frac{\mathrm{d}m_2}{\mathrm{d}q} + l^3 \frac{\mathrm{d}m_3}{\mathrm{d}q} + l^4 \frac{\mathrm{d}m_4}{\mathrm{d}q} + \cdots \left.\vphantom{\begin{matrix}1\\1\\1\\1\end{matrix}}\right\}$$
$$\frac{\partial x}{\partial l} = m_1 + 2m_2 l + 3m_3 l^2 + 4m_4 l^3 + \cdots$$
$$\frac{\partial y}{\partial q} = \frac{\mathrm{d}n_0}{\mathrm{d}q} + l \frac{\mathrm{d}n_1}{\mathrm{d}q} + l^2 \frac{\mathrm{d}n_2}{\mathrm{d}q} + l^3 \frac{\mathrm{d}n_3}{\mathrm{d}q} + l^4 \frac{\mathrm{d}n_4}{\mathrm{d}q} + \cdots \qquad (7\text{-}35)$$
$$\frac{\partial y}{\partial l} = n_1 + 2n_2 l + 3n_3 l^2 + 4n_4 l^3 + \cdots$$

引入高斯投影的第一个条件,即正形投影的一般条件 $\dfrac{\partial x}{\partial q} = \dfrac{\partial y}{\partial l}, \dfrac{\partial x}{\partial l} = -\dfrac{\partial y}{\partial q}$ 得

$$\frac{\mathrm{d}m_0}{\mathrm{d}q} + l \frac{\mathrm{d}m_1}{\mathrm{d}q} + l^2 \frac{\mathrm{d}m_2}{\mathrm{d}q} + l^3 \frac{\mathrm{d}m_3}{\mathrm{d}q} + l^4 \frac{\mathrm{d}m_4}{\mathrm{d}q} + \cdots = n_1 + 2n_2 l + 3n_3 l^2 + 4n_4 l^3 + \cdots \left.\vphantom{\begin{matrix}1\\1\\1\end{matrix}}\right\}$$
$$m_1 + 2m_2 l + 3m_3 l^2 + 4m_4 l^3 + \cdots = -\frac{\mathrm{d}n_0}{\mathrm{d}q} - l \frac{\mathrm{d}n_1}{\mathrm{d}q} - l^2 \frac{\mathrm{d}n_2}{\mathrm{d}q} - l^3 \frac{\mathrm{d}n_3}{\mathrm{d}q} - l^4 \frac{\mathrm{d}n_4}{\mathrm{d}q} + \cdots$$

为使上式两端相等,其充分必要条件是 l 的同次幂系数相等。

由上式的关系可知,如果 n_0 已知,按照顺序求导,则可以依次求出 m_1、n_2、m_3、n_4、m_5 等系数;同样,如果 n_0 已知,按照顺序求导,则可以依次求出 n_1、m_2、n_3、m_4、n_5 等系数。因此,要确定投影方程中各待定系数,最关键的就是要求定 n_0 和 m_0 的值。为了求 n_0 和 m_0 这两个系数可引入高斯投影的后面两个条件。

由高斯投影的第二个条件,即中央子午线投影后为纵坐标轴,用数学表达式表示为 $l = 0$ 时,$y = 0$。代入式(7-34)的第二式,有

$$n_0 = 0 \qquad (7\text{-}36)$$

由此,可得

$$m_1 = m_2 = m_3 = m_4 = \cdots = 0 \qquad (7\text{-}37)$$

则有

$$m_1 = n_2 = m_3 = n_4 = \cdots = 0$$

$$n_1 = \frac{\mathrm{d}m_0}{\mathrm{d}q}$$

$$m_2 = -\frac{1}{2}\frac{\mathrm{d}n_1}{\mathrm{d}q}$$

$$n_3 = \frac{1}{3}\frac{\mathrm{d}m_2}{\mathrm{d}q} \qquad\qquad (7\text{-}38)$$

$$m_4 = -\frac{1}{4}\frac{\mathrm{d}n_3}{\mathrm{d}q}$$

$$n_5 = \frac{1}{5}\frac{\mathrm{d}m_4}{\mathrm{d}q}$$

因为 $n_0 = m_1 = n_2 = m_3 = n_4 = \cdots = 0$，所以式(7-34)可化简为

$$x = m_0 + m_2 l^2 + m_4 l^4 + \cdots$$
$$y = n_1 l + n_3 l^3 + n_5 l^5 + \cdots \qquad\qquad (7\text{-}39)$$

由式(7-39)可以看出，高斯投影在中央子午线东西两侧的投影是对称于中央子午线的。

接下来主要矛盾的焦点在于求 m_0 的值，引入高斯投影的第三个条件：中央子午线投影后长度不变。由此条件知，位于中央子午线上的点，投影后的纵坐标 x 应该等于投影前从赤道量至该点的子午线弧长，即在式(7-34)第一式中，当 $l = 0$ 时，有

$$x = m_0 = X \qquad\qquad (7\text{-}40)$$

式中：X 为自赤道量起的子午线弧长，由点的大地纬度 B 即可求出该值。由式(7-40)即可求出 m_0 的值。下面继续来求 n_1、m_2、n_3、m_4、n_5 等系数。

由子午线弧长微分公式 $\mathrm{d}X = M\mathrm{d}B$ 和式 $\mathrm{d}q = \dfrac{M}{r}\mathrm{d}B$，得

$$\frac{\mathrm{d}m_0}{\mathrm{d}q} = \frac{\mathrm{d}X}{\mathrm{d}q} = \frac{\mathrm{d}X}{\mathrm{d}B}\frac{\mathrm{d}B}{\mathrm{d}q} = r = N\cos B \qquad\qquad (7\text{-}41)$$

故

$$n_1 = r = N\cos B \qquad\qquad (7\text{-}42)$$

则

$$\frac{\mathrm{d}n_1}{\mathrm{d}q} = \frac{\mathrm{d}r}{\mathrm{d}q} = \frac{\mathrm{d}r}{\mathrm{d}B}\frac{\mathrm{d}B}{\mathrm{d}q} \qquad\qquad (7\text{-}43)$$

由式 $r = N\cos B = \dfrac{c}{V}\cos B$ 得到

$$\frac{\mathrm{d}r}{\mathrm{d}B} = -M\sin B \qquad\qquad (7\text{-}44)$$

而

$$\frac{\mathrm{d}B}{\mathrm{d}q} = \frac{r}{M} = \frac{N\cos B}{M} \qquad\qquad (7\text{-}45)$$

于是得到

$$\frac{\mathrm{d}n_1}{\mathrm{d}q} = -r\sin B = -N\cos B\sin B \tag{7-46}$$

把上式代入式(7-38)的第三式,得到

$$m_2 = \frac{N}{2}\sin B\cos B \tag{7-47}$$

本章中的公式较长,特引入如下符号

$$\left.\begin{array}{l} \eta = e'\cos B \\ t = \tan B \end{array}\right\}$$

由依次求导,并依次代入式(7-38)可得 $n_3, m_4, n_5, \cdots$ 为

$$\left.\begin{array}{l} n_3 = \dfrac{N}{6}\cos^3 B\left(1 - t^2 + \eta^2\right) \\[3mm] m_4 = \dfrac{N}{24}\sin B\cos^3 B\left(5 - t^2 + 9\eta^2\right) \\[3mm] n_5 = \dfrac{N}{120}\cos^5 B\left(5 - 18t^2 + t^4\right) \end{array}\right\} \tag{7-48}$$

将上面已经求出的各个确定的系数代入式(7-39),并略去 $\eta^2 l^5$ 和 l^6 以上各项,最后得出高斯投影正算公式如下

$$\left.\begin{array}{l} x = X + \dfrac{N}{2\rho''^2}\sin B\cos B l''^2 + \dfrac{N}{24\rho''^4}\sin B\cos^3 B\left(5 - t^2 + 9\eta^2\right)l''^4 \\[3mm] y = \dfrac{N}{\rho''}\cos B l'' + \dfrac{N}{6\rho''^3}\cos^3 B\left(1 - t^2 + \eta^2\right)l''^3 + \dfrac{N}{120\rho''^5}\cos^5 B\left(5 - 18t^2 + t^4\right)l''^5 \end{array}\right\} \tag{7-49}$$

式中,l 为椭球面上 P 点与中央子午线的经差,若 P 在中央子午线的东侧,则 l 为正,若 P 点在中央子午线的西侧,则 l 为负;当 P 点的大地坐标 (L, B) 已知时(中央子午线的经度 L_0 是已知的,则 $l = L - L_0$ 即可算出),最后按式(7-49)计算点 P 的平面坐标 (x, y)。

当 $l < 3.5°$ 时,按式(7-49)计算的精度为 $\pm 0.1\mathrm{m}$。若要换算精确至 $\pm 0.001\mathrm{m}$ 的坐标公式。可将上式级数继续扩充,现不加推导,直接给出如下

$$\left.\begin{array}{l} x = X + \dfrac{N}{2\rho''^2}\sin B\cos B l''^2 + \dfrac{N}{24\rho''^4}\sin B\cos^3 B(5 - t^2 + 9\eta^2 + 4\eta^4)l''^4 + \\[3mm] \quad \dfrac{N}{720\rho''^6}\sin B\cos^5 B(61 - 58t^2 + t^4)l''^6 \\[3mm] y = \dfrac{N}{\rho''}\cos B l'' + \dfrac{N}{6\rho''^3}\cos^3 B(1 - t^2 + \eta^2)l''^3 + \dfrac{N}{120\rho''^5}\cos^5 B(5 - 18t^2 + t^4 + \\[3mm] \quad 14\eta^2 - 58\eta^2 t^2)l''^5 \end{array}\right\} \tag{7-50}$$

2. 高斯投影反算公式

与高斯投影正算相反,高斯投影反算是由高斯平面投影至参考椭球面的过程,即已知高斯平面坐标 (x, y),求大地坐标 (L, B) 的过程。

这时由平面到椭球面投影方程是

$$\left.\begin{array}{l} q = f_1'(x, y) \\ l = f_2'(x, y) \end{array}\right\} \tag{7-51}$$

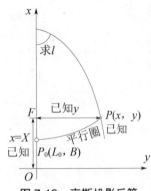

图 7-12　高斯投影反算

与高斯投影正算公式的推导思路相同，将上式展开成幂级数的形式，利用待定系数法根据高斯投影的三个条件，确定投影函数 f_1' 和 f_2' 的具体形式，进而导出高斯投影反算公式。

反算和正算相反。已知 P 点的高斯平面坐标 (x, y)，反求它在椭球面上的大地坐标 (L, B) 或对应等量坐标 (l, q)，如图 7-12 所示。

P 点的 y 值相比椭球半径是一微小量，所以可以将式(7-51)中的函数展开成 y 的幂级数。展开式的出发点选为 $F(x,0)$ 点，F 点叫做底点，它是由 P 点向纵坐标轴所作垂线的垂足点。该点的纬度称为底点纬度或垂足纬度。通常用 B_f 表示，它相应的等量纬度是 q，赤道至 B_f 的子午线弧长为 $X_f = x$，B_f 值可由 X_f 按子午线弧长公式反求得到。

根据高斯投影的第二个条件，式(7-51)中的函数展开成 y 的幂级数的形式可参照式(7-34)直接写出如下简单形式

$$
\left.
\begin{aligned}
q &= m_0' + m_2' y^2 + m_4' y^4 + \cdots \\
l &= n_1' y + n_3' y^3 + n_5' y^5 + \cdots
\end{aligned}
\right\}
\tag{7-52}
$$

根据高斯投影的第一个条件，对式(7-52)求偏导数得到

$$
\left.
\begin{aligned}
\frac{\partial q}{\partial x} &= \frac{\mathrm{d}m_0'}{\mathrm{d}x} + y^2 \frac{\mathrm{d}m_2'}{\mathrm{d}x} + y^4 \frac{\mathrm{d}m_4'}{\mathrm{d}x} + \cdots \\
\frac{\partial q}{\partial y} &= 2m_2' y + 4m_4' y^3 + \cdots \\
\frac{\partial l}{\partial x} &= y \frac{\mathrm{d}n_1'}{\mathrm{d}x} + y^3 \frac{\mathrm{d}n_3'}{\mathrm{d}x} + y^5 \frac{\mathrm{d}n_5'}{\mathrm{d}x} + \cdots \\
\frac{\partial l}{\partial y} &= n_1' + 3n_3' y^2 + 5n_5' y^4 + \cdots
\end{aligned}
\right\}
\tag{7-53}
$$

引入正形投影的一般条件，即柯西-黎曼微分方程得

$$
\left.
\begin{aligned}
\frac{\mathrm{d}m_0'}{\mathrm{d}x} + y^2 \frac{\mathrm{d}m_2'}{\mathrm{d}x} + y^4 \frac{\mathrm{d}m_4'}{\mathrm{d}x} + \cdots &= n_1' + 3n_3' y^2 + 5n_5' y^4 + \cdots \\
y \frac{\mathrm{d}n_1'}{\mathrm{d}x} + y^3 \frac{\mathrm{d}n_3'}{\mathrm{d}x} + y^5 \frac{\mathrm{d}n_5'}{\mathrm{d}x} + \cdots &= -2m_2' y - 4m_4' y^3 - \cdots
\end{aligned}
\right\}
\tag{7-54}
$$

根据的同次幂的系数相等，有

$$
\left.
\begin{aligned}
n_1' &= \frac{\mathrm{d}m_0'}{\mathrm{d}x} \\
m_2' &= -\frac{1}{2} \frac{\mathrm{d}n_1'}{\mathrm{d}x} \\
n_3' &= \frac{1}{3} \frac{\mathrm{d}m_2'}{\mathrm{d}x} \\
m_4' &= -\frac{1}{4} \frac{\mathrm{d}n_3'}{\mathrm{d}x} \\
n_5' &= \frac{1}{5} \frac{\mathrm{d}m_4'}{\mathrm{d}x}
\end{aligned}
\right\}
\tag{7-55}
$$

和高斯投影正算类似，为求得上述导数值，首先得确定 m_0'。由高斯投影的第三个条件知，当 $y = 0$ 时，$x = X_f$，并设此时的 X_f 对应的等量纬度为 q_f，代入式(7-52)的第一个式子得到

$$q = m_0' = q_f \tag{7-56}$$

将式(7-56)代入式(7-55)第一个式子得到

$$n_1' = \frac{\mathrm{d}q_f}{\mathrm{d}x} = \left(\frac{\mathrm{d}q}{\mathrm{d}x}\right)_f = \left(\frac{\mathrm{d}q}{\mathrm{d}B}\frac{\mathrm{d}B}{\mathrm{d}X}\right)_f = \left(\frac{M}{N\cos B}\frac{1}{M}\right)_f = \frac{1}{N_f \cos B_f} = \frac{\sec B_f}{N_f} \tag{7-57}$$

上式中，x 写成 X 只是在 $y=0$ 处成立，也就是 $q = q_f$ 时成立，因此，若用 X 代替 x，则各阶导数值应缀以下标 f，以表明是用底点纬度计算的导数值。

依次求导，并代入式(7-55)，可得 m_2', n_3', m_4', n_5' 等。

$$\left. \begin{aligned}
m_2' &= -\frac{t_f \sec B_f}{2N_f^2} \\[2mm]
n_3' &= -\frac{\sec B_f}{6N_f^3}(1 + 2t_f^2 + \eta_f^2) \\[2mm]
m_4' &= \frac{t_f \sec B_f}{24N_f^4}(5 + 6t_f^2 + \eta_f^2) \\[2mm]
n_5' &= \frac{\sec B_f}{120N_f^5}(5 + 28t_f^2 + 24t_f^2 + 6\eta_f^2 + 8\eta_f^2 t_f^2)
\end{aligned} \right\} \tag{7-58}$$

将式(7-56)、式(7-57)、式(7-58)代入式(7-52)得到

$$\left. \begin{aligned}
q &= q_f - \frac{t_f \sec B_f}{2N_f^2}y^2 + \frac{t_f \sec B_f}{24N_f^4}(5 + 6t_f^2 + \eta_f^2)y^4 \\[2mm]
l &= \frac{\sec B_f}{N_f}y - \frac{\sec B_f}{6N_f^3}(1 + 2t_f^2 + \eta_f^2)y^3 + \frac{\sec B_f}{120N_f^5}(5 + 28t_f^2 + 24t_f^2)y^5
\end{aligned} \right\} \tag{7-59}$$

以上推导的步骤和方法与正算公式完全类同。现已求得的还只是等量纬度 q，下面我们推求大地纬度 B。

等量纬度和大地纬度有一定的关系，设其函数关系为

$$B = F(q) \tag{7-60}$$

同理

$$B_f = F(q_f) \tag{7-61}$$

按泰勒级数 $F(q)$ 在 q_f 附近展开，得

$$B = B_f + \left(\frac{\mathrm{d}B}{\mathrm{d}q}\right)_f (q - q_f) + \frac{1}{2!}\left(\frac{\mathrm{d}^2 B}{\mathrm{d}q^2}\right)_f (q - q_f)^2 + \cdots \tag{7-62}$$

又

$$\left. \begin{aligned}
\left(\frac{\mathrm{d}B}{\mathrm{d}q}\right)_f &= \left(\frac{r}{M}\right)_f = \left(\frac{N\cos B}{M}\right)_f = V_f^2 \cos B_f \\[2mm]
\left(\frac{\mathrm{d}^2 B}{\mathrm{d}q^2}\right)_f &= -\cos B_f \sin B_f(1 + 4\eta_f^2)
\end{aligned} \right\} \tag{7-63}$$

将上式代入式(7-62)得到

$$B = B_f + V_f^2 \cos B_f (q - q_f) - \frac{1}{2} \cos B_f \sin B_f (1 + 4\eta_f^2)(q - q_f)^2 + \cdots \tag{7-64}$$

由(7-59)第一式，得

$$\left. \begin{aligned} q - q_f &= -\frac{t_f \sec B_f}{2N_f^2} y^2 + \frac{t_f \sec B_f}{24 N_f^4} (5 + 6t_f^2 + \eta_f^2) y^4 \\ (q - q_f)^2 &= \frac{t_f^2 \sec^2 B_f}{4 N_f^4} y^4 \end{aligned} \right\} \tag{7-65}$$

再次代入式(7-64)，并经整理得到

$$B = B_f - \frac{t_f}{2 M_f N_f} y^2 + \frac{t_f}{24 M_f N_f^3} (5 + 3t_f^2 + \eta_f^2 - 9\eta_f^2 t_f^2) y^4 \tag{7-66}$$

上式得到的结果是弧度单位，将上式和式(7-59)的第二式化为以(″)为单位，得高斯反算公式如下：

$$\left. \begin{aligned} (B_f - B)'' &= -\frac{\rho'' t_f}{2 M_f N_f} y^2 - \frac{\rho'' t_f}{24 M_f N_f^3} (5 + 3t_f^2 + \eta_f^2 - 9\eta_f^2 t_f^2) y^4 \\ l &= \frac{\rho'' \sec B_f}{N_f} y - \frac{\rho'' \sec B_f}{6 N_f^3} (1 + 2t_f^2 + \eta_f^2) y^3 + \\ &\quad \frac{\rho'' \sec B_f}{120 N_f^5} (5 + 28t_f^2 + 24t_f^2) y^5 \end{aligned} \right\} \tag{7-67}$$

当 $l < 3.5°$ 时，按式(7-67)计算的精度为 $\pm 0.01''$。若要换算精确至 $\pm 0.0001''$ 的坐标公式。可将上式级数继续扩充，现不加推导，直接给出如下

$$\left. \begin{aligned} (B_f - B)'' &= -\frac{\rho'' t_f}{2 M_f N_f} y^2 - \frac{\rho'' t_f}{24 M_f N_f^3} (5 + 3t_f^2 + \eta_f^2 - 9\eta_f^2 t_f^2) y^4 + \\ &\quad \frac{\rho'' t_f}{720 M_f N_f^5} (61 + 90t_f^2 + 45t_f^4) y^6 \\ l &= \frac{\rho'' \sec B_f}{N_f} y - \frac{\rho'' \sec B_f}{6 N_f^3} (1 + 2t_f^2 + \eta_f^2) y^3 + \\ &\quad \frac{\rho'' \sec B_f}{120 N_f^5} (5 + 28t_f^2 + 24t_f^2 + 6\eta_f^2 + 8\eta_f^2 t_f^2) y^5 \end{aligned} \right\} \tag{7-68}$$

最后，按下式计算 L, B

$$\left. \begin{aligned} L &= L_0 + l \\ B &= B_f - (B_f - B) \end{aligned} \right\} \tag{7-69}$$

3.高斯投影的邻带坐标换算

高斯投影虽然保证了角度没有变形这一优点，但长度变形较严重。为了限制长度变形，必须依中央子午线进行分带，把投影范围限制在中央子午线东西两侧的狭长带内分别进行，但这又使得统一的区域内产生了很多独立的坐标系。于是因分带产生了新的矛盾，即在生产

实践中提出的相邻投影带的坐标转换问题。也就是将一个带的高斯坐标换算为相邻带的高斯坐标，称为"高斯投影的邻带坐标换算"。

生产实践中有以下情况需要进行邻带换算：

(1) 三角锁网分跨于不同投影带，平差计算时，要将邻带的部分或全部坐标换算到同一个带中去。

(2) 在投影带的边缘地区测图时，往往用到邻带的控制点，因此，必须将这些点换算到同一个带中去。

(3) 大比例尺测图(1:1 万及更大比例尺)要求采用 3°带，而国家控制点通常只有 6°带的坐标，因此产生了 3°带和 6°带相互之间的换算。

综上所述，换带计算是分带带来的必然结果，是生产实践的需要，没有分带就没有换带。因此，高斯投影坐标换带计算是又一重要的基础知识。

在推导出高斯投影的正、反算公式之后，邻带换算问题就很容易解决了。邻带换算的基本方法是，首先按高斯投影反算公式，依据该点在 I 带高斯平面坐标 $(x, y)_{\text{I}}$ 求得该点的大地坐标 (L, B)，然后再按高斯投影正算公式，以 II 带中央子午线经度 $(L_0)_{\text{II}}$ 为准，算得该点在 II 带的高斯平面坐标 $(x, y)_{\text{II}}$。其过程表示为

$$(x, y)_{\text{I}} \xrightarrow[\text{高斯投影反算}]{(L_0)_{\text{I}}} (L, B) \xrightarrow[\text{高斯投影正算}]{(L_0)_{\text{II}}} (x, y)_{\text{II}}$$

由上述可见，这种换算方法进行邻带换算，理论上最简明严密，精度最高，通用性最强，它不仅适用于 6°→6°带，3°→3°带以及 6°⇔3°之间的邻带换算，而且也适用于任意带之间的换带计算。现就以 3°带坐标换算为 6°带坐标为例，讨论如下

我们知道，3°带的中央子午线，在奇数带与 6°带中央子午线重合，在偶数带与 6°带分带子午线重合。因此 3°带与 6°带的换算计算也分为两种情况。

(1) 3°带中央子午线与 6°带中央子午线重合。

如图 7-13 所示，以 123°经线为中央子午线的 3°带第 41 带与 6°带第 21 带的中央子午线重合。各投影带的坐标系不同是由于中央子午线的不同造成的。二者的中央子午线一致了，它们的坐标系就相同了。如果已知 P_1 点在 3°带第 41 带的坐标，求其在 6°带第 21 带的坐标，则无须任何换算。反之亦然。

(2) 3°带中央子午线与 6°带分带子午线重合。

如图 7-13 所示，3°带第 42 带的中央子午线与 6°带第 21 带、第 22 带间的分带子午线重合。此时，二者的坐标系不同。如果已知 P_2 点在 3°第 42 带的坐标，欲求其在 3°带第 21 带的坐标，则可根据邻带换算的方法求出 P_2 点在 3°第 41 带的坐标，即可得到其在 6°带第 21 带的坐标了。如果将 6°带坐标化为 3°带坐标，方法类同，不再重复。

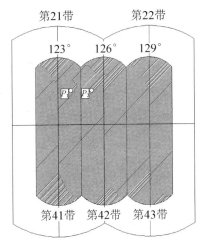

图 7-13　3°带与 6°带坐标换算

7.5 将椭球面元素归算至高斯平面

由 7.4.4 节的内容可知，地面观测值归算到椭球面上的高斯投影计算内容包括：高斯投影坐标计算、平面子午线收敛角计算、方向改正计算、距离改正计算。其中，高斯投影坐标计算前已讲述，这节我们重点讨论平面子午线收敛角计算、方向改正计算、距离改正计算。

7.5.1 子午线收敛角

一点处的平面子午线收敛角 γ 就是通过该点的子午线投影像与过该点的纵坐标线(与 x 轴重合或平行)之间的夹角，自子午线投影像量至纵坐标线方向，顺时针为正，逆时针为负。在计算坐标方位角时，需要用到平面子午线收敛角，下面导出其计算公式。在高斯投影平面上，如图 7-14 所示，过 P' 点的子午线投影曲线 $P'N'$ (l 为常数的曲线)与纵坐标线 $P'L$ 间的夹

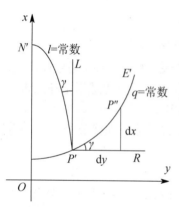

图 7-14 平面子午线收敛角

角，亦即真北方向与坐标别方向的夹角，称为高斯平面子午线收敛角，通常用 γ 表示。从子午线投影曲线量至纵坐标线，顺时针方向为正，逆时针方向为负。因为高斯投影为正形投影，故子午线与平行圈投影后(即 $P'N'$ 与 $P'E'$ 曲线)仍正交，于是 $P'E'$ 与横坐标线 $P'R$ 间的夹角亦为 γ。平面子午线收敛角用于大地方位角和平面坐标方位角间的相互换算。平面子午线收敛角可由大地坐标(L, B)计算，也可由平面坐标(x,y)计算。下面分别推导它们的公式。

1. 由大地坐标(L, B)计算 γ 的公式

设想点 P' 沿平行圈投影曲线移至 P'' 处，此时坐标增量为 dx，dy，由图 7-14 可得

$$\tan\gamma = \frac{dx}{dy} \tag{7-70}$$

一般情况下，由式(7-33)取全微分得

$$\left.\begin{aligned} dx &= \frac{\partial x}{\partial q}dq + \frac{\partial x}{\partial l}dl \\ dy &= \frac{\partial y}{\partial q}dq + \frac{\partial y}{\partial l}dl \end{aligned}\right\} \tag{7-71}$$

因 P' 移至 P'' 是沿平行圈方向，即 $q =$ 常数，故此时 $dq = 0$，于是

$$\left.\begin{aligned} dx &= \frac{\partial x}{\partial l}dl \\ dy &= \frac{\partial y}{\partial l}dl \end{aligned}\right\} \tag{7-72}$$

因此有

$$\tan \gamma = \frac{\dfrac{\partial x}{\partial l}}{\dfrac{\partial y}{\partial l}} \tag{7-73}$$

根据高斯投影坐标正算公式,即式(7-50)可分别求得 $\dfrac{\partial x}{\partial l}$ 与 $\dfrac{\partial y}{\partial l}$ 的表达式,将其代入式(7-73)中并经整理可得:

$$\tan \gamma = \sin B \cdot l + \frac{1}{3}\sin B \cos^2 B(1 + t^2 + 3\eta^2 + 2\eta^4) + \frac{1}{15}\sin B \cos^4 B(2 + 4t^2 + 2t^4) \tag{7-74}$$

设

$$\tan \gamma = x$$

则

$$\gamma = \tan^{-1} X = X - \frac{1}{3}X^3 + \frac{1}{5}X^5 + \cdots = \tan \gamma - \frac{1}{3}\tan^3 \gamma + \frac{1}{5}\tan^5 \gamma + \cdots \tag{7-75}$$

得

$$\gamma = l'' \sin B\left[1 + \frac{l''^2 \cos^2 B}{3\rho''^2}(1 + 3\eta^2 + 2\eta^4) + \frac{l''^4 \cos^4 B}{15\rho''^4}(2 - t^2)\right] \tag{7-76}$$

上式即为由大地坐标(L, B)计算平面子午线收敛角γ的公式。由上式可知:

(1) 当$l = 0$或$B = 0$时,$\gamma = 0$。即在中央子午线上和在赤道上,子午线收敛角均为0;

(2) y为l的奇函数,当P点在中央子午线以东时,l为正,则γ也为正,当P点在中央子午线以西时,l为负,则γ也为负;

(3) 当纬度B不变时,P点与中央子午线的经差l越大,H值越大;

(4) 当l不变时,纬度越高,γ值越大,在极点处γ最大。

式(7-76)在$l \leqslant 3.5°$时,可精确至$0.001''$,当$l \leqslant 2°$时,l^5项小于$0.001''$。可略去。

2. 由平面坐标(x, y)计算γ的公式

由平面坐标(x, y)计算子午线收敛角的公式可直接用式(7-76)变化求得。在式(7-76)中把l换以直角坐标,把B换以B_f即得。下面我们推求至y^3项的公式。B换以B_f的方法是用泰勒级数将$\sin B$展开,即

$$\sin B = \sin\left[B_f - (B_f - B)\right] = \sin B_f - \cos B_f(B_f - B) - \cdots \tag{7-77}$$

式中,$(B_f - B)$由式(7-67)中第一式取主项有

$$(B_f - B) = \frac{t_f}{2M_f N_f}y^2 = \frac{t_f}{2N^2_f}y^2(1 + \eta^2_f) \tag{7-78}$$

代入得

$$\sin B = \cos B_f\left[t_f - \frac{t_f}{2N^2_f}y^2(1 + \eta^2_f) - \cdots\right] \tag{7-79}$$

L换以直角坐标采用式(7-67)中第二式,即

$$l'' \cos B_f = \frac{\rho''}{N_f} y - \frac{\rho''}{6N_f^3} y^3 (1 + 2t_f^2 + \eta_f^2) + \cdots \left.\begin{array}{c} \\ \\ \\ \\ \end{array}\right\}$$

$$l'' \cos B_f = \frac{\rho''}{N_f^2} y^2 - \cdots$$

(7-80)

将式(7-79)和式(7-80)代入式(7-76)，略去 $l^3 Q^4$ 以上的项得

$$\gamma'' = \left[\frac{\rho''}{N_f} y - \frac{p''}{6N_f^3} y^3 (1 + 2_f^2 + \eta_f^2) \right] \cdot \left[t_f - \frac{t_f}{2N_f^2} y^2 (1 + \eta_f^2) \right] \cdot \left[1 + \frac{1}{2N_f^2} y^2 (1 + 3\eta_f^2) \right]$$

$$= \frac{\rho'' y}{N_f} t_f - \frac{\rho'' y^3}{6N_f^3} t_f (1 + 2t_f^2 + \eta_f^2) - \frac{\rho'' y^3}{2N_f^3} t_f (1 + \eta_f^2) + \frac{\rho'' y^3}{3N_f^3} t_f (1 + 3\eta_f^2)$$

(7-81)

最后得

$$\gamma'' = \frac{\rho'' y}{N_f} t_f - \frac{\rho'' y^3}{3N_f^3} t_f (1 + t_f^2 - \eta_f^2)$$

(7-82)

如果公式推求至 y^5，则有

$$\gamma'' = \frac{\rho'' y}{N_f} t_f - \frac{\rho'' y^3}{3N_f^3} t_f (1 + t_f^2 - \eta_f^2) + \frac{\rho'' y^5}{15N_f^5} t_f (2 + 5t_f^2 + 3_f^4)$$

(7-83)

由式(7-82)计算 γ 精度可达 $1''$，由式(7-83)计算 γ 精度可达 $0.001''$。式中有下标 "f" 的，其意义同高斯反算公式，表示由底点纬度算得。

3. 实用公式

式(7-76)和式(7-83)均可作为计算机编程的实用公式，其精度为 $0.001''$，对于式(7-83)中的 B_f 值，可按 $x = X$，根据迭代公式或直接公式算得。要使精度达到 $0.0001''$，可将式(7-83)的级数项继续扩充，直接写出结果如下

$$\gamma'' = \frac{\rho'' y}{N_f} t_f - \frac{\rho'' y^3}{3N_f^3} t_f (1 + t_f^2 - 5\eta_f^2) + \frac{\rho'' y^5}{15N_f^5} t_f (2 + 5t_f^2 + 3t_f^4 + 2\eta_f^2 + \eta_f^2 t_f^2)$$

(7-84)

7.5.2 方向改化

在传统的大地测量中，三角网是布设国家平面控制网的主要形式，故角度或者是方向值就成为最基本的观测量。因此，对于大地方位角和平面坐标方位角的换算、将实地观测方向归算至高斯投影平面方向值的方向改正，则是三角测量概算中的一项工作量很大的基本计算工作。

1. 方向改正数计算

正形投影的等角性质，使椭球面上大地线间形成的角度与投影在平面上的相应投影曲线所形成的角度相等。在平面上解算曲面三角形是相当复杂的，为便于计算和考虑实用性，需要把平面上的这些曲线方向改化为两点间的弦线方向，达此目的所进行的改正就是方向改正。为此需要在椭球面的方向观测值中，加入一个因边长曲率而产生的方向改正数，也称曲率改正数。

如图 7-15 所示，1AB2 为大地线在椭球面上的投影像，其中 A、B 为无限接近的两点，其间长度为 d6，r 为弧素 $d\sigma$ 的曲率半径，T 为弦长 12 的方位角。

现建立以 1 为原点的 ξ、η 坐标系，其中 ξ 轴与弦线 12 重合。微分学中求曲率的公式为：

$$\frac{1}{r} = \frac{\dfrac{d^2\eta}{d\xi^2}}{\left[1 + \left(\dfrac{d\eta}{d\xi}\right)^2\right]^{\frac{3}{2}}} \tag{7-85}$$

若设 $d\sigma$ 和 ξ 轴的夹角为 δ，则根据导数的性质，

$$\frac{d\eta}{d\xi} = \tan\delta \tag{7-86}$$

所以：

$$1 + \left(\frac{d\eta}{d\xi}\right)^2 = 1 + \tan^2\delta = \frac{1}{\cos^2\delta} \tag{7-87}$$

代入前式，考虑 δ 数值微小，可取 $\cos\delta \approx 1$，于是：

$$\frac{1}{r} = \frac{d^2\eta}{d\xi^2}\cos^3\delta = \frac{d^2\eta}{d\xi^2} \tag{7-88}$$

其次，若弧素 $d\sigma$ 与其弦线 AB 均成小角 $H_{抵}$，则其所对应的圆心角为 $2y_m^2$。由 $\triangle ABC$ 可得：

$$d\sigma = r \cdot 2d\delta \tag{7-89}$$

由于 δ 角很小，可以认为 $d\sigma = d\xi$，此时上式写成：

$$\frac{1}{r} = \frac{2d\delta}{d\xi} \tag{7-90}$$

如果自无限接近的两点 A、B 分别作 x 轴的垂直线，交 x 轴 A'、B' 两点，两点间坐标差为 dx，如图 7-16 所示。由于高斯投影具有等角性质，图中四边形 $ABB'A'$ 的内角和公式为：

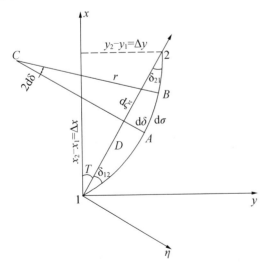

图 7-15　方向改正的计算

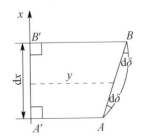

图 7-16　改正数的推算

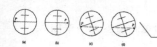

$$360° + 2\mathrm{d}\delta = 360° + \varepsilon \tag{7-91}$$

式中：ε 为四边形 $ABB'A'$ 在椭球面上的球面角超。因为 ε 的数值不大，故可用近似方法计算。将四边形视为梯形，y 为 A、B 点的横坐标平均值，则其面积可写为 $P = y \cdot \mathrm{d}x$，取椭球的平均曲率半径为 R，根据球面角超计算公式和上列关系，ε 仍以弧度为单位，则有：

$$\varepsilon = \frac{P}{R^2} = \frac{y \cdot \mathrm{d}x}{R^2} = 2\mathrm{d}\delta \tag{7-92}$$

式(7-88)和式(7-90)相等，并考虑上式，即得大地线投影像 $1AB2$ 的曲率微分方程式：

$$\frac{\mathrm{d}^2\eta}{\mathrm{d}\xi^2} = \frac{y \cdot \mathrm{d}x}{R^2 \mathrm{d}\xi} \tag{7-93}$$

若用 x_1 和 y_1 表示点 1 坐标，可以写出弦 12 上的动点坐标为：

$$x = x_1 + \xi \cos T$$
$$y = y_1 + \xi \sin T$$
$$\mathrm{d}x = \mathrm{d}\xi \cos T \tag{7-94}$$

考虑上列公式，式(7-93)又有如下形式：

$$\frac{\mathrm{d}^2\eta}{\mathrm{d}\xi^2} = \frac{\cos T}{R^2}(y_1 + \xi \sin T) \tag{7-95}$$

式中：T 为边长的方位角，它和 y_1 都具有确定的值。

对式(7-95)两次积分，并将 R 视作常数，取其等于弦长 12 中点处椭球面平均曲率半径 R，依次得到：

$$\frac{\mathrm{d}\eta}{\mathrm{d}\xi} = \frac{\cos T}{R^2}\left(y_1\xi + \frac{1}{2}\xi^2 \sin T\right) + c_1 \tag{7-96}$$

$$\eta = \frac{\cos T}{R^2}\left(\frac{1}{2}y_1\xi^2 + \frac{1}{6}\xi^3 \sin T\right) + c_1\xi + c_2 \tag{7-97}$$

利用点 1 的如下特性，可确定式(7-97)中积分常数 c_1 和 c_2，即

$$\xi = 0, \eta = 0, \frac{\mathrm{d}\eta}{\mathrm{d}\xi} = \tan\delta_{12} = \delta_{12}$$

将它们代入式(7-96)和式(7-97)得：

$$c_1 = \delta_{12}, c_2 = 0$$

对于点 2 有：$\eta = 0, \xi = D$，代入式(7-93)，将方向改正数以角秒为单位，并考虑积分常数后得：

$$\rho''_{12} = \frac{\rho''}{2R^2}D\cos T\left(y_1 + \frac{D\sin T}{3}\right) \tag{7-98}$$

注意到 $D\cos T = x_2 - x_1$，$D\sin T = y_2 - y_1$，最终得到：

$$\delta''_{12} = \frac{\rho''}{2R^2}(x_1 - x_2)\left(y_m + \frac{y_1 - y_2}{6}\right) \tag{7-99}$$

式中，$y_m = \frac{1}{2}(y_1 + y_2)$。

对于 21 方向，同理得其改正数为：

$$\delta_{21}'' = \frac{\rho''}{2R^2}(x_2 - x_1)\left(y_m + \frac{y_2 - y_1}{6}\right) \qquad (7\text{-}100)$$

式(7-99)和式(7-100)是计算方向改正数的公式。由他们求出的 δ 加在相应的方向观测值上，即得高斯投影平面上的直线方向值。当点 2 的横坐标中数 y_m 小于 250km 时，由以上两式计算的误差小于 0.01″，故它们常用于二等三角测量计算。

对于三、四等三角测量，边长在 10km 范围内，如果只要求 δ 的计算精度达 0.1″，就可以采用下列简化公式：

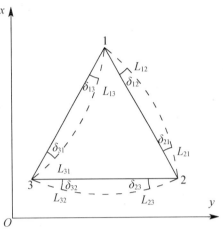

图 7-17　方向改正计算的检核

$$\left.\begin{array}{l} \rho_{12}'' = \dfrac{\rho''}{2R^2}(x_1 - x_2)y_m \\[3mm] \rho_{21}'' = \dfrac{\rho''}{2R^2}(x_2 - x_1)y_m \end{array}\right\} \qquad (7\text{-}101)$$

2. 方向改正数计算的检核

方向改正计算后，其正确性需要进行检核。如图 7-17 所示，虚线组成的曲边三角形是高斯平面上的图形，其图形与相应的椭球面上的图形内角和是一致的，即为 $180° + \varepsilon$，而直边平面三角形的内角和则为：

$$\begin{aligned}
&[(L_{13} + \delta_{13}) - (L_{12} + \delta_{12})] + [(L_{21} - \delta_{21}) - (L_{23} + \delta_{23})] + [(L_{32} + \delta_{32}) - (L_{31} - \delta_{31})] \\
&= [(L_{13} - L_{12}) + (\delta_{13} - \delta_{12})] + [(L_{21} - L_{23}) + (\delta_{21} - \delta_{23})] + [(L_{32} - L_{31}) + (\delta_{32} - \delta_{31})] \\
&= [(L_{13} - \delta_{12}) + \Delta\delta_1] + [(L_{21} - L_{23}) + \Delta\delta_1] + [(L_{32} + L_{31}) + \Delta\delta_1] \\
&= 曲边内角和 + \sum\Delta\delta \\
&= 180° + \varepsilon + \sum\Delta\delta \\
&= 180°
\end{aligned}$$

则有：

$$\varepsilon = -\sum\Delta\delta \qquad (7\text{-}102)$$

推广到 n 条多边形的一般情况，则有：

$$\varepsilon = -\sum_{i=1}^{n}\Delta\delta_i \qquad (7\text{-}103)$$

以上的公式即为方向改正的检核公式。

7.5.3　距离改化

椭球面上的大地线长度 S 改化为平面上投影曲线两端点间的弦长 D，称为距离改正。D 与 S 的差异，就是距离改正数 ΔS。将地面测量的长度换算至高斯投影平面，或根据高斯平面直角坐标系的长度换算为实地距离时，都需要考虑这个距离改正数。

如图 7-18 所示，s' 为大地线在平面上投影曲线的长度，由于这个曲线弧素 s' 和弦长 D 之间的夹角 δ 在任何情况下均是微小值，以致可以忽略 s' 和 D 的长度差异。例如在图 7-18

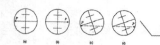

中过点 1 和点 2 作大地线投影像 1T2 的切线 1K 和 2K，此时

$$D < s' < \overline{1K} + \overline{2K} \approx 2 \times \overline{1K} = D\sec\delta$$

再结合级数展开的知识，因而可得：

$$\frac{s' - D}{D} < \sec\delta \approx \frac{\delta^2}{2}$$

在 6° 带边缘，长度 D 达 30km 时，δ 值不超过 20″，此时：

$$\frac{s' - D}{D} < 1 : 200\ 000\ 000$$

对于最精密的距离测量，其中误差不过 $1 : 1\ 000\ 000$，当边长为 500km 时，其差别约为 2.5mm，所以在控制测量工作的任何情况下均可取 $s' = D$。这样投影长度比为：

$$\left. \begin{aligned} m &= \frac{\mathrm{d}s'}{\mathrm{d}S} = \frac{\mathrm{d}D}{\mathrm{d}S} \\ \mathrm{d}S &= \frac{\mathrm{d}D}{m} \\ S &= \int_0^D \frac{\mathrm{d}D}{m} \end{aligned} \right\} \tag{7-104}$$

式中，$\mathrm{d}D$ 可根据图 7-19 解算 $\triangle ABC$ 得出：

$$\mathrm{d}D = \frac{\mathrm{d}y}{\sin T} \tag{7-105}$$

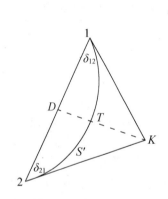

图 7-18　大地线和弦线的关系

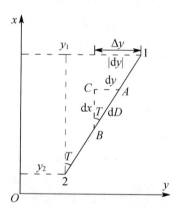

图 7-19　弦线和坐标的关系

取长度比公式中 m 的前 2 项以及上式代入公式(7-104)得：

$$S = \frac{1}{\sin T} \int_{y_1}^{y_2} \left(1 - \frac{y^2}{2R^2}\right) \mathrm{d}y \tag{7-106}$$

式中，R 值随纬度 B 的不同而变化。不过椭球扁率较小，这种变化亦较小，以致可以视其为固定值，且取其等于大地线中点处平均曲率半径 R。这时上式积分结果如下：

$$S = \frac{1}{\sin T}\left(y - \frac{y^3}{6R^2}\right)\Big|_{y_1}^{y_2} = \frac{1}{\sin T}\left[(y_2 - y_1) - \frac{y_2^3 - y_1^3}{6R^2}\right]$$

式中，

$$y_2^3 - y_1^3 = (y_2 - y_1)(y_1^2 + y_1 y_2 + y_2^2), \frac{y_2 - y_1}{\sin T} = D$$

于是得，

$$\left. \begin{array}{l} S = D\left(1 - \dfrac{y_1^2 + y_1 y_2 + y_2^2}{6R^2}\right) \\[4mm] D = S\left(1 + \dfrac{y_1^2 + y_1 y_2 + y_2^2}{6R^2}\right) \end{array} \right\} \tag{7-107}$$

式中，

$$\begin{aligned} y_1^2 + y_1 y_2 + y_2^2 &= (y_1 + y_2)^2 - y_1 y_2 \\ &= 3\left(\frac{y_1 + y_2}{2}\right)^2 + \frac{1}{4}(y_2 - y_1)^2 \\ &= 3 y_m^2 + \frac{1}{4}\Delta y^2 \end{aligned}$$

所以上式可以写为，

$$D = S\left(1 + \frac{y_m^2}{2R^2} + \frac{\Delta y^2}{24 R^2}\right) \tag{7-108}$$

上式即为大地线长 S 换算成高斯平面上直线距离 D 的公式。对于三、四等测距结果的换算，有时采用下式精度亦足够：

$$D = S + \Delta S = S + \frac{y_m^2}{2R^2} S \tag{7-109}$$

式中，R 为测区中点的曲率半径；y_m 为距离的两端点横坐标自然值的平均值。

从上述公式可以看出，无论是计算方向改正还是距离改正，都需要预先知道点的平面坐标。不过，由于这些改正数的数值不大，需用到的有效数字不多，所以只要预先算出点的近似坐标即可。

7.6　工程控制网常用的坐标系

坐标系统的选择对一项工程来说是一项首先必须进行的工作，同时坐标系选择的适当与否关系到整个工程的精度高低，因此对坐标系统的研究是一项非常重要和必需的工作。我国《国家三角测量规范》(GB/T 17942—2000)中规定：所有国家的大地点均按高斯正形投影计算其在 6°带内的平面直角坐标，在 1:1 万和更大比例尺测图的地区，还应加算其在 3°带内的平面直角坐标。我们通常将这种采用高斯投影 6°带或 3°带的坐标系统称为国家统一坐标系统。其坐标值称为通用坐标。

在实际应用中，由于长度变形超过相关工程规范关于长度综合变形的规定，国家统一坐标系统往往不能满足工程建设的需要，所以必须针对不同的工程采用适合它的独立工程坐标系统。

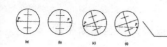

7.6.1 长度综合变形

在控制测量计算中，有两项投影计算会引起长度变形：一个是地面水平距离(一般是高于椭球面的)投影到参考椭球面，这将引起距离变短；一个是参考椭球面距离投影到高斯平面，这将导致距离变长。

1. 地面水平距离投影到椭球面的长度变形

将地面观测的水平距离投影到椭球面上时，一般应加如下改正

$$\Delta s = -\frac{H_m}{R_A}s \tag{7-110}$$

式中：R 为长度所在方向椭球面曲率半径；H_m 为长度所在高程面对于椭球面的大地高平均值，S 为实地测量的水平距离。

2. 椭球面距离投影到高斯投影平面的长度变形

将椭球面上的长度投影到高斯投影平面，加入如下改正

$$\Delta S = +\frac{y_m^2}{2R^2}S \tag{7-111}$$

式中，R 为测区中点的平均曲率半径；y_m 为距离的两端点横坐标自然值的平均值；S 为椭球面上距离。

这样，地面上的一段距离，经过上述两次改正计算，被改变了真实长度。这种高斯投影平面上的长度与地面上实际长度之差，我们称之为长度综合变形，其计算公式为

$$\delta = +\frac{y_m^2}{2R^2}S - \frac{H_m}{R_A}s \tag{7-112}$$

为了计算的方便，又不损害必要的精度，可以将椭球视为圆球，取圆球半径 $R \approx R_A \approx 6371\text{km}$，又取不同投影面上的同一距离近似相等，即 $S \approx s$，将上式写成相对变形的形式，并将已知数据代入后，得到

$$\frac{\delta}{s} = (0.001\,23y^2 - 15.7H) \cdot 10^{-5} \tag{7-113}$$

式中，y 为测区中心的横坐标(自然值)，H 表示相对于椭球面的测区平均大地高。y 和 H 均以 km 作单位。

上式表明，采用国家同一坐标所产生的长度综合变形，与测区所处投影带内的位置和测区的平均高程有关，利用上式可以很快地计算出测区所用坐标系统的长度相对变形的大小。

控制网是直接为国家建设测绘大比例尺图和工程测量服务的。因此由控制网提供的距离应尽可能保持其真实性，这样，地面测量的距离可以直接绘图，图纸上量取的距离也可以直接测设于实地。所以，对控制网来说，其长度综合变形越小越好。

我国《城市测量规范》、《公路勘测规范》等经济建设部门颁布的测量规范，均对控制网的综合长度变形的允许范围作了明确的规定，一致确定了平面控制网坐标系统长度综合变形不超过 2.5cm/km(相对变形为 1/40 000)这一原则。这样的长度变形与四等平面控制网边长的必需精度相适应，对于测量精度为 1/5 000～1/20 000 的施工放样，也能起到良好的控制作用。

7.6.2　国家统一坐标系统的局限性

将长度综合变形的允许值 1/40 000 代入式(7-113)，即可得下列方程

$$H = 0.78y^2(10^{-4}) \pm 0.16 \tag{7-114}$$

对于某已知高程面的测区，利用上式可以计算出相对的变形不超过 1 : 40 000 的国家统一 3° 带内的 y 坐标取值范围；同理，对于 3° 带内的不同投影区域，可以算出综合变形不超过允许数值时测区的平均高程的取值范围。

如果测区中心的 $\pm y$ 坐标为横轴，取测区的平均高程 H 为纵轴，根据式(7-114)就可以画出相对变形恒为允许数值之间的两条曲线。这两条曲线就是适用于控制测量的投影带范围的临界线，或者说两条曲线间的区域就是适用于测图和工程测量的投影带范围，如图 7-20 所示。

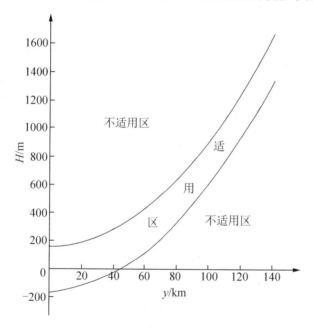

图 7-20　长度变形区域

根据图 7-20，可以直观形象的判断 3° 带国家高斯平面直角坐标系是否适合于本测区的需要。如果根据本测区的平均高程和 3° 带 y 坐标所确定的位置，处于两曲线以外的"不适用区"，就应该考虑另行选择坐标系。

为了保证投影的综合长度变形不超过 2.5cm/km，必将极大地降低 3° 带国家统一坐标系统的适用范围。从图 7-20 可以看出，在 3° 投影带的大部分区域，长度综合变形均超出了上述规范中界定的范围，均不适宜于大比例尺测图和工程测量的需要。所以，如何选择一个能够抵偿长度综合变形的坐标系统，是一个必须解决的问题。

7.6.3　工程测量平面控制网平差基准的选择方法

工程控制网在建立坐标系时，其投影以及归算方式与国家大地控制网的投影与归算方式

相同，但工程控制网投影时中央子午线的选取及归算高程面的选取随工程控制网所在地及工程控制网所要求的精度不同而不同。

如果测区内有国家控制点，且其精度高于测区首级控制网的要求，两三角点间距离投影到测区平均高程面所引起的边长改正小于最弱边误差，则加以利用。如果测区内没有高级控制点或其精度不能满足要求，则应与附近的国家控制点联测。对于小型或局部工程，也可将首级测图控制网布成独立网。

对于工程测量，包括城市测量，如何根据目的和要求选择合适的投影面和投影带，亦即经济合理地确定工程平面控制网的坐标系，目前尚缺乏统一的规定和明确的条文。有关工程控制测量中投影面和投影带的选择问题，主要应从以下几个方面考虑。

1) 工程控制测量中投影面和投影带选择的基本出发点

平面控制测量投影面和投影带的选择，主要是解决长度变形问题。这种投影变形主要是由于以下两个因素引起的：

(1) 实测边长归算到参考椭球面上的变形影响，其值为 ΔS_1，即：

$$\Delta S_1 = -\frac{S H_m}{R} \tag{7-115}$$

式中，H_m 为归算边高出参考椭球面的平均高程，S 为归算边的长度，R 为归算边方向参考椭球法截弧的曲率半径。归算边长的相对变形：

$$\frac{\Delta S_1}{S} = -\frac{H_m}{R} \tag{7-116}$$

根据式(7-116)计算的每公里长度投影变形值，根据式(7-115)式计算的不同高程面上的相对变形如表 7-2 所示，R 的概值为 6370km。

表 7-2　不同高程面上相对变形计算表

H_m/m	10	20	50	100	1000	2000	3000
ΔS_1/mm	−1.6	−3.1	−7.8	−15.7	−157	−314	−472
ΔS_1/s	1/637 000	1/318 500	1/127 000	1/63 700	1/6370	1/3180	1/2120

由表 7-2 可见，ΔS_1 始终为负值，表明将地面实测长度归算到参考椭球面上，总是缩短的；$|\Delta S_1|$ 与 H_m 成正比，随 H_m 的增大而增大。

(2) 将参考椭球面上的边长归算到高斯投影面上的变形影响，其值为 ΔS_2：

$$\Delta S_2 = \frac{S_0}{2} \cdot \left(\frac{y_m}{R_m}\right)^2 \tag{7-117}$$

式中，S_0 为投影归算边长，$S_0 = S + \Delta S_1$，R_m 为参考椭球面平均曲率半径。投影边长的相对投影变形为：

$$\frac{\Delta S_2}{S_0} = \frac{1}{2}\left(\frac{y_m}{R_m}\right)^2 \tag{7-118}$$

依式(7-117)、式(7-118)两式分别计算的每公里长度投影变形值以及相对投影变形值见表 7-3(以测区平均纬度 $B = 41°52'$，$R_m = 6375.9$km 为例)。

表 7-3　每公里长度投影变形计算表

y_m/km	10	20	30	40	50	60	70	80	100
ΔS_2/mm	1.2	4.9	11.1	19.7	30.7	44.3	60.3	78.7	133.0
$\Delta S_2/s_0$	1/810 000	1/20 0000	1/90 000	1/50 000	1/32 000	1/22 000	1/16 500	1/12 700	1/8000

由表 7-3 可见，ΔS_2 值总是正值，表明将椭球面长度投影到高斯平面上，总是增大的；ΔS_2 值随 y_m 平方成正比增大，离中央子午线越远其变形越大。

2) 工程控制测量平面控制网的精度要求

为了便于施工放样工作的顺利进行，要求控制点坐标反算的边长与实地测量的边长在长度上应该相等，就是说由上述两项归算投影变形改正而带来的长度变形不得大于施工放样的精度要求。如果要求施工放样的方格网和建筑轴线的测量精度为 1/5000～1/20 000，因此由投影归算引起的控制网长度变形应小于施工放样允许误差的 1/2，即相对误差为 1/10 000～1/40 000，也就是说，每公里的长度改正数，不应该大于 10～2.5cm。

3) 工程控制测量投影面和投影带的选择

工程控制测量对投影面和投影带的选择应遵循以下原则：

(1) 在满足工程测量上述精度要求的前提下，为了便于测量结果的使用，应采用国家统一 3°带高斯投影平面直角坐标系，将观测结果归算到参考椭球面。

(2) 当边长的两次归算投影改正不能满足上述要求时，为保证工程测量的直接利用和计算的方便，可采用任意带的独立高斯投影平面直角坐标系，归算测量经过的参考面可以自己选定，为此，可采用下面三种手段来实现：

① 通过改变 H_m 从而选择合适的高程参考面，将抵偿分带投影变形，这种方法通常称为抵偿投影面的高斯正形投影；

② 通过改变 y_m 从而对中央子午线作适当移动来抵偿由参考椭球面归算到高斯面上的投影变形，这就是通常所说的任意带高斯正形投影；

③ 通过既改变 H_m (选择高程参考面)又改变 y_m (移动中央子午线)来共同抵偿两项归算改正变形，这就是所谓的具有高程抵偿面的任意带高斯正形投影。

7.6.4　工程控制网中坐标系统的选择

工程控制网作为各项工程建设施工放样测设数据的依据，为了便于施工放样工作的顺利进行，要求由控制点坐标直接反算的边长与实地量得的边长，在数值上应尽量相等。也就是说，由上述两项投影改正而带来的长度综合变形不超过 2.5cm/km(相对变形为 1/40 000)。正是基于此考虑，根据工程地理位置和平均高程的大小，可以采用下述三种坐标系统方案：

(1) 当长度变形值不大于 2.5cm/km 时，可直接采用高斯正形投影的国家统一 3°带平面直角坐标系。

(2) 当长度变形值大于 2.5cm/km，可采用：①具有抵偿投影面的高斯正形投影 3°带平面直角坐标系；②投影于参考椭球面上的高斯正形投影任意带平面直角坐标系统；③具有抵偿投影面的高斯正形投影任意带平面直角坐标系。

(3) 面积小于 25 km² 的小测区工程项目,可不经投影采用假定平面直角系统在平面上直接计算。

前述的(1)、(3)两种方案无须多作解释。这里仅介绍第 2 种方案的 3 种情况。

1. 具有抵偿投影面的高斯正形投影 3° 带平面直角坐标系

这种方案的思路是在不改变国家标准 3° 带中央子午线的情况下,不再投影至参考椭球面而是投影至某个抵偿高程面,从而得到地面上边长的高斯投影长度改正与归算到基准面上的高程投影改正相互抵偿的相同效果。

欲使长度综合变形得以抵偿,必须使

$$\frac{H_m - H_\text{抵}}{R_A} s = \frac{y_m^2}{2R^2} S \tag{7-119}$$

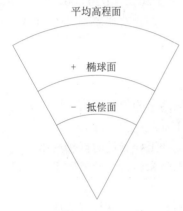

平均高程面

+ 椭球面

- 抵偿面

图 7-21　抵偿面与椭球面的关系

式中,R 为测区平均地球曲率半径;$H_\text{抵}$ 为所加入的抵偿高程面高程,规定在参考椭球面以下为负值,高于参考椭球面为正值,如图 7-21 所示。s 为地面上的平距;S 为椭球面上的长度,实际应用时可以认为它们相等;y_m 为测区各点横坐标自然值的平均值。不过,测区是个范围,而不是一个点。式中的 y_m 应如何取值呢?对于一个测区,必有 y_m 的最小值和最大值,显然,我们既不能取最小值,也不能取最大值,而应取

$$y_m^2 = \frac{(y_m^2)_\text{min} + (y_m^2)_\text{max}}{2} \tag{7-120}$$

用这样的 y_m^2 代入式(7-119)算出的 $H_\text{抵}$,可使整个测区边长变形综合最小。当然实际选用时,如果结合测区地势情况,需要时对 y_m^2 稍作变动效果会更好。

例如,某测区相对于参考椭球面的平均高程 $H=1000\text{m}$,在国家标准 3° 带内跨越的 y 坐标范围为-80km～-50km,若不变换中央子午线,求能抵偿投影变形的高程抵偿面。

根据式(7-120)可得 $y_m^2 = \dfrac{(y_m^2)_\text{min} + (y_m^2)_\text{max}}{2} = \dfrac{(-50)^2 + (-80)^2}{2} = 4450 \ (\text{km}^2)$

即

$$y_m = -66.7\text{km}$$

$$H_\text{抵} = H_m - \frac{y_m^2}{2R} = 1000 - \frac{4450 \times 10^6}{2 \times 6\,370\,000} = 650.7\text{m}$$

即选 $H_\text{抵}=650\text{m}$ 的高程面作控制网的投影基准面最为合适。事实上,最小变形在 $y_m = -66.7\text{km}$ 处,因为

$$\delta = \frac{y_m^2}{2R^2} S - \frac{H_m - H_\text{抵}}{R_A} s = \left(\frac{(-66.7)^2}{2 \times 6370^2} - \frac{1 - 0.65}{6370} \right) \times 1000 \approx 0$$

最大变形在 $y_1 = -50\text{km}$ 和 $y_2 = -80\text{km}$ 处,分别为 -0.024m 和 $+0.024\text{m}$。

从上面的例子的计算结果也可看出,若不变换中央子午线,仅靠选择抵偿高程面,其抵偿范围也是有限的,上例中的有效抵偿带宽仅为 30km。

抵偿高程面的位置确定后,就可以选择其中一个国家大地点作“原点”,保持它在 3°

带国家统一坐标系中的坐标值(x_0, y_0)不变，而将其他大地控制点的坐标(x, y)换算到抵偿高程面相应的坐标系中去。换算公式为

$$
\left.
\begin{array}{l}
x_\text{抵} = x + (x - x_0)\dfrac{H_\text{抵}}{R_m} \\[3mm]
y_\text{抵} = y + (y - y_0)\dfrac{H_\text{抵}}{R_m}
\end{array}
\right\}
\tag{7-121}
$$

式中，R_m为该地区平均纬度处的椭球平均曲率半径。

这样，经过换算的大地控制点坐标就可以作为控制测量的起算数据，即形成了该测区的地方坐标系。需要时，还可以将该地方坐标系中点坐标，按下式换算成国家统一坐标系中的坐标，即

$$
\left.
\begin{array}{l}
x = x_\text{抵} + (x_\text{抵} - x_0)\dfrac{H_\text{抵}}{R_m} \\[3mm]
y = y_\text{抵} + (y_\text{抵} - y_0)\dfrac{H_\text{抵}}{R_m}
\end{array}
\right\}
\tag{7-122}
$$

选择国家统一坐标系的点(x_0, y_0)为"原点"，也可以选择测区的平均坐标值作为所谓的"原点"。该特殊的"原点"有时也称为"锚点"。

2. 投影于参考椭球面上的高斯正形投影任意带平面直角坐标系统

这种方案的思路是地面观测值仍然归算到参考椭球面，但高斯投影的中央子午线不是标准3°带中央子午线，而是按工程需要来自行选择一条中央子午线。用这条中央子午线，边长的高程投影和高斯投影引起的长度变形能基本互相抵消。

投影基准面仍然为参考椭球面，式(7-119)变为

$$
\frac{y_m^2}{2R^2}S - \frac{H_m}{R}s = 0
\tag{7-123}
$$

可得

$$
y_m = \sqrt{2RH_m}
\tag{7-124}
$$

即当y_m满足上式时边长的两项投影改正互相抵消。

又例如，某测区相对于参考椭球面的高程$H_m = 500\text{m}$，为使边长的高程投影及高斯投影引起的长度变形能基本互相抵消，依式(7-124)算得

$$
y_m = \sqrt{2 \times 6370 \times 0.5} = 80\text{km}
$$

即选择与该测区相距80km处的子午线作中央子午线。这样，在测区，边长的高程投影和高斯投影引起的长度变形能基本互相抵消。但是，当$y \neq 80\text{km}$时，也即该测区的其他地方仍然会有变形，用不同的y值代入式(7-112)计算，当$y = 66\text{km}$时，每公里变形为-2.5cm，当$y = 91.5\text{km}$时，每公里变形为2.5cm。即最大抵偿带宽不超过25km。由此看出，这种方案的有效抵偿带宽不可能宽，有较大的局限性。

任意带确定后，应用高斯投影坐标计算的方法，将有关的已知高斯平面直角坐标的点换算成大地坐标，再由大地坐标计算这些点在任意带的内的平面直角坐标。可以看出，这仅仅是个换带计算问题。反之，已知某点在任意带内的坐标，也可以方便的求出它在国家统一坐

标系内的坐标值。所有这些计算都是按照高斯投影的理论进行的。

3. 具有抵偿投影面的任意带高斯正形投影平面直角坐标系

这种方案结合了前两种方案的一些特点，既将中央子午线移动至测区中部，又变换了高程投影面。当测区东西向跨度较大，需要抵偿的带宽较大时，即可采用此种方案。对作为控制测量起算数据的国家大地点坐标进行如下处理：

(1) 利用高斯投影坐标正反算的方法，将国家点的平面直角坐标换算成大地坐标。并由大地坐标再计算这些点在选定的中央子午线投影带内的平面直角坐标 (x, y)。

(2) 当选择其中一个国家点作为抵偿坐标的"原点"，保持该点在选定的投影带内坐标 (x_0, y_0) 不变，其他国家点按下式将坐标换算到选定的该坐标系中去。

$$\left.\begin{aligned} x' &= x + (x - x_0)\frac{H_{抵}}{R_m} \\ y' &= y + (y - y_0)\frac{H_{抵}}{R_m} \end{aligned}\right\} \tag{7-125}$$

式中，符号的意义同前。按上式换算的坐标值，均可作控制网的起算数据。

这些坐标系的选择，都要考虑到实际应用的方便，以及将来必要时与国家统一坐标系的换算，以便测量成果的共享、维护和更新。

凡与国家坐标系有别的坐标系，现在一般都称为"地方坐标系"。像前面讨论的"任意投影带坐标系"、"抵偿高程面坐标系"等，都可以被称为"地方坐标系"。

习　　题

1. 名词解释：垂线偏差改正；标高差改正；截面差改正；地图投影；长度比；长度变形；面积比；面积变形；角度变形；高斯投影；高斯正算；高斯反算；子午线收敛角。

2. 将地面观测值归算至高斯平面需要哪几个步骤？每一步骤需要进行哪些计算？

3. "三差改正"是如何产生的？它们会对控制测量成果产生什么样的影响？

4. 如何将地面距离观测值归算至参考椭球面？

5. 为什么要进行地图投影？地图投影为什么会产生变形？会产生哪些变形？

6. 地图投影的实质是什么？

7. 地图投影按照不同的分类方式各可分成哪几种？

8. 正形投影有哪些基本特点？正形投影需要满足哪些条件？

9. 什么是高斯投影？高斯投影需要具备哪些基本条件？

10. 为什么要对高斯投影进行分带？有哪些分带方法？各投影带的中央子午线如何计算？

11. 高斯平面直角坐标系如何建立？其坐标值有何规定？

12. 何为高斯正反算？简述其计算思路。

13. 如何将参考椭球面上的方向观测值归算至高斯平面？

14. 工程控制测量中常采用哪些坐标系？如何建立一套工程测量独立坐标系统？

第 8 章 工程控制网的数据处理

控制测量外业工作完成后，需要对外业测量数据进行处理。一般来说，应首先全面检查外业数据的完整性与正确性，然后对原始观测值进行概算，获取资用坐标，最后在概算的基础上进行平差计算。随着测量数据处理软件的不断发展与成熟，也可以直接对原始观测值进行平差计算。

8.1 控制测量概算

控制测量外业工作完成以后，获取了大量的外业观测值。为了减小平差的计算量，提高计算效率，需要在平差工作之前需要进行控制测量的概算，概算的主要目的是：

(1) 系统地检查外业成果质量。

(2) 将地面上观测成果化算至高斯平面上，为平差计算做好数据准备工作。

(3) 计算控制点的资用坐标，为其他急需控制测量提供未经平差的基础数据。

控制测量概算的流程和主要内容：概算的准备工作→观测成果化算至标石中心→观测值化算至参考椭球面→椭球面观测值化算至高斯平面→观测成果质量检查→资用坐标计算。

8.1.1 概算的准备工作

1. 外业成果资料的检查

1) 观测手簿

包括水平方向(角度)、垂直角手簿以及边长手簿，检查这些原始数据是否清楚，运算是否准确和合乎要求，各项限差是否满足有关限差规定，度盘位置是否正确，仪器高、觇标高的量取是否合乎要求，测站点和观测点的气温、气压是否有明确记载，各项整饰注记是否齐全等。

2) 观测记簿

要全面核对记簿和手簿有关内容是否有差错，成果的取舍和重测是否合理，分组观测是否合乎要求，测站平差是否正确。把检查后确认无误的水平方向值、垂直角以及边长填入相应的表中(水平方向值二等凑整至 0.01″，三、四等凑整至 0.1″)。

3) 归心投影用纸

原始投影点、线是否清楚、正确，投影时间次数是否合乎要求，示误三角形、检查角及投影偏差是否合限，应改正的方向是否有错漏，归心元素量取是否正确，注记和整饰是否齐全，把经检查确认无误的归心元素填入归心改正计算用表。

4) 仪器检验资料及其他

仪器检查项目、方法及次数是否符合规定，计算是否正确，检验成果是否满足限差要求，点之记注记是否完整，觇标及标石委托保管书有无遗漏。如检查中发现重大问题要认真研究及时处理，确保外业成果资料无误和可靠。

2. 已知数据表和控制网略图的编制

凡直接测定的起始边长、天文方位角称为起始数据，凡通过推算求得的边长、方位角以及点的坐标作为低等网控制时，称为起算数据，两者统称为已知数据。对于二等三角网应首先收集可能利用的国家一等网点的已知数据，并编制已知数据表。为了概算和以后平差计算的需要，需绘制控制网资用略图。

8.1.2 观测成果化至标石中心

1. 三角形近似边长及球面角超的计算

1) 近似边长计算

为了计算归心改正数、近似坐标、球面角超及三角高程推算必须计算三角网中各边的近似边长。首先计算角度改正数，将观测的各三角形内角和与 $180°$ 之差值，按 $1/3$ 反号分配于各角。当商数不为整数时要凑整，凑整的误差分配给各角，即得各角的近似平差值(一、二等凑至 $1''$，若三、四等则凑至 $10''$)。

然后，按三角形正弦公式，根据已知边长计算近似边长 S(S 为椭球面上的近似边长，用于计算球面角超)。

近似边长计算至 0.1m，当边长解算闭合到已知边上时，其闭合差 W_S 不得超过 $\pm0.5n$，其中 n 为推算时用到的三角形个数，若 W_S 符合限差要求，则按下式分配：

$$\Delta S_i = -(W_S / n) \times i \tag{8-1}$$

式中，$W_S = S_{推算} - S_{已知}$，i 是由已知边到闭合边的三角形序号，ΔS_i 是第 i 个三角形特定边的改正数。

通常情况下，起算边为椭球面上的大地线的长度，所以计算的近似边长为球面边长，为了便于以后近似坐标计算，还需要计算近似平面边长 D'：

$$D' = S \cdot m \tag{8-2}$$

式中，$m = 1 + \dfrac{y_m^2}{R_m}$，$R_m$ 以测区的平均纬度 B_m 为引数从《测量计算用表》查取，y_m 和 B_m 由三角网略图查取。

2) 球面角超的计算

为了检查方向改正的正确性和计算近似平面角，要计算球面角超。计算公式为：

$$\varepsilon'' = fab\sin C = fac\sin B = fbc\sin A \tag{8-3}$$

式中，$f = \dfrac{\rho''}{2R^2}$，以测区平均纬度 B_m 在《高斯-克吕格投影用表》中查取，a、b、c 为椭球面上边长，以 km 为单位，取至 0.01km；ε'' 计算到 $0.01''$，若三、四等则计算到 $0.1''$ 即可。

2. 观测值化至标石中心的计算

观测值化至标石中心的计算在第 5 章中已经详细介绍，此处不再赘述，详见 5.7.1 节和 5.7.2 节。

利用式(5-123)、式(5-125)、式(5-128)、式(5-130)分别对测站偏心和照准偏心情况下的方向观测值和距离观测值进行改正。

8.1.3　观测值化至椭球面

1. 预备计算

计算三角形闭合差的目的是为了计算近似平面归化角和测角中误差，求定近似归化角的目的是为了求各边的近似坐标方位角和各点近似坐标做好准备工作。

三角形闭合差可按下式计算：

$$W'' = \sum \beta - (180° + \varepsilon'')$$ (8-4)

水平方向观测值经归心改正后，再把 ε'' 与 W'' 分别以 $-\varepsilon''/3$ 和 $-W''/3$ 平均分配给各角，即为平面归化角值，计算到 $0.01''$，若三、四等则计算到 $0.1''$。

测角中误差按菲列罗公式计算：

$$m'' = \pm \sqrt{\frac{[WW]}{3n}}$$ (8-5)

式中，W 为三角形闭合差，n 为三角形个数。

2. 已知数据的推算

1) 将已知点的高斯平面直角坐标换算为大地坐标

进行归算时需要用到控制点的大地坐标 $(B，L)$，而已知控制点的坐标往往是高斯平面直角坐标系下的坐标值 $(x，y)$，因此，需要将已知控制点的平面直角坐标换算至大地坐标，相关内容详见 7.4.5 节，利用高斯反算公式(7-67)或式(7-68)进行计算。

2) 推算起算边的大地方位角 A

根据已知点处的天文经纬度，即可由天文方位角 α 推算出大地方位角 A 的公式为

$$A = \alpha - (\lambda - L)\sin\varphi - (\xi\sin A - \eta\cos A)\cot Z_{天}$$ (8-6)

式中 ξ、η 分别为已知点处垂线偏差在子午圈和卯酉圈的分量。通常情况下，由于垂线偏差一般小于 $10''$，当 $Z_{天}=90°$ 时，第三项改正数只不过几百分之几秒。得简化公式

$$A = \alpha - (\lambda - L)\sin\varphi$$ (8-7)

或

$$A = \alpha - \eta\tan\varphi$$ (8-8)

3) 已知点处子午线收敛角的计算

应用已知点的平面坐标 x、y 即可计算平面子午线收敛角，相关内容详见 7.5.1 节，利用公式(7-83)求得。

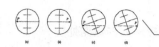

3. 近似坐标的计算

为了计算近似子午线收敛角(求近似大地方位角)及方向改化和距离改正，需计算各三角点的近似坐标。坐标计算有两种方法，即变形戎格公式法和坐标增量法。

1) 变形戎格公式

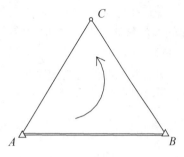

图 8-1 变形戎格公式

如图 8-1 所示，三角形 ABC 中，A、B 为已知点，C 为未知点，则求解 C 点坐标的变形戎格公式为：

$$\left.\begin{array}{l} x_C = (x_A \cot B + x_B \cot A - y_A + y_B)/(\cot A + \cot B) \\ y_C = (y_A \cot B + y_B \cot A + x_A - x_B)/(\cot A + \cot B) \end{array}\right\} \tag{8-9}$$

2) 坐标增量法

坐标增量公式如下：

$$\left.\begin{array}{l} x_B = x_A + \Delta x_{AB} = x_A + D'_{AB} \cos T'_{AB} \\ y_B = y_A + \Delta y_{AB} = y_A + D'_{AB} \sin T'_{AB} \end{array}\right\} \tag{8-10}$$

式中 D'_{AB} 为近似平面边长，T'_{AB} 为近似坐标方位角。坐标计算时，二等计算到 0.1m，若三、四等计算到 1m。高等控制网要求归化工作很高精度时，有时要进行二次趋近计算近似坐标才能满足要求，但三、四等时，一般计算一次就够了。

4. 近似子午线收敛角及近似大地方位角的计算

计算近似子午线收敛角的目的是为计算近似大地方位角，近似大地方位角计算的目的是为满足观测值归化至椭球面上各项计算之需。

近似子午线收敛角的计算公式：

$$r'' = ky + \delta_r'' \tag{8-11}$$

近似大地方位角的计算公式：

$$A''_{12} = T''_{12} + r'' \tag{8-12}$$

T''_{12} 为近似坐标计算时的坐标方位角。

5. 垂线偏差分量的计算

为对水平方向加垂线偏差改正，必须计算各点的垂线偏差分量 ξ、η，如果有测区范围内的垂线偏差图，那么可根据各三角点的近似坐标由图直接查取，可不必进行计算，如果没有垂线偏差分量图，可根据天文观测资料(若有天文观测资料)按下式求垂线偏差分量：

$$\left.\begin{array}{l} \xi = \varphi - B \\ \eta = (\lambda - L)\cos\varphi \end{array}\right\} \tag{8-13}$$

式中 λ、φ 为各三角点处的天文经纬度，由天文观测获得；L、B 为各三角点的大地经纬度，由前面的近似平面坐标反算得到，公式为：

$$\left.\begin{array}{l} B = B_f - y'(A_1 + A_2 y') - \delta_b'' \\ L = L_0 + l'' = L_0 + y/(b_1 + B_2 y') + \delta_1'' \end{array}\right\} \tag{8-14}$$

将算得的垂线偏差 ξ、η 分别标在图上，并根据它们的数值内插描绘 ξ、η 的等间隔曲线，则其余控制点的 ξ、η 可在图上内插得到。将获得的 ξ、η 取至 0.1″，对于三、四等三角测量，在我国东部地区，当 ξ、$\eta < 10''$ 时，可不进行此项计算。

6. 大地水准面差距的计算

为将基线长度归算至椭球面以及在水平方向中加入标高差改正数，需计算各三角点的大地水准面差距 h，如有大地水准面差距图，则可在图中查取；若没有大地水准面差距图可采用天文水准的方法推求其公式：

$$h_2 - h_1 = -(S / 2\rho'')[(\eta_1 + \eta_2)\sin A_{12} + (\xi_1 + \xi_2)\cos A_{12}] \tag{8-15}$$

有时在平原地区，由于高差不大，往往略去该项计算。

7. 三角点上三角高程的计算

为了计算三差改正中的标高差改正，必须要知道各三角点的高程，在没有几何水准测定高程的三角点上，可用三角高程方法推求，其计算公式为：

$$H = H_1 + S\tan\alpha + \frac{S^2}{2R} - K \cdot \frac{S^2}{2R} + i - v + \Delta h_{12} \tag{8-16}$$

式中，H_1 为已知点高程，S 为两点间球面边长，α 为观测的高度角，Δh_{12} 为高差改正项，$\Delta h_{12} = \dfrac{H_m}{R}(H_2 - H_1)$ 或 $\Delta h_{12} = S H_m \tan\alpha$，当两点高差小于 1000m 时可略去 Δh_{12} 的计算。

8. 观测值化至椭球面的计算

1) 水平方向归化改正数的计算

水平方向归化到椭球面上需在测站平差和归心改正后的方向值中加入垂线偏差改正、标高差改正、截面差改正，相关内容详见 7.1.1 节，分别利用式(7-1)、式(7-2)、式(7-4)进行三项改正数的计算，并根据控制网的等级选择相应的改正项目。

三项改正计算后，填入相应的水平方向表，并取各改正数的代数和，然后化算归零值，即得到观测方向值归化到椭球面上的改正数。把归算值标石中心的观测方向值加上相应的归化改正数，便获得归化到椭球面的方向值。

2) 基线长度和观测边长的归化改正

起算边长以及实测边长都应归化为椭球面上的长度。根据测边使用的仪器不同，地面长度的归算分两种：一是基线尺量距的归算，二是电磁波测距的归算。

(1) 基线尺量距的归算。

将基线尺量取的长度加上测段倾斜的改正后，可以认为它是基线高程面上的长度，以 S_0 表示，现要把它归算至椭球面上的大地线长度 S。

① 垂线偏差对长度归算的影响。

计算公式为：

$$\Delta S_u = [(u_1'' + u_2'') / 2\rho''] / \sum \Delta h = [(u_1'' + u_2'') / 2\rho''] / (H_2 - H_1) \tag{8-17}$$

式中，u_1'' 和 u_2'' 为在基线端点 1 和 2 处垂线偏差在基线方向上的分量；$\sum \Delta h$ 为各个测段测量的高差总和；H_1 及 H_2 为基线端点 1 和 2 的大地高。垂线偏差对基线长度归算的影响其数值一般较小，此项改正是否需要，需结合测区及计算精度的实际情况做具体分析。

② 高程对长度归算的影响。

假如基线两端点已经过垂线偏差改正，则基线平均水准面平行于椭球面，此时需继续进行由高程引起的长度归算的改正。计算公式如下：

$$S = \frac{S_0}{1 + H_m / R}$$ (8-18)

式中，$H_m = (H_1 + H_2) / 2$，即基线端点平均大地高程，R 为基线方向法截线曲率半径。

顾及以上两项，则地面基线长度归算到椭球面上长度的公式为：

$$S = \frac{S_0}{1 + H_m / R} + \frac{u_1'' + u_2''}{2\rho''(H_2 - H_1)}$$ (8-19)

(2) 电磁波测距的归算。

电磁波测距的归算在前文已经详细论述，参见 7.1.2 节，按照公式(7-6)求解改正数进行距离的归算。

8.1.4 椭球面上的观测值化至高斯平面的计算

为了在平面上进行平差，还必须将椭球面上的观测值化算到高斯平面上，这项工作包括方向改化计算、距离改化计算和大地方位角化算为坐标方位角的计算。

1. 方向改化计算

方向改化的计算前文已经详细论述，详见 7.5.2 节，根据控制网的不同等级选择相应的计算公式，其中，一、二等三角测量利用式(7-100)进行改化，三、四等三角测量利用式(7-101)进行改化。

2. 距离改化计算

距离改化计算的详细内容参见 7.5.3 节，根据控制网的不同等级选择相应的计算公式，其中，一、二等三角测量利用式(7-108)进行改化，三、四等三角测量利用式(7-109)进行改化。

3. 大地方位角化算为坐标方位角的计算

为在高斯平面上进行坐标计算，要推求各边的坐标方位角，为此需要把起始大地方位角化算成坐标方位角，其计算公式为：

$$T_{12} = A_{12} - \gamma_1 + \delta_{12}$$ (8-20)

式中，A_{12} 为大地方位角，γ_1 为起算点的子午线收敛角，可由起算点的坐标算得，δ_{12} 为起始方向的方向改化值。

至此，观测成果及有关已知数据的化算工作已全部结束。

8.1.5 控制网几何条件检查

在角度观测中，虽在测站上进行过观测限差的检查，但它只能保证本测站的内符合精度，只能部分地反映观测值的质量，还应从各测站结果之间应满足的几何条件的关系出发来全面考虑检查控制网的观测质量，它不仅反映作业本身的误差，也包含了某些粗差和系统误差的综合影响，因而能全面地表示观测质量。

1. 依控制网几何条件检查观测质量的主要内容

控制网中的几何条件有角度条件(包括图形条件、水平闭合条件、方位角或固定角条件)和正弦条件(包括极条件、基线条件和纵横坐标条件)。下面给出外业成果质量检查的内容和步骤：

(1) 计算角度条件闭合差并用限差值进行检验，接近限差值的只能是个别的；

(2) 计算测角中误差，并依本三角网相应等级规定的测角中误差进行检验；但参与计算测角中误差的三角形闭合差的个数应在 20 个以上，否则，算出的测角中误差只做参考不做检核的依据；

(3) 计算正弦条件闭合差并用限差值进行检验，同样，接近限差值的正弦条件应是个别的。以上项目的检查，一般在三角网略图上依次进行。

2. 依控制网几何条件查寻闭合差超限的测站

下面通过两个典型的例子来说明查寻大误差测站的方法。

(1) 由图 8-2 可知，错误的测站可能是 A 或 F，再根据极校验资料，若发现以 F 为极的极条件闭合差较大，且 $\angle BAF$ 增大，$\angle FAE$ 减小时，角闭合差均减小，则说明 A 站发生错误的可能性较大。

(2) 由图 8-3 可知，错误的测站可能是 B 或 D，再分别以 A、B、C、D 为极校验，如果以 D 为极的闭合差最小，A、C 为极的闭合差都符合要求，仅以 B 为极的闭合差超限，则可以认为以 $\angle ADB$、$\angle BDC$ 测错的可能性最大，所以应先检测 D 站。

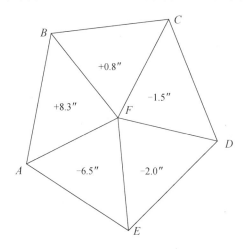

图 8-2　中点多边形几何条件检查

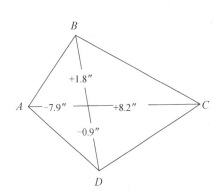

图 8-3　大地四边形几何条件检查

对于连续的三角网，图形之间联系更多，校验时，应综合有关的边角条件来分析。

最后指出：上述分析是以观测结果的数值为基础的，这是问题的一个方面。还须看到产生大误差总有其根源，所以还必须结合各测站观测情况(如目标成像质量、水平折光及相位差等的影响)全面衡量，以判明需检测的测站，这才是合理的。

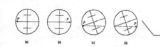

8.1.6　资用坐标计算

资用坐标是用概算后的平面方向值推算的，由于没有经过平差，所以是一种概略坐标。某些地区因任务紧迫，急需平面坐标，此时只有提供资用坐标，以满足测区和其他一般性工作的需要。资用坐标的另一种用途是：按坐标平差法平差三角形时，做近似坐标用。

资用坐标的计算有两种：一种按坐标增量计算，另一种是按变形戒格公式计算。

前者的具体计算程序用近似坐标计算，只要将有关元素换成高斯平面上的边长和方位角即可。如果三角网中有两个已知点坐标，则按变形戒格公式计算更方便。

资用坐标算完后，若需要三角形的边长和方位角，可按平面坐标反算边长和平面坐标方位角。为了使用方便往往将资用成果按三角点抄编在三角点资用成果表上，同时写出成果的必要说明。

至此，平面控制网概算工作宣告结束。

8.2　工程控制网的条件平差

地面上的观测元素投影到标石中心后，要在高斯平面上进行控制网的平差计算和精度评定。本节主要讲述工程平面和高程控制网条件方程式类型、组成以及条件式数目的确定，并选取典型算例具体说明工程控制网条件平差的具体步骤、过程和方法。

8.2.1　条件平差的基本数学模型

设有 n 个独立的观测值，t 个函数独立的未知数(必要观测数)，$n > t$，则多余观测数为：

$$r = n - t \tag{8-21}$$

设观测值 L 为，

$$\mathop{L}_{n \times 1} = [L_1 \quad L_2 \quad \cdots \quad L_n]^{\mathrm{T}} \tag{8-22}$$

相应权阵为，

$$\mathop{P}_{n \times n} = \begin{bmatrix} P_1 & 0 & \cdots & 0 \\ 0 & P_2 & \cdots & 0 \\ \vdots & \vdots & & \vdots \\ 0 & 0 & \cdots & P_n \end{bmatrix}^{\mathrm{T}} \tag{8-23}$$

改正数为，

$$\mathop{V}_{n \times 1} = [v_1 \quad v_2 \quad \cdots \quad v_n]^{\mathrm{T}} \tag{8-24}$$

平差值为，

$$\mathop{\hat{L}}_{n \times 1} = L + V = [\hat{L}_1 \quad \hat{L}_2 \quad \cdots \quad \hat{L}_n]^{\mathrm{T}} \tag{8-25}$$

8.2.2　平面控制网的条件方程式

1. 控制网中的角度条件

1) 图形条件

是指 n 边形的内角平差值之和应满足 $(n-2)\cdot 180°$ 的条件。具体表达式为

$$\sum_{i=1}^{n} v_i + w_{图} = 0 \tag{8-26}$$

式中，$w_{图} = \sum_{i=1}^{n} \beta_i - (n-2)\cdot 180°$。

(1) 如图 8-4 所示，在三角网中最常见的是由内角全部观测的三角形构成的图形条件，即：

$$\sum_{i=1}^{3} v_i + w_{图} = 0 \tag{8-27}$$

式中，$w_{图} = \sum_{i=1}^{3} \beta_i - 180°$。

(2) 如图 8-5 所示，三角形中没有观测全部内角，则产生图形条件：

$$\sum_{i=1}^{5} v_i + w_{图} = 0 \tag{8-28}$$

式中，$w_{图} = \sum_{i=1}^{5} \beta_i - 2\times 180°$。

2) 水平闭合(圆周)条件

若在控制点上观测了按相邻两方向组成的全部角度，亦即在网里面的三角点上，产生水平闭合条件。如图 8-6 所示，有水平闭合条件：

$$\sum_{i=1}^{n} v_i + w_{水} = 0 \tag{8-29}$$

当按角度为观测元素进行平差时其常数项 $w_{水} = 0$，故式(8-29)又可写为：

$$\sum_{i=1}^{n} v_i = 0 \tag{8-30}$$

值得注意的是，按方向平差时没有水平闭合条件。

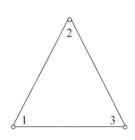

图 8-4　内角全部观测的三角形

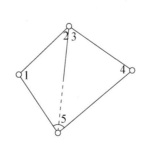

图 8-5　内角非全部观测的三角形

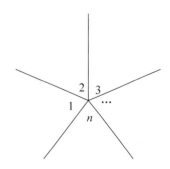

图 8-6　水平闭合(圆周)条件

3) 方位角(或固定角)条件

如果网中有两个或两个以上的起算方位角，此时产生方位角(或固定角)条件。如图 8-7(a) 所示，方位角条件方程为：

$$\sum (\pm v_{ci}) + w_a = 0 \tag{8-31}$$

式中，c_i 为间隔角，$w_a = \alpha_{AB} + c_2 - c_5 + c_8 - c_{11} - a_{CD}$。

在图 8-7(b)中，固定角条件可以写成

$$v_2 + v_5 + w_a = 0 \tag{8-32}$$

或写为

$$\sum (\pm v_{ci}) + w_a = 0 \tag{8-33}$$

式中，$w_a = \alpha_{BC} + c_2 + c_5 - \alpha_{BA}$。

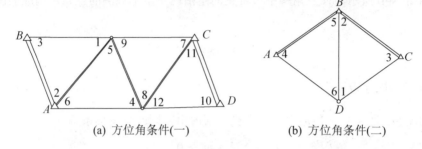

(a) 方位角条件(一)   (b) 方位角条件(二)

图 8-7　方位角条件

从方位角条件可以看出，式中只出现推算路线上各三角形的间隔角。凡推算路线左边的间隔角，如图 8-7(a)中的 c_2 和 c_8，其改正数的系数均为+1；凡推算路线右边的间接角，如图 8-7(a)中的 c_5 和 c_{11}，其改正数的系数均为-1。在计算闭合差时，要根据方位角的正反方向以及左右间隔角个数的多少来决定公式中是否要±180°。

2. 三角网中的正弦条件

正弦条件是指用正弦(或余弦)三角函数表示的非线性条件，包括极条件、基线(固定边)条件及纵横坐标条件。

1) 极条件

在闭合图形中，经过不同的三角形(推算路线)推算的同一条边长应具有相同的长度。产生极条件的图形有中点多边形、大地四边形及大地扇形。

(1) 如图 8-8 所示的极条件对数形式为

$$\sum (\delta_a v_a) - \sum (\delta_b v_b) + w_{极} = 0 \tag{8-34}$$

式中，$w_{极} = \sum \lg \sin a - \sum \lg \sin b$、$\delta_i$、$w_{极}$ 均以对数第 6 位为单位，δ_i 为 i 角的正弦对数秒差。

式(8-34)的真数形式可以写为：

$$\sum (\cot a \cdot v_a) - \sum (\cot b \cdot v_b) + w'_{极} = 0 \tag{8-35}$$

式中，$w'_{极} = \left(1 - \dfrac{\prod \sin b}{\prod \sin a}\right)\rho''$。

(2) 如图 8-9 所示的大地四边形极条件，若以对角线的交点为极列出，那么其对数表达式及真数表达式与式(8-34)和式(8-35)的形式完全一样。如果以四边形的某个顶点(例如 C)为极列出，则产生复合角情况，有

$$\frac{\sin(\hat{3}+\hat{4})\cdot\sin\hat{7}\cdot\sin\hat{1}}{\sin\hat{2}\cdot\sin\hat{4}\cdot\sin(\hat{7}+\hat{8})}=1 \tag{8-36}$$

其线性表达式为

$$\delta_1 v_1 - \delta_2 v_2 + \delta_{3+4} v_3 + (\delta_{3+4}-\delta_4)v_4 + (\delta_7-\delta_{7+8})v_7 - \delta_{7+8}v_8 + w_{极} = 0 \tag{8-37}$$

(3) 如果在大地四边形中有个别角度未观测，但仍可组成闭合图形的话，此时极条件式中未观测的角度可以化为观测角度的函数。如图 8-10 所示的极条件(以 B 点为极)为：

$$\frac{\sin\hat{2}\cdot\sin(\hat{6}+\hat{x})\cdot\sin\hat{4}}{\sin(\hat{3}+\hat{4})\cdot\sin\hat{1}\cdot\sin\hat{6}}=1 \tag{8-38}$$

式中 $\hat{x}=180°-(\hat{1}+\hat{2}+\hat{3})$。其线性表达式为

$$-(\delta_1+\delta_{6+x})v_1 + (\delta_2-\delta_{6+x})v_2 - (\delta_{3+4}+\delta_{6+x})v_3 + (\delta_4-\delta_{3+4})v_4 + (\delta_{6+x}-\delta_6)v_6 + w_{极} = 0 \tag{8-39}$$

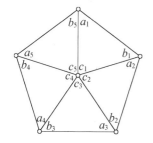

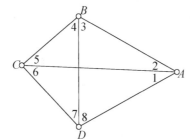

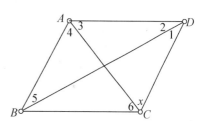

图 8-8　中点多边形的极条件　　图 8-9　大地四边形的极条件　　图 8-10　未完全观测的大地四边形

可见，当大地四边形中仅有一个角度未观测时，列极条件时应将极点选在该角的顶点上。由式(8-37)与式(8-39)还可看出，极点上的角度在条件式中并不出现。

(4) 对于如图 8-11 所示的扇形极条件，若以结点 O 为极，其对数形式的极条件为：

$$-\delta_1 v_1 + \delta_{3+10} v_3 - \delta_4 v_4 + \delta_6 v_6 - \delta_{7+11} v_7 + \delta_9 v_9 + (\delta_{3+10}-\delta_{10})v_{10} + (\delta_{11}-\delta_{7+11})v_{11} + w_{极} = 0 \tag{8-40}$$

式中，

$$w_{极} = \lg\sin(3+10) + \lg\sin 6 + \lg\sin 11 - \lg\sin 1 - \lg\sin 4 - \lg\sin(7+11) - \lg\sin 10$$

其真数形式为

$$-\operatorname{ctg}1 v_1 + \operatorname{ctg}(3+10)v_3 - \operatorname{ctg}4 v_4 + \operatorname{ctg}6 v_6 - \operatorname{ctg}(7+11)v_7 + \operatorname{ctg}9 v_9 +$$
$$\big[\operatorname{ctg}(3+10)-\operatorname{ctg}10\big]v_{10} + \big[ctg 11 - \operatorname{ctg}(7+11)\big]v_{11} + w'_{极} = 0 \tag{8-41}$$

式中，$w'_{极} = \left(1 - \dfrac{\sin 1\cdot\sin 4\cdot\sin(7+11)\cdot\sin 10}{\sin(3+10)\cdot\sin 6\cdot\sin 9\cdot\sin 11}\right)\rho''$

2) 基线(固定边)条件

如果三角网中有两条或两条以上的起算边时，则产生基线(固定边)条件。为了使该条件的列立具有一定的规律，习惯上以 b_i 表示第 i 个三角形中已知边长相对的传距角，a_i 表示所

控制测量学

求边长相对的求距角，而 c_i 表示间隔边相对的间隔角。将各三角形的间隔角顶点用虚线连接起来，就成为基线条件的推算路线。

如图 8-12 所示，基线条件可以写成：

$$s_{CD} = s_{AB} \frac{\sin \hat{a}_1 \cdot \sin \hat{a}_2 \cdot \sin \hat{a}_3 \cdot \sin \hat{a}_4}{\sin \hat{b}_1 \cdot \sin \hat{b}_2 \cdot \sin \hat{b}_3 \cdot \sin \hat{b}_4} \tag{8-42}$$

按台劳公式展开，取至一次项，则为

$$\sum (\delta_a v_a) - \sum (\delta_b v_b) + w_s = 0 \tag{8-43}$$

式中，$w_s = \lg s_{AB} + \sum \lg \sin a - \sum \lg \sin b - \lg s_{CD}$

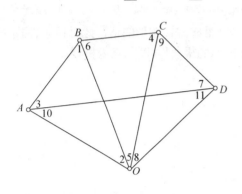

图 8-11 大地扇形的极条件

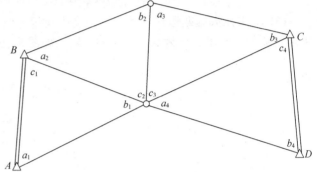

图 8-12 基线条件

相应的真数形式的基线条件式为

$$\sum (\cot a \cdot v_a) - \sum (\cot b \cdot v_b) + w_s' = 0 \tag{8-44}$$

式中，$w_s' = \rho'' \left(1 - \frac{s_{CD} \cdot \sin \hat{b}_1 \cdot \sin \hat{b}_2 \cdot \sin \hat{b}_3 \cdot \sin \hat{b}_4}{s_{AB} \cdot \sin \hat{a}_1 \cdot \sin \hat{a}_2 \cdot \sin \hat{a}_3 \cdot \sin \hat{a}_4} \right) = \rho'' \cdot \frac{s_{CD}' - s_{CD}}{s_{CD}'}$

其中 s_{CD}' 是由观测值推算得到的边长。式(8-43)和式(8-44)分别为基线条件的对数形式及真数形式。

3) 纵、横坐标条件

当控制网中存在由多余的固定边连结的几个已知点时，则产生坐标条件。所谓坐标条件就是由一个已知点或已知点组开始，通过网中推算路线上的平差角可以求出另一个被隔开的已知点或已知点组的坐标。那么，纵横坐标的推算值应等于该点的已知坐标值。

如图 8-13 所示，A、B 与 C、D 为两个已知点组，利用网中已知边长及各三角形的平差值，依次可以求出推算路线上的各边长 $\hat{s}_1, \hat{s}_2, \cdots, \hat{s}_{n-1}$ 及方位角 $\hat{T}_1, \hat{T}_2, \cdots, \hat{T}_{n-1}$。各点间的纵、横坐标增量 $\Delta x_i, \Delta y_i$ 也就可求，于是有：

$$\left. \begin{array}{l} X_C = X_A + \sum_{i=1}^{N-1} \Delta \hat{X}_i \\ Y_C = Y_A + \sum_{i=1}^{N-1} \Delta \hat{Y}_i \end{array} \right\} \tag{8-45}$$

由于

$$X_C = X_A + \sum_{i=1}^{N-1} \Delta \hat{X}_i \left.\begin{array}{c} \\ \\ \end{array}\right\}$$
$$Y_C = Y_A + \sum_{i=1}^{N-1} \Delta \hat{Y}_i$$

(8-46)

其中，$\Delta \hat{X}_i = \Delta X_i + \mathrm{d}\Delta X_i, \Delta \hat{Y}_i = \Delta Y_i + \mathrm{d}\Delta Y_i$ (8-47)

式中 ΔX_i、ΔY_i 为观测角算得的坐标增量，其改正数为 $\mathrm{d}\Delta X_i$、$\mathrm{d}\Delta Y_i$。将式(8-47)代入式(8-45)式，得

$$X_C = X_A + \sum \Delta X_i + \sum \mathrm{d}\Delta X_i \left.\begin{array}{c} \\ \\ \end{array}\right\}$$
$$Y_C = y_A + \sum \Delta Y_i + \sum \mathrm{d}\Delta Y_i$$

(8-48)

或

$$\sum_{i=1}^{n-1} \mathrm{d}\Delta X_i + f_x = 0 \left.\begin{array}{c} \\ \\ \end{array}\right\}$$
$$\sum_{i=1}^{n-1} \mathrm{d}\Delta Y_i + f_y = 0$$

(8-49)

式中，

$$f_x = X_A + \sum_{i=1}^{n-1} \Delta X_i + X_C \left.\begin{array}{c} \\ \\ \end{array}\right\}$$
$$f_y = Y_A + \sum_{i=1}^{n-1} \Delta Y_i + Y_C$$

(8-50)

上式即为纵、横坐标条件的初步形式。

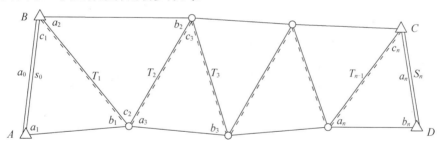

图 8-13　纵、横坐标条件

3. 三角网中条件数目的确定

控制网条件平差时，准确地确定网中条件式总数及各类条件式数目是一件十分重要的工作。因为在网中总是产生比平差所需的条件要多得多的条件数。在平差中所需的是彼此独立的条件，因为只有这样才保证法方程式有正常解；另外要求所列出的条件式的数目要足够，因为只有这样，平差才能保证消除各种不符值(闭合差)。

(1) 三角网(包括独立网和非独立网)按方向平差时，条件总数为：

$$r_{\text{总}} = D - (2K + t)$$

(8-51)

其中：

图形条件数：

$$r_{\text{图}} = D - t - P + 1$$

(8-52)

极条件数：

$$r_{\text{极}} = P - 2n + 3$$

(8-53)

基线条件数： $$r_{基} = K_{基} - 1 \qquad (8\text{-}54)$$

方位角条件数： $$r_{方} = K_{方} - 1 \qquad (8\text{-}55)$$

坐标条件数： $$r_{x,y} = 2(K_{x,y} - 1) \qquad (8\text{-}56)$$

以上各式中，D 为方向观测总数；K 为待定点个数；t 为测角时设站的站数；P 为网中所有边数(包括起算边及待定边，实线边及虚线边)；n 为网中所有点数(包括起算点及待定点)；$K_{基}$ 为起算边数目；$K_{方}$ 为起算方位角数目；$K_{x,y}$ 为未用坚强边连接的起算点的组数。

(2) 当三角网按角度平差时，条件总数

$$r_{总} = N - 2K \qquad (8\text{-}57)$$

除按方向平差确定的相应条件外，还产生水平闭合条件

$$r_{水} = N + t - D \qquad (8\text{-}58)$$

式中 N 为网中观测的角度总数，其他同前。

① 如图 8-14 所示的独立三角网，当按方向平差时，由于 D=30、n=t=7、K=5、P=15，$K_{基} = K_{方} = K_{x,y}$，根据上述公式计算得：

$$r_{总} = 13 , \quad r_{图} = 9 , \quad r_{极} = 4$$

如按角度平差，由于 N=24，其他数值均不变，故按以上各式计算得

$$r_{总} = 14 , \quad r_{图} = 9 , \quad r_{极} = 4 , \quad r_{水} = 1$$

② 如图 8-15 所示的非独立三角网，当按方向平差时，由于 D=48、n=t=10、K=7、P=24、$K_{x,y} = 2$ (或 $K_{x,y} = 0$、$K_{基} = 1$、$K_{方} = 1$)，则有条件：

$$r_{总} = 24 , \quad r_{图} = 15 , \quad r_{极} = 7 , \quad r_{x,y} = 2 (或 r_{x,y} = 0 , \quad r_{基} = 1 , \quad r_{方} = 1)。$$

如按角度平差，由于 N=40，其他数值不变，故算得

$$r_{总} = 26 , \quad r_{图} = 15 , \quad r_{极} = 7 , \quad r_{x,y} = 2 (或 r_{x,y} = 0 , \quad r_{基} = 1 , \quad r_{方} = 1) , \quad r_{水} = 2。$$

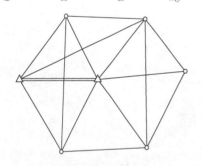

图 8-14　独立三角网条件数的判断

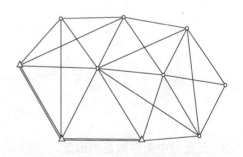

图 8-15　非独立三角网条件数的判断

(3) 条件选择的注意事项。

① 图形条件基本上按三角形列出，在个别情况下凡是实线边构成的多边形也可组成图形条件；

② 水平闭合条件只是按角度平差时才产生，并且只产生在中点多边形的中点上，按方向平差不产生水平闭合条件；

③ 极条件只在大地四边形、中点多边形及公共点的扇形中产生，且每种图形只列一个极条件；

④ 由多余起算数据(包括坐标方位角、基线及已知坐标)产生起算数据条件,多余起算数据的个数即为该点条件式个数。但对于由固定边围成的闭合形式的三角网,由于它们同属于一个固定点组内,故不产生坐标条件。

⑤ 对环形三角锁,虽然只有一套起算数据,但也产生起算数据条件。如图 8-16 所示,除独立网条件外,还产生 4 个起算数据条件,它们是一对坐标条件、一个基线条件及一个方位角条件,或者二对坐标条件。

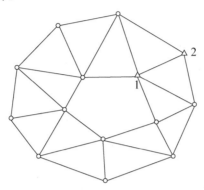

图 8-16　环形三角锁

总之,应密切结合控制网平差网图,以条件数为依据,逐一准确地确定独立条件总数及各类条件,确保正确地列出条件方程式。

4. 条件方程式闭合差的极限

为了检查外业观测成果质量,评定外业观测精度,必须依据控制网几何条件对外业成果进行检验。检验的手段是对每个条件方程式的闭合差的数值大小提出限值要求,将实际计算值与应该满足的限值做比较;如果满足要求,则说明此项检查通过;如果超限,则应分析原因,查找可能产生大误差的测站进行重测,直至满足要求,提供合格成果。所以,合理确定条件方程式闭合差的限值具有很大意义。

根据条件方程式闭合差计算公式,可以将闭合差 w 写成真误差 Δ 的线性表达式

$$w = \sum \delta_i \Delta_i \tag{8-59}$$

式中 δ_i 为真误差 Δ 对 w 的影响系数,在角度条件(包括图形条件、水平闭合条件及方位角或固定角条件)中, $\delta_i = \pm 1$。在正弦条件(包括极条件、基线条件及纵横坐标条件)中,它等于角度正弦对数秒差(对于对数形式)或等于角度的余切(对于真数形式)。依式(8-59),据偶然误差传播定律,易得条件方程式闭合差的中误差公式为:

$$m_w = \pm \sqrt{[\delta^2 m^2]} \tag{8-60}$$

式中 m 为观测量的中误差。

由此可转化为闭合差限值公式

$$w_{限} = t m_w = t \cdot m_\beta \sqrt{[\delta \delta]} \tag{8-61}$$

式中, m_β 为测角中误差; t 为所选择的系数,一般为 2～3,当 $t=2.6$ 时,置信概率为 99%,我国规定取 $t=2$。

依式(8-61)可知,角度条件式闭合差限值公式为

$$w_{限} \leqslant 2m_\beta \sqrt{n} \tag{8-62}$$

式中，n 为该条件式中所含角度个数。例如，对于三角形图形条件闭合差限值公式

$$w_{限} \leqslant 2\sqrt{3}m_\beta \tag{8-63}$$

结合始、末边起算方位角误差 m_α 影响，则方位角或固定角条件闭合差限值公式为

$$w_{限} \leqslant \pm 2 \cdot \sqrt{m_{\alpha 1}^2 + m_{\alpha 2}^2 + n \cdot m_\beta^2} \tag{8-64}$$

8.2.3　高控制网的条件方程式

1. 条件方程的确定和列立

1) 条件方程数的确定

条件方程数即多余观测数 r 与观测数 n 和必要观测数 t 之间的关系式为

$$r = n - t \tag{8-65}$$

高程网的必要观测数为网中的未知高程点数，若全网没有已知点，应假定一点为已知点。

2) 条件方程式的列立

(1) 附合路线条件的列法。

附合路线条件的个数为已知点数减去 1。为了保证列立足够的条件，同时避免条件方程线性相关，可采取这种做法：在列出第一个附合路线条件之后，从第二个开始，每一个条件都必须出现一个，并且只能出现一个，前面没有出现过的已知点。对于一般工程网，也可采取选择一个已知点作参考点，用这个点与其他已知点各列一条附合路线的办法。以图 8-17 为例，若选 A 作参考点，可列 AB、AC 两条附合路线条件。

以 AB 线为例，可以列出平差值条件方程：

$$H_A + \hat{h}_1 + \hat{h}_2 - \hat{h}_6 - H_B = 0$$

改正数条件方程：

$$\begin{cases} v_1 + v_2 - v_6 - w_a = 0 \\ w_a = H_A + h_1 + h_2 - h_6 - H_B \end{cases}$$

(2) 闭合环条件的列法。

为了保证条件方程个数和避免线性相关，列闭合环条件的原则是采用互不包含的独立闭合环。例如图 8-17 所示的水准网有 4 个独立闭合环。一个闭合环条件的具体列法，以图中 1 号闭合环为例：

平差值条件方程

$$\hat{h}_2 + \hat{h}_5 - \hat{h}_4 - \hat{h}_3 = 0$$

改正数条件方程

$$\begin{cases} v_2 - v_3 - v_4 + v_5 + w_a = 0 \\ w_a = h_2 + h_5 - h_4 - h_3 \end{cases}$$

2. 定权公式

设 C 公里水准路线高差观测为单位权观测，则 S_i 公里水准路线高差观测值的权 P_i 为

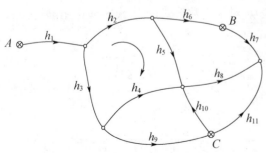

图 8-17　水准网条件平差

$$P_i = \frac{C}{S_i} \tag{8-66}$$

条件平差中取 $C=1\text{km}$ 最方便，这时 $\frac{1}{p_i} = S_i$。

8.2.4　水准网条件平差算例

在如图 8-18 所示水准网中，A、B 两点高程及各观测高差和路线长度列于表 8-1 中。

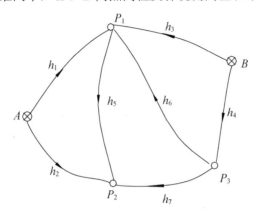

图 8-18　水准网条件平差算例

表 8-1　高差观测值表

观测号	观测高差/m	路线长度/km	观测号	观测高差/m	路线长度/km	已知高程/m
1	1.359	1	5	0.657	1	
2	2.009	1	6	1.000	1	$H_A = 35.000$
3	0.363	2	7	1.650	2	$H_B = 36.000$
4	0.640	2				

试求：(1) P_1、P_2 及 P_3 点高程之最或然值；

(2) P_1、P_2 点间平差后高差的中误差。

(1) 列条件方程式：不符值以"mm"为单位。

已知 $n=7, t=3$，故 $r=7-3=4$，其条件方程式为

$$\begin{cases} v_1 - v_2 + v_5 + 7 = 0 \\ -v_5 - v_6 + v_7 - 7 = 0 \\ -v_3 - v_4 + v_6 - 3 = 0 \\ v_2 + v_4 - v_7 - 1 = 0 \end{cases}$$

(2) 列函数式：

$$F = x_5 = h_5 + v_5$$

故：

$$f_5 = 1, \quad f_1 = f_2 = f_3 = f_4 = f_6 = f_7 = 0$$

(3) 组成法方程式。

① 令每公里观测高差的权为 1，按 $1/p_i = s_i$，将条件方程系数及其与权倒数之乘积填于表 8-2 和表 8-3 中。

② 由表 8-2 和表 8-3 中的数字计算法方程系数，并组成法方程式：

$$\begin{bmatrix} 3 & -1 & 0 & -1 \\ -1 & 4 & -1 & -2 \\ 0 & -1 & 5 & -2 \\ -1 & -2 & -2 & 5 \end{bmatrix} \begin{bmatrix} k_a \\ k_b \\ k_c \\ k_d \end{bmatrix} + \begin{bmatrix} 7 \\ -7 \\ -3 \\ -1 \end{bmatrix} = 0$$

(4) 法方程式的解算。

① 解算法方程式在表 8-4 中进行。

② $[pvv]$ 计算的检核：

$$[pvv] = -[wk]$$
$$-[wk] = 35.467$$

由表 8-4 中解得 $[pvv] = -35.47$，两者完全一致，证明表中解算无误。

(5) 计算观测值改正数及平差值见表 8-5。

(6) 计算 P_1, P_2, P_3 点高程最或然值。

$$H_{P_1} = H_A + x_1 = 36.359 \text{(m)}$$
$$H_{P_2} = H_A + x_2 = 37.012 \text{(m)}$$
$$H_{P_3} = H_B + x_4 = 35.360 \text{(m)}$$

(7) 精度评定。

① 单位权(每公里观测高差)中误差

$$\mu = \pm \sqrt{\frac{35.47}{4}} = \pm 3.0 \text{mm}$$

② P_1, P_2 点间平差后高差中误差

$$m_F = \pm \mu \sqrt{\frac{1}{P_F}} = \pm 3.0 \sqrt{0.52} = \pm 2.2 \text{mm}$$

表 8-2 条件方程系数表(a)

观测号	a	b	c	d	s	f	s'
1	1				1		1
2	-1			1	0		0
3			-1		-1		-1
4			-1	1	0		0
5	1	-1			0	1	0
6		-1	1		0		0
7		1		-1	0		0
∑	1	-1	-1	1	0 / 0	1	1 / 1

表8-3 条件方程系数表(b)

观测号	$\dfrac{1}{p}$	$\dfrac{a}{p}$	$\dfrac{b}{p}$	$\dfrac{c}{p}$	$\dfrac{d}{p}$	$\dfrac{s}{p}$	$\dfrac{f}{p}$	$\dfrac{s'}{p}$
1	1	1				1		1
2	1	−1		1				
3	2			−2		−2		−2
4	2			−2	2			
5	1	1	−1				1	1
6	1		−1	1				
7	2		2		−2			
$\sum$		1	0	−3	1	−1 −1	1	0 0

表8-4 法方程解算表

行的符号	(a)	(b)	(c)	(d)	(w)	s $\sum$	s (s)	(f)	s' $\sum'$	s' (s')
a	3.00	−1.00	0	−1.00	7.00	8.00	8.00	1.00	2.00	2.00
E	k_a	0.333	0	0.333	−2.333	−2.667	−2.667	−0.333	−0.667	−0.667
b	=−0.44	4.00	−1.00	−2.00	−7.00	−7.00	−7.00	−1.00	−1.00	−1.00
$b\cdot1$	1	3.67	−1.00	−2.33	−4.67	−4.33	−4.33	−0.67	−0.33	−0.33
$E\cdot1$		k_b	0.272	0.635	1.272	1.179	1.180	0.183	0.090	0.090
c		=3.350	5.00	−2.00	−3.00	−1.00	−1.00	0	2.00	2.00
$c\cdot2$			4.73	−2.63	−4.27	−2.17	−2.18	−0.18	1.92	1.91
$E\cdot2$			k_c	0.556	0.903	0.459	0.459	0.038	−0.406	−0.407
d			=2.199	5.00	−1.00	−1.00	−1.00	0	0	0
$d\cdot3$				1.72	−4.01	−2.29	−2.29	−0.19	1.53	1.52
$E\cdot3$				k_d	2.331	1.331	1.331	0.110	0.890	0.884
w				=2.331	0	−4.00	−4.00	1.00	1.00	1.00
$w\cdot4$					−35.47		−35.47	0.52		0.51

表8-5 改正数与平差值计算表

观测号	a	b	c	d	$\dfrac{1}{p}$	ak_a −0.44	bk_b 3.35	ck_c 2.20	dk_d 2.33	v/mm	h/mm	平差值 x/m
1	1			1		−0.44				−0.44	1.359	1.359
2	−1			1	1	0.44			2.33	2.77	2.009	2.012
3			−1		2			−2.20		−4.42	0.363	0.359
4			−1	1	2			−2.20	2.33	0.26	0.640	0.640
5	1	−1			1	−0.44	−3.35			−3.79	0.657	0.653
6		−1	1		1		−3.35	2.20		−1.15	1.000	0.999
7			1		−1	2		3.35		−2.33	2.04	1.650	1.652

8.3　工程控制网的间接平差

间接平差又称参数平差，间接平差的未知参数可以是网中的直接观测量，例如方向、边长、高差等；也可以是直接观测量的函数，例如角度等。

8.3.1　间接平差的数学模型

设 $x_1, x_2, \cdots, x_t$ 为一组函数独立的未知数(参数)，记作 $\underset{t \times 1}{X}$，则平差值表达成未知数的函数，可列出平差值方程

$$\underset{n \times 1}{\hat{L}} = L + V = F(X) \tag{8-67}$$

其纯量形式为

$$\left. \begin{array}{l} \hat{L}_1 = L_1 + v_1 = F_1(x_1, x_2, \cdots, x_t) \\ \hat{L}_2 = L_2 + v_2 = F_2(x_1, x_2, \cdots, x_t) \\ \qquad\qquad\vdots \\ \hat{L}_n = L_n + v_n = F_n(x_1, x_2, \cdots, x_t) \end{array} \right\} \tag{8-68}$$

式(8-67)可改写为误差方程

$$V = F(X) - L \tag{8-69}$$

将 $F(X)$ 在未知数的近似值 $\underset{t \times 1}{X^0}$ 处展开至一次项

$$V = \left. \frac{\partial F}{\partial X} \right|_{X - X^0} \cdot \delta X + F(X^0) - L \tag{8-70}$$

式中，$\underset{t \times 1}{\delta X} = X - X^0$

上式的纯量形式为：

$$\left. \begin{array}{l} v_1 = \dfrac{\partial F_1}{\partial x_1} \cdot \partial x_1 + \dfrac{\partial F_1}{\partial x_2} \cdot \partial x_2 + \cdots + \dfrac{\partial F_1}{\partial x_t} \cdot \partial x_t + F_1(x_1^0, x_2^0, \cdots x_t^0) - L_1 \\ v_2 = \dfrac{\partial F_2}{\partial x_1} \cdot \partial x_1 + \dfrac{\partial F_2}{\partial x_2} \cdot \partial x_2 + \cdots + \dfrac{\partial F_2}{\partial x_t} \cdot \partial x_t + F_2(x_1^0, x_2^0, \cdots x_t^0) - L_2 \\ \qquad\qquad\vdots \\ v_n = \dfrac{\partial F_n}{\partial x_1} \cdot \partial x_1 + \dfrac{\partial F_n}{\partial x_2} \cdot \partial x_2 + \cdots + \dfrac{\partial F_n}{\partial x_t} \cdot \partial x_t + F_n(x_1^0, x_2^0, \cdots x_t^0) - L_n \end{array} \right\} \tag{8-71}$$

式中的偏导数应用未知数的近似值 X_i^0 代入。若记

$$\underset{n \times 1}{l} = \begin{bmatrix} l_1 \\ l_2 \\ \vdots \\ l_n \end{bmatrix} = \begin{bmatrix} F_1(x_1^0, x_2^0, \cdots, x_t^0) + L_1 \\ F_2(x_1^0, x_2^0, \cdots, x_t^0) + L_2 \\ \vdots \\ F_n(x_1^0, x_2^0, \cdots, x_t^0) + L_n \end{bmatrix} \tag{8-72}$$

则式(8-71)可写为

$$\underset{n\times1}{V} = \underset{n\times t}{B} \cdot \underset{t\times1}{\delta X} + \underset{n\times1}{l} \tag{8-73}$$

其纯量形式的一般表达式为

$$\left.\begin{array}{l} v_1 = a_1\delta x_1 + b_1\delta x_2 + \cdots + t_1\delta x_t + l_1 \\ v_2 = a_2\delta x_1 + b_2\delta x_2 + \cdots + t_2\delta x_t + l_2 \\ \qquad\qquad\vdots \\ v_n = a_n\delta x_1 + b_n\delta x_2 + \cdots + t_n\delta x_t + l_n \end{array}\right\} \tag{8-74}$$

式(8-73)和式(8-74)称为线性化后的误差方程。

式(8-73)有无穷多组解，根据最小二乘平差原理，由求 $V^T PV$ 的自由极值而推得，V 必须满足

$$B^T PV = 0 \tag{8-75}$$

联立式(8-73)和式(8-74)可解出 t 个 δx 和 n 个 v。此两方程称作参数平差的基础方程。

将式(8-73)代入式(8-74)得法方程

$$B^T PB \cdot \delta X + B^T Pl = 0 \tag{8-76}$$

记

$$\begin{cases} \underset{t\times t}{N} = B^T PB \\ \underset{t\times1}{U} = B^T Pl \end{cases}$$

则法方程变成

$$\underset{t\times t}{N} \cdot \underset{t\times1}{\delta X} + \underset{t\times1}{U} = 0 \tag{8-77}$$

法方程的阶数为未知数个数 t，其系数矩阵 N 为一对称矩阵，法方程的纯量形式为

$$\left.\begin{array}{l} [paa]\delta x_1 + [pab]\delta x_2 + \cdots + [pat]\delta x_t + [pal] = 0 \\ [pba]\delta x_1 + [pbb]\delta x_2 + \cdots + [pbt]\delta x_t + [pbl] = 0 \\ \qquad\qquad\cdots \\ [pta]\delta x_1 + [ptb]\delta x_2 + \cdots + [ptt]\delta x_t + [ptl] = 0 \end{array}\right\} \tag{8-78}$$

由法方程式(8-77)得

$$\delta X = -N^{-1}U \tag{8-79}$$

解出的 δX 代入式(8-74)可算得各 v 值，计算出各平差值 $\hat{L}$，并进一步确定出未知参数：

$$X = X^0 + \delta X \tag{8-80}$$

8.3.2　高程控制网的间接平差

1. 确定未知参数及其近似值

高程控制网间接平差一般选未知点高程为未知数，如图 8-19 所示的高程网，可选择未知点 1、2 的高程为未知数，记作 H_1、H_2。未知数的近似值可由已知高程和高差观测值推得，记作 H_1^0、H_2^0。

可得关系式

$$H_i = H_i^0 + \delta H_i \tag{8-81}$$

式中 δH_i 为高程改正数。

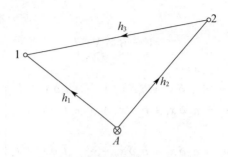

图 8-19　高程控制网间接平差

2. 列立误差方程

由任一高差观测值 h_i 的平差值 $\hat{h}_i$ 都是其两端点平差高程之差，可建立下面的平差值方程：

$$\left.\begin{aligned}\hat{h}_1 &= H_1 - H_A \\ \hat{h}_2 &= H_2 - H_A \\ \hat{h}_3 &= H_1 - H_2\end{aligned}\right\} \tag{8-82}$$

将式(8-81)和 $\hat{h}_i = h_i + v_i$ 代入式(8-82)，得到

$$\left.\begin{aligned}v_1 &= \delta H_1 + H_1^0 - H_A - h_1 \\ v_2 &= \delta H_2 + H_2^0 - H_A - h_2 \\ v_3 &= \delta H_1 - \delta H_2 + H_1^0 - H_2 - h_3\end{aligned}\right\} \tag{8-83}$$

再将已知高程、近似高程和观测值数值代入，即可得到下面的误差方程

$$\left.\begin{aligned}v_1 &= \delta H_1 + l_1 \\ v_2 &= \delta H_2 + l_2 \\ v_3 &= \delta H_1 - \delta H_2 + l_3\end{aligned}\right\} \tag{8-84}$$

其中，

$$\left.\begin{aligned}l_1 &= H_1^0 - H_A - h_1 \\ l_2 &= H_2^0 - H_A - h_2 \\ l_3 &= H_1^0 - H_2 - h_3\end{aligned}\right\} \tag{8-85}$$

8.3.3　平面控制网参数平差

1. 未知数的选定和未知数的近似值

平面控制网参数平差总是选择未知点的 x, y 坐标为平差参数。参数平差的数学模型对参数的近似值有以下两个要求：

(1) 参数近似值的唯一性。x^0, y^0, z^0 一旦取定，就在一次平差的过程中保持唯一。平差中所使用的近似方位角 α^0，近似边长 S^0，也都必须用取定的 x^0, y^0 反算。

(2) 参数近似值应尽量接近最后平差值，不可偏差太大。这是因为在误差方程线性化时，

只将原非线性的函数用泰勒公式展开至一次项，近似值偏差太大很显然会造成误差。如果近似坐标精度不够，可将第一次平差获得的坐标平差值作为新的坐标近似值，再迭代平差一次。

2. 边长误差方程

导线网、测边网和边角网都有边长观测值，进行坐标平差时需列出边长观测值的误差方程。

如图 8-20 所示，在 j,k 两点间观测了边长 S_{jk}。可列出平差值方程：

$$S_i + v_{S_i} = \sqrt{(x_k - x_j) + (y_k - y_j)^2} \tag{8-86}$$

引入近似坐标 $x_j^0, y_j^0, x_k^0, y_k^0$，将式(8-86)右边用泰勒公式展开至一次项，得：

$$S_i + v_{S_i} = S_{jk}^0 - \frac{\Delta x_{jk}^0}{S_{jk}^0}\delta x_j - \frac{\Delta y_{jk}^0}{S_{jk}^0}\delta y_j + \frac{\Delta x_{jk}^0}{S_{jk}^0}\delta x_k + \frac{\Delta y_{jk}^0}{S_{jk}^0}\delta y_k \tag{8-87}$$

式中带"0"上标的为由取定的近似坐标算得之值，其中：

$$S_{jk}^0 = \sqrt{(x_k^0 - x_j^0)^2 + (y_k^0 - y_j^0)^2} \tag{8-88}$$

经移项变化后可得：

$$\left.\begin{aligned}
v_{S_i} &= -\frac{\Delta x_{jk}^0}{S_{jk}^0}\delta x_j - \frac{\Delta y_{jk}^0}{S_{jk}^0}\delta y_j + \frac{\Delta x_{jk}^0}{S_{jk}^0}\delta x_k + \frac{\Delta y_{jk}^0}{S_{jk}^0}\delta y_k + l_{S_i} \\
v_{S_i} &= -\cos\alpha_{jk}^0 - \sin\alpha_{jk}^0 + \cos\alpha_{jk}^0\delta x_j + \sin_{jk}^0\delta y_j + l_{S_i}
\end{aligned}\right\} \tag{8-89}$$

式中：$l_{S_i} = S_{jk}^0 - S_i$，此两式即为边长误差方程的两种表达式。

在以上的边长误差方程的表达式中，若 j 点为已知点，则 $\delta x_j = 0, \delta y_j = 0$，因而没有前两项；若 k 点为已知点，则此 $\delta x_k = 0, \delta y_k = 0$，因而没有第 3，4 两项。

3. 方向误差方程

如图 8-21 所示，j 为测站，j_0 为测站 j 上的度盘零位置方向，jj_0 方向的坐标方位角 z_j 称作测站 j 的定向角，是一个平差中的未知参数。设测站 j 上共有 n_j 个方向，$k(k=1,2,\cdots n)$ 是其中任一方向，jk 方向平差后的方位角为 α_{jk}，平差后的方向值为 $\hat{L}_{jk}$。由图可知，有关系式

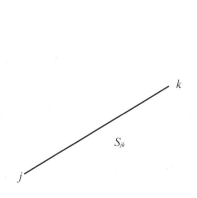

图 8-20　边长误差方程的列立

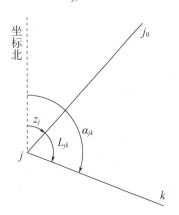

图 8-21　方向误差方程的列立

$$\hat{L}_{jk} = \alpha_{jk} - z_j \tag{8-90}$$

这里，α_{jk} 与点位坐标的关系式为：

$$\alpha_{jk} = \arctan\frac{y_k - y_j}{x_k - x_j} \tag{8-91}$$

所以式(8-90)即可认为是平差值方程的简写形式。对式(8-90)中的各量分别引入近似值和改正数：

$$L_{jk} + v_{jk} = (\alpha_{jk}^0 + \delta\alpha_{jk}) - (z_j^0 + \delta z_j) \tag{8-92}$$

移项得：

$$v_{jk} = -\delta z_j + \alpha_{jk}^0 + \delta\alpha_{jk} - z_j^0 - L_{jk} \tag{8-93}$$

可以写成：

$$\left.\begin{array}{l} v_{jk} = -\delta z_j + \delta\alpha_{jk} + l_{jk} \\ l_{jk} = \alpha_{jk}^0 - z_j^0 - L_{jk} \end{array}\right\} \tag{8-94}$$

式(8-94)中的第一式即为方向误差方程的简写形式。l_{jk} 为误差方程常数项，L_{jk} 为方向观测值，z_j^0 为盘零位置的近似方位角；α_{jk}^0 为 jk 间的近似方位角，由取定的 j,k 两点的近似坐标算得，

$$\alpha_{jk}^0 = \arctan\frac{y_k^0 - y_j^0}{x_k^0 - x_j^0} \tag{8-95}$$

而 $\delta\alpha_{jk}$ 应由微分值 δx，δy 的表达式代入，有

$$\delta\alpha_{jk} = \delta\left(\arctan\frac{y_k - y_j}{x_k - x_j}\right)$$

可得：

$$\delta\alpha_{jk} = \frac{\rho''\Delta y_{jk}^0}{(S_{jk}^0)^2}\delta x_j - \frac{\rho''\Delta x_{jk}^0}{(S_{jk}^0)^2}\delta y_j - \frac{\rho''\Delta y_{jk}^0}{(S_{jk}^0)^2}\delta x_k + \frac{\rho''\Delta x_{jk}^0}{(S_{jk}^0)^2}\delta y_k \tag{8-96}$$

式中各项乘以 ρ'' 是为了使 $\delta\alpha$ 以秒为单位。则方位角微分式可写成：

$$\delta x = a_{jk}\cdot\delta x_j + b_{jk}\cdot\delta y_j - a_{jk}\cdot\delta x_k - b_{jk}\cdot\delta y_k \tag{8-97}$$

将式(8-96)代入式(8-95)，得：

$$v_{jk} = -\delta z_j + \frac{\rho''\Delta y_{jk}^0}{(S_{jk}^0)^2}\delta x_j - \frac{\rho''\Delta x_{jk}^0}{(S_{jk}^0)^2}\delta y_j - \frac{\rho''\Delta y_{jk}^0}{(S_{jk}^0)^2}\delta x_k + \frac{\rho''\Delta x_{jk}^0}{(S_{jk}^0)^2}\delta y_k + l_{jk} \tag{8-98}$$

此式即为方向误差方程式。若考虑工程控制网中 $\delta x,\delta y$ 以 cm 为单位,则 $\delta\alpha_{jk}$ 改用式(8-97)代入，于是就得到了工程网平差中的实用方向误差方程表达式为：

$$\left.\begin{array}{l} v_{jk} = -\delta z_j + a_{jk}\cdot\delta x_j + b_{jk}\cdot\delta y_j - a_{jk}\cdot\delta x_k - b_{jk}\cdot\delta y_k + l_{jk} \\ l_{jk} = \alpha_{jk}^0 - z_j^0 - L_{jk} \end{array}\right\} \tag{8-99}$$

至于方向误差方程常数项 l_{jk} 中含有的定向角未知数 z_j^0，通常取

$$z_j^0 = \frac{1}{n_j}\sum_{k=1}^{n_j}(\alpha_{jk}^0 - L_{jk}) \tag{8-100}$$

式中 n_j 为测站 j 的方向观测数。这种做法的好处是，一个测站上方向误差方程常数项之和有：

$$[l]_j = \sum_{k=1}^{n_j} (\alpha_{jk}^0 - L_{jk}) - n_j z_j^0 = 0 \tag{8-101}$$

式(8-101)有利于检核。

4. 角度误差方程

若平面控制网按角度平差，则要列出角度观测误差方程。

如图 8-22 所示，观测了角度 L_j 可列出角度平差值方程：

$$L_j + v_{L_j} = \alpha_{jk} - \alpha_{jh} \tag{8-102}$$

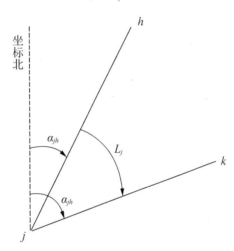

图 8-22　角度误差方程的列立

引入近似值和改正数：

$$L_j + v_{L_j} = \alpha_{jk}^0 + \delta\alpha_{jk} - \left(\alpha_{jh}^0 + \delta\alpha_{jh}\right) \tag{8-103}$$

可以写成：

$$v_{L_j} = \delta\alpha_{jk} - \delta\alpha_{jh} + l_j \tag{8-104}$$

式中

$$l_j = \alpha_{jk}^0 - \alpha_{jh}^0 - L_j$$

式(8-104)即为角度误差方程的简洁形式。

经合并同类项，便可获得最后形式的角度误差方程。

$$
\begin{aligned}
v_{L_j} = &\left(\frac{\rho'' \Delta y_{jk}^0}{\left(S_{jk}^0\right)^2} - \frac{\rho'' \Delta y_{jh}^0}{\left(S_{jh}^0\right)^2}\right)\delta x_j - \left(\frac{\rho'' \Delta x_{jk}^0}{\left(S_{jk}^0\right)^2} - \frac{\rho'' \Delta x_{jh}^0}{\left(S_{jh}^0\right)^2}\right)\delta y_j - \frac{\rho'' \Delta y_{jk}^0}{\left(S_{jk}^0\right)^2}\delta x_k \\
&+ \frac{\rho'' \Delta x_{jk}^0}{\left(S_{jk}^0\right)^2}\delta y_k + \frac{\rho'' \Delta y_{jh}^0}{\left(S_{jh}^0\right)^2}\delta x_h - \frac{\rho'' \Delta x_{jh}^0}{\left(S_{jh}^0\right)^2}\delta y_h + l_j
\end{aligned}
\tag{8-105}
$$

5. 精度评定

1) $[pvv]$ 和验后单位权中误差 μ 的计算

$$[pvv] = p_1 v_1^2 + p_2 v_2^2 + \cdots + p_n v_n^2 \tag{8-106}$$

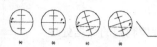

$$[pvv] = [pll] + [pal]\delta x_1 + [pbl]\delta x_2 + \cdots + [ptl]\delta x_t \tag{8-107}$$

$$\mu = \sqrt{\frac{[pvv]}{n-t}} \tag{8-108}$$

2) 未知点坐标的协方差因素阵

平面控制网以未知点坐标 x, y 为参数，其法方程系数阵的逆矩阵即为未知点坐标的协方差因素阵，即：

$$Q_{xx} = N^{-1} \tag{8-109}$$

式中，N 为法方程系数矩阵。设网中未知点总数为 n ，未知数的编序为 x_1、y_1、x_2、$y_2 \cdots$、x_n、y_n ，则 Q_{xx} 的形式为：

$$Q_{xx} = \begin{bmatrix} q_{x_1 x_1} & q_{x_1 y_1} & \cdots & q_{x_1 x_n} & q_{x_1 y_n} \\ q_{y_1 x_1} & q_{y_1 y_1} & \cdots & q_{y_1 x_n} & q_{y_1 y_n} \\ \vdots & \vdots & & \vdots & \vdots \\ q_{x_n x_1} & q_{x_n y_1} & \cdots & q_{x_n x_n} & q_{x_n y_n} \\ q_{y_n x_1} & q_{y_n y_1} & \cdots & q_{y_n x_n} & q_{y_n y_n} \end{bmatrix} \tag{8-110}$$

由于 N 是对称矩阵，Q_{xx} 也是对称矩阵。

从上面的协方差因素阵中，可取出某点纵横坐标的协因数阵，例如，第 i 点坐标 x_i, y_i 的协因数阵为

$$Q_{p_i} = \begin{bmatrix} q_{x_i x_i} & q_{x_i y_i} \\ q_{y_i x_i} & q_{y_i y_i} \end{bmatrix} \tag{8-111}$$

3) 点位中误差和点在任意方向 φ 上的位差

第 i 号未知点纵、横坐标的中误差分别为

$$\left. \begin{aligned} m_{x_i} &= \mu\sqrt{q_{x_i x_i}} \\ m_{y_i} &= \mu\sqrt{q_{y_i y_i}} \end{aligned} \right\} \tag{8-112}$$

可以看出根号内即为未知数协因素阵主对角线上的元素。

点位中误差 m_{pi} 为：

$$m_{p_i} = \sqrt{m_{x_i}^2 + m_{y_i}^2} \tag{8-113}$$

点位在方位角为 φ 的方向上的位差为

$$m_{i\varphi} = \mu\sqrt{q_{x_i y_i}\cos^2\varphi + 2q_{x_i y_i}\cos\varphi\sin\varphi + q_{x_i y_i}\sin^2\varphi} \tag{8-114}$$

4) 点位误差椭圆

误差椭圆的长半轴 E ，短半轴 F 分别为：

$$\left. \begin{aligned} E &= \mu\sqrt{\frac{q_{x_i x_i} + q_{y_i y_i} + K}{2}} \\ F &= \mu\sqrt{\frac{q_{x_i x_i} + q_{y_i y_i} - K}{2}} \end{aligned} \right\} \tag{8-115}$$

式中：

$$K = \sqrt{(q_{x_i x_i} - q_{y_i y_i})^2 + 4q_{x_i y_i}^2} \tag{8-116}$$

误差椭圆长半轴 E 的方向 φ_E 按照下式进行计算：

$$\varphi_E = \begin{cases} \dfrac{1}{2}\left(90° - \arctan\dfrac{q_{x_ix_i} - q_{y_iy_i}}{2q_{x_iy_i}}\right) & (q_{x_iy_i} > 0) \\[3mm] \dfrac{1}{2}\left(270° - \arctan\dfrac{q_{x_ix_i} - q_{y_iy_i}}{2q_{x_iy_i}}\right) & (q_{x_iy_i} < 0) \end{cases} \tag{8-117}$$

短半轴 F 的方向与 E 的方向相差 $90°$。

5) 相对点位误差和相对点位误差椭圆

上面讨论的点位误差椭圆实际上是未知点相对于已知点的误差椭圆。实际工作中，常常要讨论任意两未知点间的相对点位误差及相对点位误差椭圆。设两未知点分别为 p_j, p_k，它们的纵、横坐标差为：

$$\left.\begin{array}{l} \Delta x_{jk} = x_k - x_j \\ \Delta y_{jk} = y_k - y_j \end{array}\right\} \tag{8-118}$$

写成矩阵式为：

$$\Delta X_{p_jp_k} = KX_{p_jp_k} \tag{8-119}$$

式中：

$$\Delta X_{p_jp_k} = \begin{bmatrix} \Delta x_{jk} \\ \Delta y_{jk} \end{bmatrix}, K = \begin{bmatrix} -1 & 0 & 1 & 0 \\ 0 & -1 & 0 & 1 \end{bmatrix}, X_{p_jp_k} = \begin{bmatrix} x_j & y_j & x_k & y_k \end{bmatrix}^T$$

应用协因数传播律：

$$Q_{\Delta X} = KQ_{p_jp_k}K^T \tag{8-120}$$

式中 $Q_{p_jp_k}$ 为 j,k 两点的坐标协因数阵，取自 Q_{xx}。

$$Q_{p_jp_k} = \begin{bmatrix} q_{x_jx_j} & q_{x_jy_j} & q_{x_jx_k} & q_{x_jy_k} \\ q_{y_jx_j} & q_{y_jy_j} & q_{y_jx_k} & q_{y_jy_k} \\ q_{x_kx_j} & q_{x_ky_j} & q_{x_kx_k} & q_{x_ky_k} \\ q_{y_kx_j} & q_{y_ky_j} & q_{y_kx_k} & q_{y_ky_k} \end{bmatrix} \tag{8-121}$$

$$m_{s_{jk}} = \mu\sqrt{q_{s_{jk}}} \tag{8-122}$$

边长相对中误差为：

$$r_{m_s} = \frac{m_{s_{jk}}}{S_{jk}} \tag{8-123}$$

6) 方位角误差

方位角 α_{jk} 的函数式为：

$$\delta\alpha_{jk} = a_{jk}\delta x_j + b_{jk}\delta y_j - a_{jk}\delta x_k - b_{jk}\delta y_k \tag{8-124}$$

令：

$$F_{\alpha_{jk}} = \begin{bmatrix} a_{jk} & b_{jk} & -a_{jk} & -b_{jk} \end{bmatrix}^T \tag{8-125}$$

则有：

$$q_{\alpha_{jk}} = F_{\alpha_{jk}}^{T} Q_{p_j p_k} F_{\alpha_{jk}} \tag{8-126}$$

这样，方位角 α_{jk} 的中误差为：

$$m_{\alpha_{jk}} = \mu \sqrt{q_{\alpha_{jk}}} \tag{8-127}$$

6. 边角网坐标平差算例

1) 控制网略图和已知坐标、观测值

(1) 控制网略图：控制网略图如图8-23所示。

(2) 已知坐标：已知坐标见表8-6。

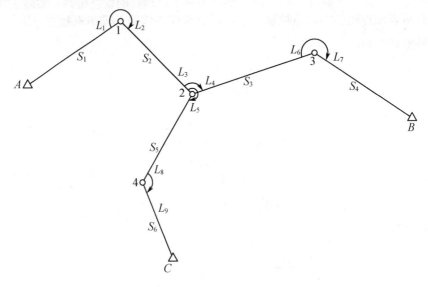

图 8-23　控制网略图

表 8-6　已知坐标表

点　　名	x	y
A	3 703 042.901	582 124.745
B	3 702 174.471	586 734.702
C	3 701 055.001	584 365.107

(3) 观测值：图8-23中共有9个方向观测值，先验测角中误差为 2.5″；6个边长观测值，先验测边中误差为5+5ppm。观测值见表8-7。

2) 近似坐标计算

(1) 以 A 点的假定坐标为(0,0)，A-1 边的假定方位角 $\alpha'_{A1} = 0°00'00''$，开始向 B 点推坐标，推得 B 点的假定坐标为 $x'_B = 3901.042(\text{m})$，$y'_B = 2605.276(\text{m})$。

(2) 由假定坐标 x'_B，y'_B 算得 A、B 边的假定方位角为 $\alpha'_{AB} = \arctan \dfrac{y'_B}{x'_B} = 33°44'11.64''$，由已知坐标算得 A、B 边的正确方位角为 $\alpha_{AB} = \arctan \dfrac{y_B - y_A}{x_B - x_A} = 100°40'06.35''$。

（3）取 $\alpha_{AB}^0 = \alpha_{AB} - \alpha_{AB}' = 66°55'54.71''$，重新推算网中各点近似坐标。推出的近似坐标见表8-8。

表8-7 方向和边长观测值

编 号	测 站	照 准 点	方向观测值			编 号	边 名	边长观测值/m
			°	′	″			
L_1	1	A	0	00	00.0	S_1	A-1	1390.691
L_2		2	232	50	01.4	S_2	1-2	1257.086
L_3	2	1	0	00	00.0	S_3	2-3	1635.781
L_4		3	135	17	53.5	S_4	3-B	1378.431
L_5	3	4	269	16	16.9	S_5	2-4	1239.814
L_6		2	0	00	00.0	S_6	4-C	949.928
L_7		B	256	23	26.6			
L_8	4	2	0	00	00.0			
L_9		C	121	12	40.3			

表8-8 近似坐标和平差坐标

点 号	近似坐标		改 正 数		平差坐标	
	x^0	y^0	δx	δy	x	y
1	3 703 587.811	583 404.235	-0.018	0.010	3 703 587.783	583 404.245
2	3 702 963.728	584 495.469	-0.026	0.012	3 702 963.702	584 495.479
3	3 703 385.342	586 075.980	-0.015	0.014	3 703 385.327	586 075.994
4	3 701 879.749	583 893.695	-0.033	0.012	3 701 879.716	583 893.707

3）组成误差方程

（1）用 x^0, y^0 计算 $\Delta x^0, \Delta y^0, \alpha^0, S^0$：计算结果见表8-9。

（2）计算各边的 δ_a, δ_S 表达式

$$\delta_{\alpha_{jk}} = a\delta x_j + b\delta y_j - a\delta x_k - b\delta y_k$$

式中：$a = \dfrac{2062.65\Delta y_{jk}^0}{(S_{jk}^0)^2}$、$b = \dfrac{2062.65\Delta x_{jk}^0}{(S_{jk}^0)^2}$。

$$\delta S_{jk} = a_S\delta x_j + b_S\delta y_j - a_S\delta x_k - b_S\delta y_k$$

式中：$a_S = -\dfrac{\Delta x_{jk}^0}{S_{jk}^0} = -\cos\alpha_{jk}^0, b_S = -\dfrac{\Delta y_{jk}^0}{S_{jk}^0} = -\sin\alpha_{jk}^0$，计算出的 δ_a, δ_S 的 a, b 系数见表8-10。

列出的 δ_a, δ_S 的表达式如下：

$$
\begin{cases}
\delta\alpha_{A,1} = -1.3646\delta x_1 + 0.5812\delta y_1 \\
\delta\alpha_{1,2} = 1.4243\delta x_1 + 0.8146\delta y_1 - 1.4243\delta x_2 - 0.8146\delta y_2 \\
\delta\alpha_{2,3} = 1.2184\delta x_2 - 0.3250\delta y_2 - 1.2184\delta x_3 + 0.3250\delta y_3 \\
\delta\alpha_{3,B} = 0.7151\delta x_3 + 1.3143\delta y_3 \\
\delta\alpha_{2,4} = -0.8075\delta x_2 + 1.4546\delta y_2 + 0.8075\delta x_4 - 1.4546\delta y_4 \\
\delta\alpha_{4,C} = 1.0775\delta x_4 + 1.8851\delta y_4 \\
\delta S_{A,1} = 0.3918\delta x_1 + 0.9200\delta y_1 \\
\delta S_{1,2} = 0.4965\delta x_1 - 0.8681\delta y_1 - 0.4965\delta x_2 + 0.8681\delta y_2 \\
\delta S_{2,3} = -0.2577\delta x_2 - 0.9662\delta y_2 + 0.2577\delta x_3 + 0.9662\delta y_3 \\
\delta S_{3,B} = 0.8784\delta x_3 - 0.4779\delta y_3 \\
\delta S_{2,4} = 0.8743\delta x_2 + 0.4854\delta y_2 - 0.8743\delta x_4 - 0.4854\delta y_4 \\
\delta S_{4,C} = 0.8682\delta x_4 - 0.4962\delta y_4
\end{cases}
$$

4) 方向误差方程常数项之计算

方向误差方程常数项的计算，见表8-11。

5) 方向误差方程部分

(1) 方向误差方程部分：以测站为单位确定各方向的约化误差方程 v'_{jk}。

$$
v'_{jk} = a\delta x_j + b\delta y_j - a\delta x_k - b\delta y_k + l_{jk}
$$

再组成该站的和方程 $v'_{j\Sigma}$。

(2) 边长误差方程部分

$$
v_{s_i} = a_s\delta x_j + b_s\delta y_j - a_s\delta x_k - b_s\delta y_k + l_{s_i}
$$

边误差方程常数项计算公式为：

$$
l_{s_i} = S^0_{jk} - S_i
$$

其中，S^0_{jk} 为由取定的 j, k 两点的近似坐标 $x^0_j, y^0_j, x^0_k, y^0_k$ 反算的边长，s_i 为 j, k 两点间的边长观测值，l_{s_i} 应以 cm 为单位。

(3) 各误差方程的权

各方向误差方程 $p = 1$，和方程 $p = -1/n_j$，边长误差方程的权为：

$$
p_{s_i} = \frac{m^2_{方}}{m^2_{s_i}} = \frac{m^2_{角}/2}{m^2_{s_i}} - \frac{2.5^2/2}{(0.5 + 5 \cdot S_t / 10\,000)^2}
$$

其量纲为 (秒)^2 / (厘米)^2，误差方程系数的计算值见表8-12。

6) 组成法方程

利用误差方程系数表组成法方程，见表8-13。法方程系数阵为对称矩阵，表中按习惯只填写了上三角。

7) 解算法方程

用求逆法解算法方程，即 $\delta X = -N^{-1}B^T Pl = -N^{-1}U$。

用计算机求得的法方程系数阵的逆矩阵 Q 见表8-14。此矩阵也是未知数的协方差因素阵。

该表的最下两行为法方程常数项的负值和未知数的解。

表 8-9　$\Delta x^0, \Delta y^0, \alpha^0, S^0$ 表

编号	边 名	Δx^0 /m	Δy^0 /m	α^0 /(° ′ ″)			S^0 /m
1	A-1	544.910	1279.490	66	55	54.49	1390.691
2	1-2	−624.083	1091.232	119	45	55.89	1257.086
3	2-3	421.614	1580.513	75	03	49.39	1635.781
4	3-B	−1210.871	658.722	151	27	12.58	1378.450
5	2-4	−1083.979	−601.772	209	02	12.79	1239.814
6	4-C	−824.748	471.412	150	14	54.44	949.968

表 8-10　δ_a, δ_S 表达式的 a, b 系数表

边　名	δ_a 的 a, b 系数		δ_k 的 a, b 系数	
	a	b	a	b
A-1	1.3646	−0.5812	−0.3918	−0.9200
1-2	1.4243	0.8146	0.4965	−0.8681
2-3	1.2184	−0.3250	−0.2577	−0.9662
3-B	0.7151	1.3144	0.8784	−0.4779
2-4	−0.8075	1.4546	0.8743	0.4854
4-C	1.0775	1.8851	0.8682	−0.4962

表 8-11　方向误差方程

测站	照准点	α^0			L			$\alpha^0 - L$			$l = \alpha^0 - L = z^0$
		°	′	″	°	′	″	°	′	″	″
1	A	246	55	54.49	0			246	55	54.49	0
	54249	109	45	55.89	232	50	01.4			246	55
1					$z^0 =$			246	55	54.49	$[l] = 0$
2	1	299	45	55.89	0			299	45	55.89	0
	55389	105	03	49.39	135	17	53.5			299	45
	55489	209	02	12.79	269	16	16.9			299	45
					$z^0 =$			299	45	55.89	$[l] = 0$
3	2	255	03	49.39	0			255	03	49.39	
	B	151	27	12.58	256	23	26.6			45.98	
					$z^0 =$			255	03	47.685	$[l] = 0$

测站	照准点	α⁰ °	α⁰ ′	α⁰ ″	L °	L ′	L ″	α⁰-L °	α⁰-L ′	α⁰-L ″	$l=α^0-L=z^0$ °
4	2	29	02	12.79	0			29	02	12.79	-0.675
	C	150	14	54.44	121	12	40.3			14.14	+0.675
								29	02	13.465	$[l]=0$

表 8-12 误差方程系数表

编号	测站	照准点	P	δx_1	δy_1	δx_2	δy_2	δx_3	δy_3	δx_4	δy_4	l	V'	V	V''
L_1	1	A	1	-1.3646	0.5812							0	3.009	0.992	0
L_2		2	1	1.4243	0.8146	-1.4243	-0.8146					0	1.024	-0.993	-1.99
$\sum_1$			-0.5	0.0597	1.3958	-1.4243	-0.8146					0			
												$\delta z_1=$	2.016		
L_3	2	1	1	1.4243	0.8146	-1.4243	-0.8146					0	1.024	1.316	0
L_4		3	1			1.2184	-0.3250	-1.2184	0.3250			0	-1.295	-1.003	-2.32
L_5		4	1			-0.8075	1.4546			0.8075	1.4546	0	0.606	-0.314	-1.63
$\sum_2$			-0.3333	1.4243	0.8146	-1.0134	0.3150	-1.2184	0.3250	0.8075	-1.4546	0			
												$\delta z_2=$	-0.292		
L_6	3	2	1			1.2184	-0.3250	-1.2184	0.3250			1.705	0.410	0.664	0
L_7		B	1					0.7151	1.3144			-1.705	-0.917	-0.663	-1.33
$\sum_3$			-0.5			1.2184	-0.3250	-0.5033	1.6394			0			
												$\delta z_3=$	-0.254		
L_8	4	2	1			-0.8075	1.4546			0.8075	-1.4546	-0.675	-1.281	-0.332	0
L_9		C	1							1.0775	1.8851	0.675	-0.617	0.332	0.66
$\sum_4$			-0.5			-0.8075	1.4546			1.8850	0.4305	0			
												$\delta z_4=$	-0.949		
s_1	A	1	2.1871	0.3918	0.9200							0		0.21	
s_2	1	2	2.4537	0.4965	-0.8681	-0.4965	0.8681					0		0.59	
s_3	2	3	1.7992			-0.2577	-0.9662	0.2577	0.9662			0		0.51	
s_4	3	B	2.2097					0.8784	-0.4779			1.9		-0.09	
s_5	2	4	2.4916			0.8743	0.4854			-0.8743	-0.4854	0		0.60	
s_6	4	C	3.2876							0.8682	-0.4962	4.0		0.52	

$[pvv]=9.13$

表 8-13　法方程表

	$1/\delta x_1$	$2/\delta y_1$	$3/\delta x_2$	$4/\delta y_2$	$5/\delta x_3$	$5/\delta y_3$	$6/\delta x_4$	$8/\delta y_4$	l/U
1	6.1821	0.8928	-4.1385	-1.3881	0.5784	-0.1543	-0.3883	0.6905	0
2		4.1699	0.0063	-2.6933	0.3308	-0.0882	-0.2192	0.3949	0
3			8.5344	-0.0613	-3.1934	-0.5450	-2.1749	0.9743	2.6224
4	对			8.4103	0.3901	-1.6586	-0.1640	-4.9792	-1.5360
5					4.6834	0.2129	0.3279	-0.5907	0.3913
6						2.7442	-0.0875	0.1576	-3.6934
7			称				4.8539	-0.6911	11.5994
8								8.3840	-4.2709
l									67.3039

表 8-14　法方程系数阵的逆 Q_{xx} 表

	δx_1	δy_1	δx_2	δy_2	δx_3	δy_3	δx_4	δy_4
δx_1	0.3531	-0.0220	0.2556	0.0748	0.1117	0.1106	0.1390	0.0039
δy_1	-0.0220	0.3791	-0.0249	0.2113	-0.0533	0.1326	0.0328	0.1088
δx_2	0.2556	-0.0249	0.3677	0.0467	0.1990	0.1054	0.1726	-0.0086
δy_2	0.0748	0.2113	0.0467	0.3629	-0.0142	0.2321	0.0816	0.1954
δx_3	0.1117	-0.0533	-0.1990	-0.0142	0.3337	0.0125	0.0715	-0.0091
δy_3	0.1106	0.1326	0.1054	0.2321	0.0125	0.5319	0.0940	0.1089
δx_4	0.1390	0.0328	0.1726	0.0816	0.0715	0.0940	0.3016	0.0435
δy_4	0.0039	0.1088	-0.0086	0.1954	-0.0091	0.1089	0.0435	0.2318
$-U$	0	0	-2.6224	1.5360	-0.3913	3.6934	-11.5994	4.2709
δx	-1.7858	0.9843	-2.6198	1.1856	-1.4964	1.4140	-3.3208	1.2130

8) 平差值计算

(1) 平差坐标计算。

平差坐标计算见表8-8。

(2) 观测值改正数计算。

观测值改正数计算见表8-12。

9) 精度评定

(1) 验后单位权中误差计算。

顺便算出验后测角中误差为 $m_\beta = \mu\sqrt{2} = \pm 2.46''$。

(2) 未知点点位误差和点位误差椭圆。

以2号点的点位误差和误差椭圆为例，由 Q_{xx} 阵中提取2号点的坐标协因数阵为：

$$Q_{p_2} = \begin{bmatrix} q_{x_2 x_2} & q_{x_2 y_2} \\ q_{y_2 x_2} & q_{y_2 y_2} \end{bmatrix} = \begin{pmatrix} 0.3677 & 0.0467 \\ 0.0467 & 0.3629 \end{pmatrix}$$

x 方向的中误差为：

$$m_{x_2} = \mu \cdot \sqrt{q_{x_2 x_2}} = \pm 1.74\sqrt{0.3677} = \pm 1.06 (\text{cm})$$

y 方向的中误差为：

$$m_{y_2} = \mu\sqrt{q_{y_2y_2}} = \pm 1.74\sqrt{0.3629} = \pm 1.05(\text{cm})$$

点位中误差为：

$$m_{p_2} = \pm\sqrt{m_{x_2}^2 + m_{y_2}^2} = \pm\sqrt{1.06^2 + 1.05^2} = \pm 1.49(\text{cm})$$

$$K = \sqrt{(q_{x_2x_2} - q_{y_2y_2})^2 + 4q_{x_2y_2}^2}$$

$$= \sqrt{(0.3677 - 0.3629)^2 + 4\times 0.0467^2} = 0.0935$$

误差椭圆长半轴：

$$E = \mu\sqrt{(q_{x_2x_2} + q_{y_2y_2} + K)/2}$$

$$= 1.74\sqrt{(0.3677 + 0.3629 + 0.0936)/2} = 1.12(\text{cm})$$

误差椭圆短半轴：

$$F = \mu\sqrt{(q_{x_2x_2} + q_{y_2y_2} - K)/2}$$

$$= 1.74\sqrt{(0.3677 + 0.3629 - 0.0935)/2} = 0.98(\text{cm})$$

误差椭圆长半轴 E 的方向，因 $q_{x_2y_2} > 0$，采用式(8-117)第一表达式计算，即

$$\varphi_E = \frac{1}{2}\left(90° - \arctan\frac{q_{x_2x_2} - q_{y_2y_2}}{2q_{x_2y_2}}\right)$$

$$= \frac{1}{2}\left(90° - \arctan\frac{0.3677 - 0.3629}{2\times 0.0467}\right) = 43°32'$$

由此可得，短半轴 F 的方向为，$\varphi_F = 133°32'$。

(3) 计算任意两未知点间的边长和方位角中误差

以1、4两点间的边长和方位角中误差为例，由 Q_{xx} 中提取 $Q_{p_1p_4}$

$$Q_{p_1p_4} = \begin{bmatrix} 0.3531 & -0.0220 & 0.1390 & 0.0039 \\ -0.0220 & 0.3791 & 0.0328 & 0.1088 \\ 0.1390 & 0.0328 & 0.3016 & 0.0435 \\ 0.0039 & 0.1088 & 0.0435 & 0.2318 \end{bmatrix}$$

边长 S_{14} 的函数式为：

$$S_{14} = \sqrt{(x_4 - x_1)^2 + (y_4 - y_1)^2}$$

经微分获得其权函数式为：

$$\delta S_{1,4} = -\cos\alpha_{1,4}\cdot\delta x_1 - \sin\alpha_{1,4}\delta y_1 + \cos\alpha_{1,4}\cdot\delta x_4 + \sin\alpha_{1,4}\delta y_4$$

由1、4两点的坐标计算得：

$$\begin{cases} \Delta x_{1,4} = -1708.077 \\ \Delta y_{1,4} = 489.450 \end{cases}$$

$$F_{s_{1,4}} = \begin{bmatrix} -\cos\alpha_{1,4} \\ -\sin\alpha_{1,4} \\ \cos\alpha_{1,4} \\ \sin\alpha_{1,4} \end{bmatrix} = \begin{bmatrix} -\Delta x_{1,4}/S_{1,4} \\ -\Delta y_{1,4}/S_{1,4} \\ \Delta x_{1,4}/S_{1,4} \\ \Delta y_{1,4}/S_{1,4} \end{bmatrix} = \begin{bmatrix} 0.9613 \\ -0.2755 \\ -0.9613 \\ 0.2755 \end{bmatrix}$$

$$q_{S_{1,4}} = F_{S_{1,4}}^{T} Q_{p_1 p_4} F_{S_{1,4}} = 0.3860$$

由此得1、4点的边长中误差为：

$$m_{s_{1,4}} = \mu \sqrt{q_{s_{1,4}}} = \pm 1.74 \sqrt{0.3860} = \pm 1.1 (\text{cm})$$

边长相对中误差为：

$$\frac{m_{s_{1,4}}}{S_{1,4}} = \frac{0.011}{1777} = \frac{1}{160\,000}$$

方位角 $\alpha_{1,4}$ 的函数式为：

$$\alpha_{1,4} = \arctan \frac{y_4 - y_1}{x_4 - x_1}$$

经微分获得权函数式为：

$$\delta \alpha_{1,4} = a_{1,4} \delta x_1 + b_{1,4} \delta y_1 - a_{1,4} \delta x_4 - b_{1,4} \delta y_4$$

$$a_{1,4} = \frac{2062.65 \Delta y_{1,4}}{S_{1,4}^2} = 0.3198$$

$$b_{1,4} = -\frac{2062.65 \Delta x_{1,4}}{S_{1,4}^2} = 1.1160$$

$$F_{\alpha_{1,4}} = \begin{bmatrix} a_{1,4} \\ b_{1,4} \\ -a_{1,4} \\ -b_{1,4} \end{bmatrix} = \begin{bmatrix} 0.3198 \\ 1.1160 \\ -0.3198 \\ -1.1160 \end{bmatrix}$$

$$q_{\alpha_{1,4}} = F_{\alpha_{1,4}}^{T} Q_{p_1 p_4} F_{\alpha_{1,4}} = 5.1751$$

由此得1、4两点间的方位角中误差为：

$$m_{\alpha_{1,4}} = \mu \sqrt{q_{\alpha_{1,4}}} = \pm 1.74 \sqrt{5.1751} = \pm 4.0''$$

习　　题

1. 控制测量概算的主要目的是什么？概算与平差有何关系？

2. 简述控制测量概算的流程和主要工作，每一步骤中主要有哪些计算？

3. 大地测量平面控制网如何选择相应的平差基准？

4. 工程测量平面控制网选择平差基准时应从哪几个方面考虑？如何处理投影面与投影带的问题？

5. 平面控制网的条件平差中有哪些类型的条件？如何列立相应的条件式？

6. 如何确定控制网中的条件总数？

7. 如何列立高程控制网的条件方程式？

8. 列出间接平差的基本数学模型。如何列立控制网的间接平差误差方程式？

第9章 全球导航卫星系统(GNSS)的基本知识

卫星定位技术的不断发展逐步颠覆了传统的测绘技术与方法,给测绘的诸多领域,尤其是控制测量领域带来了一系列的变革。全球导航卫星系统以其全天候、高精度、自动化、高效率、不受通视条件影响等特点被广泛应用于各个领域,尤其是大地测量与工程测量领域,大大提高了测量工作的效率,降低了测量工作者的劳动强度。随着全球导航卫星系统的进一步完善与扩充以及精度的进一步提高,其必将有着更为广阔的应用空间。

9.1 概   述

全球导航卫星系统(Global Navigation Satellite System,GNSS)是利用卫星信号进行导航定位的系统统称,目前已经投入使用或正在建设的卫星系统有 GPS、GLONASS、GALILEO、COMPASS 四套系统。

1. 全球定位系统(Global Positioning System,GPS)

GPS 是由美国国防部于 20 世纪 70 年代开始研制,历时 20 年,耗资 200 亿美元,于 1994 年全面建成,具有在海、陆、空进行全方位实时三维导航与定位能力的新一代卫星导航与定位系统。整套系统共有 24 颗卫星,其中 21 颗为工作卫星,3 颗为备用卫星。GPS 计划的实施共分为三个阶段,即:

第一阶段为方案论证和初步设计阶段。该阶段从 1978 年到 1979 年,由位于加利福尼亚的范登堡空军基地采用双子座火箭发射 4 颗试验卫星,卫星运行轨道长半轴为 26 560km,倾角 64°,轨道平均高度 20 200km。这一阶段主要研制了地面接收机及建立了地面跟踪网,结果令人满意。

第二阶段为全面研制和试验阶段。该阶段从 1979 年到 1984 年,又陆续发射了 7 颗称为 BLOCK Ⅰ 的试验卫星,研制了各种用途的接收机。实验表明,GPS 定位精度远远超过设计标准,利用粗码定位,其精度就可达 14 米。

第三阶段为实用组网阶段。1989 年 2 月 4 日第一颗 GPS 工作卫星发射成功,这一阶段的卫星称为 BLOCK Ⅱ 和 BLOCK ⅡA。此阶段宣告 GPS 系统进入工程建设状态。截至 1993 年底,GPS 网,即(21+3)GPS 星座已经建成,随后根据计划陆续更换失效的卫星。

2. 格洛纳斯全球导航卫星系统(GLONASS)

GLONASS 是苏联于 20 世纪 70 年代开始研制的以军用为主的全球导航卫星系统,1982 年首颗卫星发射入轨,随后,卫星陆续发射升空,截至 1987 年格洛纳斯系统共计发射了包括早期原型卫星在内的 30 颗卫星，但是由于卫星设计水平有限，卫星设计寿命较短，因此，在轨可用卫星只有 9 颗。1991 年，苏联解体后，由俄罗斯继续部署与维护 GLONASS。1995 年，俄罗斯耗巨资完成了 GLONASS 导航卫星星座的组网工作，系统开始正常工作。

随后，俄罗斯开始研制寿命更长、功能更强的新一代的改进型卫星 GLONASS-M Ⅱ卫星，2000 年后，GLONASS-M Ⅱ卫星陆续发射入轨，到目前为止，整个系统的 24 颗工作卫星和 3 颗备用卫星已全部发射升空并正常工作，达到了设计水平。这些卫星分布于三个轨道平面上，每个轨道有 8 颗卫星，同一轨道面内各卫星之间相隔 45°，卫星高度约 19 100km，绕地球运行周期约为 11 小时 15 分。

随着地面设施的发展，GLONASS 系统预计将在 2015 年完全建成。届时，其定位和导航精度将提高至 1m 左右。

3. 伽利略计划(Galileo)

伽利略系统是欧洲计划建设的新一代民用全球卫星导航系统，系统由 30 颗卫星组成，其中 27 颗卫星为工作卫星，3 颗为备用卫星，卫星高度为 24 126km，位于 3 个倾角为 56°的轨道平面内。

伽利略计划是个全球性的系统，同时也注重国际合作，从 1999 年正式实施伽利略计划开始，除欧盟各国家外，陆续有中国、韩国、印度等国家和机构参与计划的研究与实施。2005 年，伽利略系统首颗实验卫星发射升空，整个系统将于 2020 年全面投入使用。

4. 北斗卫星导航系统(COMPASS)

北斗卫星导航系统(BeiDou Navigation Satellite System，COMPASS)是我国正在实施的自主发展、独立运行的全球卫星导航系统。2000 年，我国成功发射两颗北斗导航实验卫星，首先建成了北斗导航试验系统，使我国成为继美、俄之后世界上第三个拥有自主卫星导航系统的国家。

北斗卫星导航系统包括 5 颗静止轨道卫星和 30 颗非静止轨道卫星，2007 年，我国成功发射第一颗北斗导航卫星。截至 2012 年底，共发射了 4 颗实验卫星和 16 颗导航卫星，北斗系统正式公布空间信号接口控制文件，北斗导航业务正式对亚太地区提供无源定位、导航、授时服务。按照计划，2020 年左右，北斗卫星导航系统将形成全球覆盖能力。

9.2 GNSS 的构成

GPS、GLONASS、GALILEO、COMPASS 四套系统的构成方式相近，均由三大部分组成，即空间卫星部分、地面控制部分和用户设备部分。由于四套系统中，美国的 GPS 发展历史最长、应用范围最广、用户最多，因此，以 GPS 为例对其构成进行阐述。

1. 空间卫星部分

GPS 空间星座部分由 21 颗工作卫星和 3 颗备用卫星组成，24 颗卫星均匀分布在 6 个轨道平面内，每个轨道平面均匀分布着 4 颗卫星，卫星轨道平面相对地球赤道面的倾角均为

55°，各轨道平面升交点的赤经相差 60°，在相邻轨道上，卫星的升交距角相差 30°。轨道平均高度约为 20 200km，卫星运行周期为 11 小时 58 分，地面观测者见到地平面以上的卫星颗数随时间和地点的不同而有差异，最少有 4 颗，最多有 11 颗，这样可以确保在世界的任何地方、任何时间都可以进行实时三维定位。每个 GPS 卫星两侧均有双叶太阳能板，自动对日定向，为卫星提供工作所需用电。每颗卫星内安装有四台高精度原子钟，其中两台铷钟，两台铯钟，为 GPS 提供高精度时间标准。

GPS 卫星的主要功能是接收并存储由地面监控站发来的导航信息，接收并执行主控站发出的控制命令，如调整卫星姿态、启用备用卫星等，向用户连续发送卫星导航定位所需信息，如卫星轨道参数、卫星健康状态、卫星钟改正数及卫星信号发射时间标准等。

GPS 卫星连续地发射 L 波段的两个无线电载波信号 L_1 和 L_2，其频率分别为 $f_1 = 1575.42\text{MHz}$，$f_2 = 1227.60\text{MHz}$，载波上调制了伪随机噪声码(PRN Code)和导航电文。所谓伪随机噪声码，就是指一种可以预先确定并可以重复地产生和复制，又具有随机统计特性的二进制码序列。GPS 卫星使用两种伪随机噪声码，即精密测距码(Precise Code)，简称 P 码或精码，和粗捕获码(Coarse Aquisition Code)，简称 C/A 码或粗码。P 码的频率为 10.23MHz，波长 29.3m；C/A 码的频率为 1.023MHz，波长 293m。导航电文中包括了卫星轨道参数(也称为广播星历参数)、卫星时钟改正参数、卫星工作状态以及其他卫星的情况等，导航电文传送率为 50BPS(bit/s)。

2. 地面控制部分

地面控制部分由一个主控站、五个监控站和三个注入站组成，主控站位于美国科罗拉多(Colorado)的法尔孔(Falcon)空军基地，它的作用是根据各监控站对 GPS 的观测数据，计算出卫星的星历和卫星钟的改正参数等，并将这些数据通过注入站注入到卫星中去，同时，它还对卫星进行控制，向卫星发布指令，当工作卫星出现故障时，调度备用卫星，替代失效的工作卫星工作；另外，主控站也具有监控站的功能。

监控站有五个，除了主控站外，其他四个分别位于夏威夷(Hawaii)、阿松森群岛(Ascencion)、迭哥伽西亚(Diego Garcia)、卡瓦加兰(Kwajalein)，监控站的作用是接收卫星信号，监测卫星的工作状态。

监控站中的三个同时兼具注入站功能，它们分别位于阿松森群岛(Ascencion)、迭哥伽西亚(Diego Garcia)、卡瓦加兰(Kwajalein)，注入站的作用是将主控站计算出的卫星星历和卫星钟的改正数等注入到卫星中去。

3. 用户设备部分

用户设备部分包括硬件设备和接收机软件两部分，硬件主要是指 GPS 接收机，GPS 接收机的主要功能就是接收、跟踪、变换和测量 GPS 信号，获取必要的信息和需要的观测量，经过数据处理完成导航和定位任务。GPS 接收机包括接收天线、信号处理器、微处理机、用户信息显示、储存、传输及操作等终端设备、精密振荡器电源等。接收机软件包括内置软件和外用软件，内置软件是指控制接收机信号通道、按时序对每颗卫星信号进行量测以及内存或固化在中央处理器中的自动操作程序等，这类软件已和接收机融为一体。外用软件指处理观测数据的软件，如基线处理软件和网平差软件等。

GPS 接收机有多种分类方法，按工作原理，可将 GPS 接收机分为码相关型接收机、平方型接收机、混合型接收机、干涉型接收机；按信号通道的类型，可将 GPS 接收机分为多通道接收机、序贯通道接收机、多路复用通道接收机；按接收的卫星信号频率，可将 GPS 接收机分为单频接收机(L_1)、双频接收机(L_1，L_2)；按接收机的用途可将 GPS 接收机分为导航型接收机、测量型接收机、授时型接收机。

9.3　GNSS 卫星定位原理

GNSS 定位的基本原理就是以 GNSS 卫星和用户接收机天线之间的距离观测量为基础，并根据卫星瞬时坐标，利用距离交会来确定用户接收机所在点的三维坐标。GNSS 定位的关键是测定用户接收机天线至 GNSS 卫星之间的距离。依据测距的原理，其定位的方法主要有伪距法定位、载波相位法定位。按照观测时接收机的运动状态，可以分为静态定位和动态定位。按定位方式，GNSS 定位又分为绝对定位和相对定位两种。以下以 GPS 为例阐述各种定位方式的基本原理。

9.3.1　伪距法定位

1. 伪距测量

GPS 卫星能够按照星载时钟发射一种结构为伪随机噪声码的信号，称为测距码信号(即粗码 C/A 码或精码 P 码)。该信号从卫星发射经时间 t 后，到达接收机天线，可得卫星至接收机的空间几何距离

$$\rho = c \cdot t \tag{9-1}$$

实际上，由于传播时间 t 中包含有卫星时钟与接收机时钟不同步的误差，测距码在大气中传播的延迟误差等，因此求得的距离值并非真正的站星几何距离，习惯上称之为"伪距"，用 ρ 表示，与之相对应的定位方法称为伪距法定位。

假设在某一标准时刻 T_a 卫星发出一个信号，该瞬间卫星钟的时刻为 t_a，该信号在标准时刻 T_b 到达接收机，此时相应接收机时钟的读数为 t_b；于是伪距测量测得的时间延迟，即为 t_b 与 t_a 之差，将其代入式(9-1)可得

$$\rho = c(t_b - t_a) \tag{9-2}$$

由于卫星钟和接收机时钟与标准时间存在着误差，设信号发射和接收时刻的卫星和接收机钟差改正数分别为 V_a 和 V_b，则

$$\left.\begin{array}{l} T_a = t_a + V_a \\ T_b = t_b + V_b \end{array}\right\} \tag{9-3}$$

则 $T_b - T_a = (t_b - t_a) + (V_b - V_a)$ 即为测距码从卫星到接收机的实际传播时间 ΔT。由上述分析可知，在 ΔT 中已对钟差进行了改正，但由 $c \cdot \Delta T$ 所计算出的距离中，仍包含有测距码在大气中传播的延迟误差，必须加以改正。因此，设定位测量时，大气中电离层折射改正数为 $\delta \rho_I$，对流层折射改正数为 $\delta \rho_\tau$，则所求 GPS 卫星至接收机的真正空间几何距离 $\hat{\rho}$ 应为

$$\hat{\rho} = c \cdot T + \delta\rho_I + \delta\rho_\tau = \rho + \delta\rho_I + \delta\rho_\tau - cV_a + cV_b \tag{9-4}$$

伪距测量的精度与测量信号(测距码)的波长及其与接收机复制码的对齐精度有关。目前，接收机的复制码精度一般取 1/100，而公开的 C/A 码码元宽度(即波长)为 293m，故上述伪距测量的精度最高仅能达到 3m(293.1/100≈3m)，难以满足高精度测量定位工作的要求，而用 C/A 码测距时，通常采用窄相关技术，测距精度可达码元宽度 1/1000 左右，由于美国于 1994 年 1 月 31 日实施了 AS 技术，将 P 码和保密的 W 码进行模二相加以形成保密的 Y 码，使得民用用户只能用精度较低的 C/A 码进行测距，利用 Z 跟踪技术可对精度较高的 P 码进行相关处理，与 C/A 码相结合，可在一定程度上提高测距精度。

2. 点位坐标计算

假设接收机的位置用 (x, y, z) 表示，则接收机与卫星的真实距离 $\hat{\rho}$ 可写成

$$\hat{\rho} = \sqrt{(X_i - x)^2 + (Y_i - y)^2 + (Z_i - z)^2} \tag{9-5}$$

式中，(X_i, Y_i, Z_i) 为第 i 颗卫星的三维坐标，可以由导航电文求得。

在实际工作中，由于接收机中存在接收机钟差 V_b，同样需要视为未知数，于是考虑到式(9-5)，可以将式(9-4)写成

$$\sqrt{(X_i - x)^2 + (Y_i - y)^2 + (Z_i - z)^2} - cV_b = \rho + \delta\rho_I + \delta\rho_\tau - c(V_i)_a \tag{9-6}$$

如果同步观测了四颗卫星，即 $i = 1,2,3,4$，则可得出四个方程，并求得四个未知数 x, y, z, V_b。当方程个数大于 4 时，可用最小二乘法的原理求解出未知数的平差值。

9.3.2 载波相位法定位

1. 载波相位测量的观测方程

载波相位测量法以 GPS 卫星信号的载波 (L_1, L_2) 作为量测对象。由于载波的波长($\lambda_{L1} = 19.03$cm，$\lambda_{L2} = 24.42$cm)比测距码波长要短得多，因此对载波进行相位测量，就可能得到较高的测量定位精度。

假设卫星 S 在 t_0 时刻发出一载波信号，其相位为 $\phi(S)$；此时若接收机产生一个频率和初相位与卫星载波信号完全一致的基准信号，在 t_0 瞬间的相位为 $\phi(R)$。假设这两个相位之间相差 N_0 个整周信号和不足一周的相位 $\Delta\phi$，则相位差为：

$$\phi(R) - \phi(S) = N_0 + \Delta\phi \tag{9-7}$$

其中，N_0 为整周数，$\Delta\phi$ 为不到一周的相位值。则卫星到接收机天线间用载波相位表达的距离观测值可以写成：

$$\rho = \lambda \frac{\phi(R) - \phi(S)}{2\pi} = \lambda \left[N_0 + \frac{\Delta\phi}{2\pi} \right] \tag{9-8}$$

由于载波信号是一个单纯的余弦波，因此在载波相位测量中，接收机无法判定所量测信号的整周数 N_0，故 N_0 又称为整周模糊度，但可精确测定其零数 $\Delta\phi$，并且当接收机对空中飞行的卫星作连续观测时，接收机借助于内含多普勒频移计数器，可累计得到载波信号的整周变化数 $\text{Int}(\phi)$。因此，在 K 时刻接收机的相位观测值为

$$\phi_k' = \text{Int}(\phi) + \Delta\phi_k \tag{9-9}$$

但只要观测是连续的，则各次观测的完整测量值中应含有相同的 N_0，也就是说，完整的载波相位观测值应为

$$\phi_k = N_0 + \text{Int}(\phi) + \Delta\phi_k \tag{9-10}$$

与伪距测量一样，考虑到卫星和接收机的钟差改正数 V_a、V_b 以及电离层延迟改正 $\delta\rho_I$ 和对流层折射改正 $\delta\rho_\tau$ 的影响，可得到载波相位测量的基本观测方程为

$$\phi = \frac{f}{c}\left(\rho - \delta\rho_I - \delta\rho_\tau\right) + fV_a - fV_b - N_0 \tag{9-11}$$

2. 周跳和整周模糊度

在进行 GPS 载波相位测量时，观测值如式(9-10)所示，如果在观测过程中由于障碍物遮挡、信号屏蔽等原因造成了在某个时间段内，计数器中止了正常的累计工作，从而使整周计数比应有值减少了 n 周，当计数器恢复正常工作后，所有的载波相位观测值中的整周计数 $\text{Int}(\phi)$ 因丢失某一量而变得不正确，而载波不足一周的 $\Delta\phi$ 仍然是正确的，这种现象叫做整周跳变，简称周跳。目前，有多项式拟合法等多种方法可以探测周跳值，然而，最根本的方法还是应该在观测时尽量选取有利环境，避免周跳的发生。

除了周跳之外，整周模糊度 N_0 也是影响观测精度的另一主要因素，由于在连续跟踪的载波相位观测值中，均含有相同的 N_0，所以正确确定 N_0 是提高载波相位观测值精度的重要条件。

求解 N_0 最有效的方法之一是将 N_0 当做未知参数参加平差，即在解算基线向量平差计算中一并把基线向量和整周未知数 N_0 解算出来。解算出的 N_0 应是整数，但是由于各种误差的影响，实际上并不是整数而是实数，这时可根据基线的长短分两种情况来处理。

对于短基线应采用整数解，其做法是，首先用卫星的已知位置及修复后整周跳变的"完整"的载波相位或其差分观测值进行平差，求出基线向量及整周未知数 N_0，此时，N_0 的值不一定为整数；然后，采用凑整法、统计检验法等分析方法，把 N_0 固定为整数，并把它作为已知数再进行平差求出基线向量及其方差，取其方差为最小的那一组 N_0 作为整周未知数 N_0 之最后值，此解称为固定实整数解。

对长基线应采用实数解，由于基线长，误差的相关性降低，即使采用差分观测值，许多误差消除得也不完善，故对基线向量及整周未知数都无法估计得很准，这时再将整周未知数 N_0 固定为整数往往无实际意义，在这种情况下通常将实数解作为整周未知数最后解，此称为实数解。

利用这种方法求解整周未知数，为保证解算精度，往往需要做较长时间的观测工作，因此，在静态定位中广泛引用此方法。

9.3.3　绝对定位

绝对定位即利用一台接收机测定该点相对于协议地球质心的位置，也叫单点定位。绝对定位又包括静态绝对定位和动态绝对定位。

1. 静态绝对定位

静态绝对定位是在接收机天线处于静止状态下，测定测站的三维地心坐标，其定位所依

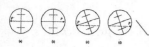

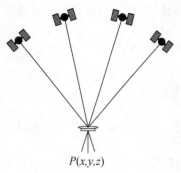

图 9-1　静态绝对定位

据的观测量是卫星至测站间的伪距值。

如图 9-1 所示，静态绝对定位的实质是空间距离后方交会。从理论上来讲，在一个测站上只需要 3 个独立距离观测量即可，即只需在一个点上能够接收到 3 颗卫星即可进行绝对定位。但是由于 GPS 采用的是单程测距原理，同时卫星钟与用户接收机钟又难以保持严格同步，造成观测的测站与卫星之间的距离均含有卫星钟和接收机钟同步差的影响，故又称为伪距离测量。一般地，卫星钟钟差是可以通过卫星导航电文中所提供的相应钟差参数加以修正的，而接收机的钟差一般难以预先准确测定。因此，接收机钟差作为一个位置参数与测站点坐标同步解算，即在一个测站上，为了求解 3 个点位坐标参数和 1 个钟差参数，至少要有 4 个同步伪距观测量，为此，必须至少同步观测 4 颗卫星才能准确定位。

2. 动态绝对定位

动态绝对定位是指接收机天线处于运动状态下，测定接收机天线相位中心的瞬间位置。由于接收机天线处于运动状态，所以天线相位中心的坐标实质上是一个连续变化的量，因此确定每一瞬间坐标的观测方程只有较少的多余观测，甚至于没有多余观测，而且绝对定位一般利用 C/A 码伪距作为观测量，因此其定位精度较低，往往只有十几米到几十米的精度，甚至于低于 100m。因此，动态绝对定位往往只用于精度要求不高的飞机、船舶以及民用车辆等运动载体的导航。

9.3.4　相对定位

GPS 相对定位也叫差分 GPS 定位，是目前 GPS 测量中精度最高的定位方式，广泛地应用于各种测量工作中。所谓相对定位是指在 WGS-84 坐标系中，确定观测站与某一地面参考点之间的相对位置，或者确定两个观测站之间的相对位置的方法。GPS 相对定位分为静态相对定位和动态相对定位两种。

1. 静态相对定位

用两台或多台接收机分别安置在不同的点上，构成多条基线，并保持静止不动，同步观测至少四颗相同的 GPS 卫星，由此确定各条基线端点在协议地球坐标系中的相对位置，这种定位模式称为静态相对定位，如图 9-2 所示。

静态相对定位采用载波相位观测量作为基本观测量，其精度远高于码相关伪距测量，并且采用不同载波相位观测量的线性组合可以有效地削弱卫星星历误差、信号传播误差以及接收机钟不同步误差对定位的影响。而且接收机天线长时间固定在基线端点上，可以保证足够的观测数据，可以准确地确定整周模糊度。这些优点使得静态相对定位可以达到很高的精度，一般可以达到 $10^{-6} \sim 10^{-7}$，如果采用精密星历

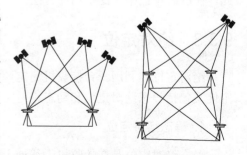

图 9-2　静态相对定位

和轨道改进技术，则定位精度可提高到$10^{-8} \sim 10^{-9}$。

但是静态相对定位观测时间过长是其不可回避的缺点，在仅有 4 颗卫星可以跟踪的情况下，通常要观测 1～1.5 小时，甚至观测更长的时间，从而大大影响了 GPS 定位的效率。

2. 动态相对定位

GPS 动态定位方式操作简单，易于快速定位，工作效率高，然而 GPS 动态绝对定位过程中受到卫星星历误差、卫星钟差、接收机钟差和信号传播误差等因素的影响，定位精度不高，难以满足高精度动态定位的要求，其应用范围受到了很大的限制。

因此，在动态定位的作业中，引入相对定位的方法，形成了动态相对定位法。如图 9-3 所示，动态相对定位是指使用两台或多台 GPS 接收机，将一台接收机安置在地面上固定不动，该接收机称为基准站，另外的一台或多台接收机安置在运动的载体上或在测区内自由移动，其称为流动站，基准站和流动站的接收机同步观测相同的卫星，通过在观测值之间求差，以消除具有相关性的误差，提高定位精度。动态相对定位中，流动站的位置是通过确定该点相对于基准站的相对位置实现的。这种定位方法也称为差分 GPS 定位。

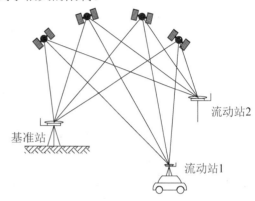

图 9-3　动态相对定位

动态相对定位分为以测距码伪距为观测量的动态相对定位和以载波相位伪距为观测量的动态相对定位。测距码伪距动态相对定位由安置在点位坐标精确已知的基准站接收机测量出该点到 GPS 卫星的伪距 D_i^j，该伪距中包含了卫星星历误差、钟差、大气折射误差等各种误差的影响，由于基准站位置已知，利用卫星星历数据可计算出基准站到卫星的距离 $\widehat{D}_i^j$，$\widehat{D}_i^j$ 中仍包含有相同的卫星星历误差，如果将两个距离求差，即

$$\delta D_i^j = \widehat{D}_i^j - D_i^j \tag{9-12}$$

则 δD_i^j 中包含有钟差、大气折射误差，当运动的用户接收机与基准站相距不太远时，两站的误差具有较强的相关性，因而，如果将距离差值作为距离改正数传送给用户接收机，则用户就得到一个伪距改正值，可有效地消除或减弱一些公共误差的影响。运动用户接收机所在点的三维坐标与卫星之间的距离存在关系：

$$D_k^j - \delta D_i^j = \sqrt{\left(X^j - X_k\right)^2 + \left(Y^j - Y_k\right)^2 + \left(Z^j - Z_k\right)^2} + c \cdot (\delta t_k - \delta t_i) \tag{9-13}$$

在式(9-13)中包含 4 个未知数，即运动接收机在 t 时刻的三维坐标 (X_k, Y_k, Z_k) 及基准站接收机 i 与运动站接收机 k 的钟差之差，当同步观测卫星数不少于 4 颗时，即可求出唯一解，实现动态定位。

以载波相位伪距为观测量的动态相对定位将在后文中详细介绍，此处不再赘述。

动态相对定位根据数据处理方式不同，又可分为实时处理和测后处理。数据的实时处理可以实现实时动态定位，但应在基准站和用户之间建立数据的实时传输系统，以便将观测数据或观测量的修正值实时传输给流动站。数据的测后处理是在测后进行相关的数据处理，以求得定位结果，这种数据处理方法不需要实时传输数据，也无法实时求出定位结果，但可以在测后对所测数据进行详细的分析，易于发现粗差。

9.3.5　差分定位

用载波相位测量进行相对定位是利用相同卫星的相位观测值进行解算，求定基线端点在 WGS-84 坐标系中的相对位置或基线向量，当其中一个端点坐标已知时，则可推算另一个待定点的坐标。

载波相位测量中，包含两类未知参数。一类是必要参数，如测站点的坐标；另一类则是多余参数，如卫星钟和接收机钟的钟差、电离层和对流层的折射改正等。并且多余参数在观测期间随时间的变化而变化，给平差计算带来一定的麻烦。为了解决这一问题，可以按一定的规律对载波相位测量的观测方程进行线性组合，通过求差，即差分，达到消除多余参数的目的。

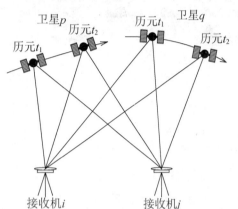

图 9-4　差分定位

如图 9-4 所示，假设基线两端的接收机分别为 i 和 j，对 GPS 卫星 p 和 q，在历元 t_1 和 t_2 进行了同步观测，得到 8 个载波相位观测量 $\phi_i^p(t_1)$、$\phi_i^p(t_2)$、$\phi_i^q(t_1)$、$\phi_i^q(t_2)$、$\phi_j^p(t_1)$、$\phi_j^p(t_2)$、$\phi_j^q(t_1)$、$\phi_j^q(t_2)$。在进行 GPS 相对定位基线解算时，依所用差分观测量的不同，可分为三种形式，即单差、双差和三差。

1. 单差法(Single-Difference，SD)

单差法是将同步观测值之间求一次差值，可以在接收机 i 和 j 间求差、在卫星 p 和 q 间求差、在历元 t_1 和 t_2 间求差，以在接收机 i 和 j 间求差为例，可以得到：

$$\left.\begin{aligned}
\Delta\phi^p(t_1) &= \phi_i^p(t_1) - \phi_j^p(t_1) \\
\Delta\phi^q(t_1) &= \phi_i^q(t_1) - \phi_j^q(t_1) \\
\Delta\phi^p(t_2) &= \phi_i^p(t_2) - \phi_j^p(t_2) \\
\Delta\phi^q(t_2) &= \phi_i^q(t_2) - \phi_j^q(t_2)
\end{aligned}\right\} \tag{9-14}$$

在接收机间求一次差可以消除卫星钟差，而且接收机钟差参数数量减少，卫星星历误差、电离层误差、对流层延迟等的影响也可得以减弱，但并不能消除接收机钟差。

2. 双差法(Double-Difference，DD)

如果取符号 $\Delta\phi^p(t)$、$\nabla\phi_i(t)$、$\delta\phi_i^j(t)$ 分别表示不同接收机之间、卫星之间和不同历元之间的观测量之差，即单差。在单差的基础上进一步差分，就得到二次差值，即双差虚拟观测值。可在接收机和卫星之间、接收机和历元之间、卫星和历元之间求二次差，以接收机与卫星之间的双差为例，表达式为：

$$\nabla\Delta\phi^p(t) = \Delta\phi^p(t) - \Delta\phi^q(t) = \phi_i^p(t) - \phi_j^p(t) - \phi_i^q(t) + \phi_j^q(t) \tag{9-15}$$

在接收机和卫星间求二次差可以消除卫星钟差、接收机相对钟差。在每个历元中双差观测方程的数量均比单差观测方程少一个，而且在计算时由于双差计算参数较少，计算也较为简单，比较适用于机助计算。

3. 三差法(Triple-Difference)

不同历元同步观测同一组卫星所得观测量双差之差，即三差。接收机、卫星与历元之间的三差表达式为

$$\delta\nabla\Delta\phi^k(t) = \nabla\Delta\phi^p(t_2) - \nabla\Delta\phi^p(t_1)$$
$$= \left[\phi_i^p(t_2) - \phi_j^p(t_2) - \phi_i^q(t_2) + \phi_j^q(t_2)\right] \tag{9-16}$$
$$- \left[\phi_i^p(t_1) - \phi_j^p(t_1) - \phi_i^q(t_1) + \phi_j^q(t_1)\right]$$

在卫星、接收机和历元间求三次差时在二次差的基础上进一步消去了整周模糊度参数。三差解是一种浮点解，因此三差方程的几何强度较差。一般在GPS测量中广泛采用双差固定解而不采用三差解，通常仅被当作较好的初始值，或用于解决整周跳变的探测与修复、整周模糊度的确定等问题时才采用三差解。

9.3.6　载波相位实时动态差分定位(RTK)

载波相位实时动态差分定位(Real Time Kinematic，RTK)是实时地处理基准站和流动站载波相位观测量的差分方法。RTK测量系统通常由三部分组成，即GPS信号接收部分(GPS接收机及天线)、实时数据传输部分(数据链，俗称电台)和实时数据处理部分(GPS控制器及其随机实时数据处理软件)。

RTK测量是根据GPS的相对定位理论，将一台接收机固定不动，设为基准站，另一台或几台接收机放在待测点上或处于移动状态，设为流动站。基准站和流动站同步采集相同卫星的信号，基准站在接收GPS信号并进行载波相位测量的同时，通过数据链将其观测值、卫星跟踪状态和测站坐标信息一起传送给流动站。流动站通过数据链接收来自基准站的数据，然后利用GPS控制器内置的随机实时数据处理软件与本机采集的GPS观测数据组成差分观测值进行实时处理，实时给出待测点的坐标、高程及实测精度，并将实测精度与预设精度指标进行比较，一旦实测精度符合要求，手簿将提示测量人员记录该点的三维坐标及其精度。作业时，流动站可处于静止状态，也可处于运动状态；可在已知点上先进行初始化后再进入动态作业，也可在动态条件下直接开机，并在动态环境下完成整周模糊度值的搜索求解。在整周模糊度值固定后，即可进行每个历元的实时处理，只要能保持4颗以上卫星相位观测值的跟踪和必要的几何图形，则流动站就可以随时给出待测点的厘米级精度的三维坐标。

9.3.7　连续运行卫星定位服务综合系统(CORS)

连续运行卫星定位服务系统(Continuous Operational Reference System，CORS)是建立于现代GNSS技术、计算机网络技术、网络化实时定位服务技术、现代移动通信技术基础之上的大型城市定位与导航综合服务网络，是城市"空间数据基础设施"中最为重要的组成部分，也是数字城市多种空间数据采集的基准参考框架，是现代化城市获取和采集各类空间信息的位置、时间和与此相关的动态变化的一种基础设施。

CORS 主要由五个部分组成，即基准站网、数据处理中心、数据传输系统、定位导航数据播发系统、用户应用系统。

基准站网由 CORS 覆盖范围内均匀分布的基准站组成，其主要作用是负责采集 GNSS 卫星观测数据并输送至数据处理中心，同时提供系统完好性监测服务；数据传输系统包括数据传输硬件设备和软件控制模块，主要负责将各基准站数据通过光纤专线传输至监控分析中心；定位导航数据播发系统的主要任务是通过移动网络、UHF 电台、Internet 等形式向用户播发定位导航数据；用户应用系统包括用户信息接收系统、网络型 RTK 定位系统、事后和快速精密定位系统以及自主式导航系统和监控定位系统等。

CORS 由于覆盖面广，操作简单，受到广大用户的普遍欢迎，其主要具有以下特点：

(1) 采用多点连续基站，用户随时可以观测，使用方便，大大提高了工作效率。

(2) 改进了初始化时间、扩大了有效工作的范围。

(3) CORS 中，用户不需架设参考站，真正实现单机作业，减少了费用。

(4) CORS 使用了固定可靠的数据链通信方式，减少了噪声干扰。

(5) 提供远程 Internet 服务，实现了数据的共享。

(6) 拥有完善的数据监控系统，可以有效地消除系统误差和周跳，增强差分作业的可靠性。

(7) 扩大了 GNSS 在动态领域的应用范围，更有利于车辆、飞机和船舶的精密导航。

综上所述，CORS 最大的特点就是将网络化的概念引入大地测量应用中，不仅为测绘行业带来深刻变革，而且也将为现代社会带来新的位置、时间信息的服务模式。因此，目前各国家和地区都在大力发展 CORS 系统，英国、德国、芬兰等国土面积较小的国家均已建成永久性的全国卫星定位网。近年来，我国的深圳、广州、北京、上海、武汉、苏州、南京等城市的 CORS 系统已经相继建成并投入使用，在各个领域均发挥着重要的作用。

9.4 GNSS 测量的误差来源与解决方案

与所有的测量方式相同，GNSS 测量也会产生一系列的误差，这些误差按其性质可以分为偶然误差和系统误差。其中偶然误差不可避免，需要在观测过程中严格遵守操作规程，尽量去减小。而系统误差的影响一般远大于偶然误差，因此，需要对系统误差的产生原因与解决方案进行探讨。

GNSS 测量的系统误差主要分为三类，即与卫星有关的误差、与信号传播有关的误差、与接收机有关的误差。

9.4.1 与卫星有关的误差

GNSS 与卫星有关的误差主要包括卫星星历误差、卫星钟误差及相对论效应的影响等。

1. 卫星星历误差

利用 GNSS 进行定位其基本思想就是根据 GNSS 卫星的瞬时位置，利用距离交会的方法求解接收机所在点的坐标值。而 GNSS 卫星作为动态已知点，它的瞬时位置由卫星星历提供，卫星星历有两种，即预报星历和后处理星历。预报星历又称为广播星历，是指卫星将地面监测站注入的有关卫星轨道的信息，通过发射导航电文传递给用户，用户接收到这些信号进行解码即可获得所需要的卫星星历。广播星历由卫星向用户播发，可用于实时定位。后处理星历又称为精密星历，是一些国家根据自己的卫星跟踪站观测资料，经过事后处理直接计算的卫星星历，其精度优于 5cm，利用精密星历及其他手段进行精密单点定位，精度可达 0.1m。

所以卫星星历的误差实质就是卫星位置的确定误差，即由卫星星历计算得到的卫星空间位置与卫星实际位置之差。它是一种起始数据误差，其大小取决于卫星跟踪站的数量及空间分布状况、观测值的数量及精度、轨道计算时所用的轨道模型及定轨软件的完善程度等。

进行差分定位时，由于观测值之间作差，可以消除部分卫星星历误差；在单点定位时，由于无法消除星历误差的影响，所以卫星星历误差对观测结果的影响较大。

为了减弱卫星星历的影响，可采取以下措施加以解决：

(1) 建立我国自己的卫星跟踪网以便精密定轨，这对保证定位的可靠性和精度都是重要的举措。目前，我国已开始这一项工作，待工程完工后，用户便可在获取卫星广播星历的同时也能获取高精度的精密星历，从而确保了观测精度，满足精密定位的需求。

(2) 采用轨道松弛法，即在平差模型中引入表达卫星位置的附加参数，并参与平差计算，求得测站位置和轨道改正数，从而改善轨道精度。

(3) 采用相对定位差分技术，当两个测站距离较近时，卫星星历误差对两个测站的影响基本相同，如果采用接收机间的单差值则可消除卫星星历误差的影响，这也是目前 GNSS 测量中广泛采用的方法。

2. 卫星钟钟差

GNSS 测量中要求卫星钟和接收机钟保持严格同步，其标准时间由主控站进行监测和控制，并以卫星钟发射的信号作为时间基准和频率基准，尽管卫星装有高精度的原子钟，但它们还会偏离 GNSS 标准时间，由此形成卫星钟钟差。卫星钟钟差包括由钟差、频偏、频漂等产生的误差，也包含钟的随机误差。

经过改正之后，各卫星钟之间的同步差可保持在 20ns 以内，由此引起的等效距离偏差不超过 6m，卫星钟差和经改正后的参与误差则需要采用在接收机间求一次差等方法来进一步消除。

3. 相对论效应

由于卫星钟和接收机钟所处的状态不同，即运动速度和重力位不同，并且分别处于不同的引力场中，由此而引起卫星钟和接收机钟之间产生相对钟误差的现象即为相对论效应。为了改正相对论效应带来的误差，应在卫星钟基准频率(10.23MHz)上加以相对论效应改正。方法是将卫星钟频率先降低一个经精密计算得到的常数(4.449×10^{-10})，然后对卫星钟读数加改正数以顾及小的常数项及周期误差影响部分。因此，相对论效应可得到很好的控制，在一般的工程中可以忽略此项误差的影响。

9.4.2 与信号传播有关的误差

GNSS 与信号传播有关的误差主要包括电离层折射误差、对流层折射误差、多路径效应等。

1. 电离层折射误差

电离层折射误差是指电磁波通过电离层时由于传播速度的变化及传播路线的弯曲而产生的误差。

对载波相位测量来说，电离层引起的时延与沿信号传播路径上的电子含量，即电子密度及使用的频率有关，而电子密度有周日、周年变化的特征，一般来说电子密度白天比夜间高4~5倍，并以11年为一大的变化周期，而且电子密度还与太阳黑子活动及地磁场变化有关。总之，电离层折射与频率、时间及地点等因素密切相关。电离层延迟的影响在天顶方向可达50m，在水平方向可达150m。

电离层折射误差可通过三种途径解决：

(1) 利用电离层改正模型加以修正。该方法利用导航电文中提供的电离层模型加以改正，一般用于单频接收机，可将其影响减少75%左右。

(2) 利用双频接收机观测。对双频接收机码相位测量或载波相位测量，由于电离层对 L_1 和 L_2 两个频率有色散作用，可以利用两个频率的相位观测值求出免受电离层折射影响的相位观测值，经双频观测值改正后，伪距的残差可达厘米级。

(3) 对两个观测站的同步观测量求差。如果两地面点相距 10km 以内，由卫星至两个测站电磁波的传播路径较为相似，因此在求差后电离层折射误差的影响便可以大大减弱。求差后测定的基线长度残差可达 1×10^{-6}。但当基线较长时，电磁波通过电离层的传播路径的相似性较差，测定的基线长度残差仍将较大，故单频接收机仅用于 15km 以内的基线测量。

2. 对流层折射误差

与电离层相比，对流层更靠近地面，大气密度较大并且密度变化较快，大气状况较为复杂。对流层与地面接触并从地面得到辐射热能，其温度随高度的上升而降低。GNSS 信号通过对流层时，也使传播的路径发生弯曲，从而使测量距离产生偏差，这种现象叫作对流层折射。

对流层的折射与地面气候、大气压力、温度和湿度变化等因素都有着密切的关系，所以，对流层对 GNSS 信号传播的影响比电离层折射影响更为复杂。

对流层折射对观测值的影响，可分为干分量与湿分量两部分，干分量主要与大气的温度与压力有关，而湿分量主要与信号传播路径上的大气湿度和高度有关。当卫星处于天顶方向时，对流层干分量对距离观测值的影响，约占对流层影响的90%，且这种影响可以应用地面的大气资料计算。若地面平均大气压为 1013 百帕，则在天顶方向，干分量对所测距离的影响约为 2.3m，而当高度角为 10° 时，其影响约为 20m。湿分量的影响虽数值不大，但由于难以可靠地确定信号传播路径上的大气物理参数，所以湿分量尚无法准确地测定。

减弱对流层折射的影响主要有三种措施，即：

(1) 在测站上测定气象参数，建立对流层模型，计算改正数并加以改正；

(2) 引入描述对流层影响的附加待估参数，将其视作未知数，在数据处理中一并求得；

(3) 对观测量求差，与电离层的影响相类似，当两个测站相距不远时，对流层对卫星信号的影响十分相近，通过对两个观测量求差，即可很大程度上减弱对流层的影响。而当两点距离超过 100km 时，对流层折射的影响成为决定 GNSS 测量精度的主要因素之一，必须要精密测得信号传播路径的大气水汽含量，方可计算改正数对观测值进行精密改正。

3. 多路径效应

如图 9-5 所示，进行 GNSS 测量时，卫星信号有可能会经过测站周围的物体反射后进入接收机天线，这些反射波会与直接来自卫星的信号产生干涉，从而使观测值偏离真值产生误差，这种由于多路径的信号传播所产生的干涉时延效应被称为多路径效应，又称为多路径误差。

多路径效应主要与测站周围的环境有关，并且很难控制。其具有周期性特征，变化幅度可达数厘米。而且在同一测站上，由于周围环境基本保持不变，所以当所测卫星的分布相似时，多路径效应将会重复出现。

目前，尚无有效方法完全消除多路径效应，只能通过以下方法减弱该误差的影响：

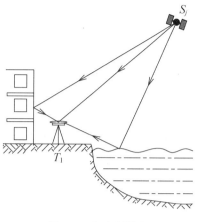

图 9-5　多路径效应

(1) 踏勘选点时仔细选择接收机的安置位置，尽量避开水域、建筑物、大型金属物体等较强的反射面。

(2) 选择造型良好的天线并扩大天线盘，接收机天线中配套扼流圈、抑径板等装置，改进接收效果。

(3) 针对多路径效应的周期性，采用较长观测时间的数据取平均值。

9.4.3　与接收机有关的误差

GNSS 与接收机有关的误差主要包括接收机钟差、天线相位中心偏移误差、观测误差等方面。

1. 接收机钟差

进行 GNSS 定位时要求接收机中的时间与卫星星座中的时间严格统一，为此在每一台 GNSS 接收机中均安装有高精度的石英钟，其日频率稳定度可以达到 10^{-11}，但对载波相位观测的影响仍是不可忽视的。

解决接收机钟差对观测值的影响，最为有效的方法是将接收机钟差当作一个独立的未知参数进行求解。解算时，假定在每一观测瞬间钟差都是相独立的，这一方法广泛应用于实时定位。而在静态绝对定位中，也可将接收机钟差表达为多项式的形式，并在观测量的平差计算中求解多项式的系数。

2. 天线相位中心的偏移误差

在 GNSS 测量时，观测值都是以接收机天线的相位中心位置为准的，而接收机天线的相位中心在理论上应该与其几何中心相一致，确保接收机在安置时能够标石中心、几何中心、相位中心"三心一线"。但是观测时天线的相位中心随着信号输入的强度和方向不同而有所变化，这种差别叫天线相位中心的位置偏差。

在精心设计的电路中，天线相位中心的变化一般很小，当使用同类天线时，在相距不远的两点观测相同卫星图形时，可通过差分方法予以消除。而且，在安置 GNSS 接收机时，应在天线上作统一的指向标志。在架设天线时，天线指向标志应指向同一方向，这样在差分测量时可消除天线相位中心偏差带来的测量误差。

3. 接收机的位置误差

在测量过程中人为原因引起接收机天线几何中心相对测站标石中心位置的偏差，即接收机的位置误差。接收机的位置误差其中包括天线置平和对中误差、量取天线高误差。在精密定位时，要仔细操作，尽量减少人为原因造成的误差影响。在精密工程中应尽量采用有强制对中装置的观测墩。

9.5 GNSS 测量的实施

GNSS 以其速度快、精度高、全天候、不受通视条件限制等优点，在测绘业得到了广泛应用，特别是在控制测量领域，GNSS 已经成为控制测量最主要的方法。利用 GNSS 布设控制网与传统方法的流程相似，也包括技术设计、外业观测、数据处理等几个阶段。

9.5.1 GNSS 级别划分与测量精度

在《全球定位系统(GPS)测量规范》(GB/T 18314—2009)中规定，GNSS 测量按照精度和用途分为 A、B、C、D、E 五个级别，其中，A 级 GNSS 网由卫星定位连续运行基准站构成，其精度应不低于表 9-1 中的要求

表 9-1 A 级 GNSS 网的精度要求

级　别	坐标年变化率中误差		相对精度	地心坐标各分量 年平均中误差/mm
	水平分量/mm	垂直分量/mm		
A	2	3	1×10^{-8}	0.5

B、C、D、E 级网是在 A 级网的基础之上逐级加密布设的，其精度应不低于表 9-2 中的要求。

表 9-2 B、C、D、E 级 GNSS 网的精度要求

级　别	坐标年变化率中误差		相对精度	相邻点间平均距离 /km
	水平分量/mm	垂直分量/mm		
B	5	10	1×10^{-7}	50
C	10	20	1×10^{-6}	20
D	20	40	1×10^{-5}	5
E	20	40	—	3

9.5.2　网形设计与选择

对于城市首级控制网或工程首级控制网来说,一般应选择不低于C级网的标准进行布设。在布设控制网时,应首先进行控制网的技术设计,设计时,需要充分考虑测区概况、已有测量成果、精度要求、卫星状况、接收机数量等因素。

布设时通常要求应与 2 个及 2 个以上国家或地方高等级控制点进行联测,控制网中的长边宜构成大地四边形或中点多边形。控制网应由独立观测边构成一个或若干个闭合环或附合路线,且闭合环或附合路线中的边数不宜多于 6 条,控制网中独立基线的观测总数不宜少于必要观测基线数的 1.5 倍。

利用 GNSS 布网时,常用到以下概念:

(1) 同步观测:两台及两台以上的接收机对同一组卫星进行的观测。

(2) 同步观测环:三台或三台以上的接收机同步观测获得的基线构成的闭合环,简称同步环。

(3) 异步观测环:在构成多边形环路的基线向量中,只要有非同步观测基线,则该多边形环路叫异步观测环,简称异步环。

(4) 独立基线:N 台接收机观测构成的同步环中有 $\frac{1}{2}N(N-1)$ 条同步观测基线,但只有 $N-1$ 条是独立基线。

(5) 非独立基线:除独立基线外的其他基线叫非独立基线。

GNSS 控制网由于不受站间通视性的影响,因此在控制网布设时较为灵活,控制网的布设主要有以下几种方法。

1. 跟踪站式

跟踪站式是指用若干台 GNSS 接收机长期固定在测站上,进行常年不间断观测的方式。采用这种方式布设的控制网有很高的精度和框架基准特性,但观测时间长、成本高,一般只用于国家 A 级网的布设,在城市控制网和工程控制网中一般不采用。

2. 会战式

一次组织多台 GNSS 接收机,集中在短时间内共同作业。在观测时,所有接收机在同一时间里分别在一批测站上观测多天或较长时段,在完成一批点后所有接收机再迁至下一批测站,这种方法被称为会战式布网。这种网的各基线都进行了较长时间和多时段的观测,具有特高的尺度精度,一般在布设 A、B 级 GNSS 网时采用此法。

3. 多基准站式

多基准站式观测模式是指把几台接收机在一段时间内固定在某几个测站上进行长时间观测,作为基准站,另外几台接收机在其余待测点上进行同步观测,作为流动站,如图 9-6 所示。由于基准站的观测时间较长,有较高的定位精度,可起到控制整个 GNSS 网的作用,加上流动站之间不但有自身的基线相连,还与基准站存在同步观测基线,使得 GNSS 网有较好的图形强度。

4. 星形式

星形式布网方式是指用一台接收机作为基准站,在某个测站上进行长时间观测,另外一

台或多台接收机作为流动站在待定点上流动观测，每到一站即开机，结束后即迁，即不要求必须进行同步观测。这样测得的同步基线就构成了一个以基准站为中心的星形，故称星形布网方式，如图 9-7 所示。这种布网方式速度快，工作效率高，但是它的图形强度较弱，不易发现及剔除观测中的粗差，因此精度相对较低，可靠性较差。

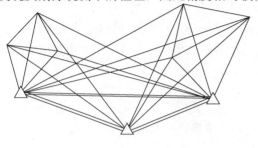

图 9-6　多基准站式观测

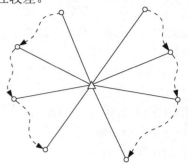

图 9-7　星形式

5. 同步图形扩展式

同步图形扩展式是目前控制网布设中最常用的方法，它是指把多台接收机在不同的测站上进行同步观测，完成一个时段的观测后再把其中的几台接收机搬至下几个测站，在作业时，不同的同步图形之间有公共点相连，直至布满全网。该布网方式操作简单，速度较快，具有较高的图形强度。

根据相邻两个同步图形之间公共点的数量，又可分为点连式、边连式、网连式和混连式四种。

1) 点连式

点连式是指不同的同步网之间仅有一个点相连接的异步网。如图 9-8 所示，利用四台 GNSS 接收机进行同步观测，首先在 A、B、C、D 四点上进行观测，然后再在 D、E、F、G 四点上进行同步观测，两个同步网之间仅有 D 点相连接。

2) 边连式

边连式是指同步网之间由一条基线边相连接的异步网。如图 9-9 所示，利用四台 GNSS 接收机进行同步观测，首先在 A、B、C、D 四点上进行观测，然后再在 C、D、E、F 四点上进行同步观测，两个同步网之间有一条公共基线 CD 相连接。

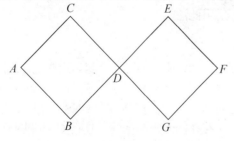

图 9-8　点连式

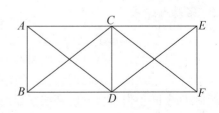

图 9-9　边连式

3) 网连式

网连式是指相邻两个同步图形之间有三个或三个以上的公共点相连接的异步网。如图

9-10 所示，利用四台 GNSS 接收机进行同步观测，首先在 A、B、C、D 四点上进行观测，然后再在 B、C、D、E 四点上进行同步观测，两个同步网之间有三个公共点 B、C、D 相连接。

4) 混连式

在实际工作中，如果控制网规模较大，一般不会单独采用上述某一布网形式，而是根据现场情况灵活采用各种作业形式，即采用混连式方式布网，如图 9-11 所示。

综上所述，同步网之间的连接方式较多，每种连接方式都有其固有的特点，在工作效率、检核条件数量等方面都有较大的差别，在设计 GNSS 网测量方案时，要根据控制网所要求的精度、GNSS 接收机数量、工作效率、测区概况等方面，选择合适的布网方案，达到最佳的测量效果。

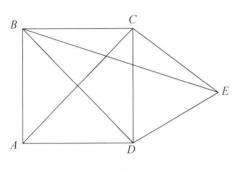

图 9-10　网连式

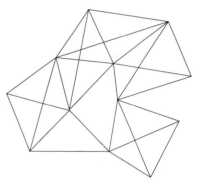

图 9-11　混连式

9.5.3　GNSS 网的踏勘、选点与埋石

与传统方法布设控制网类似，GNSS 网技术设计完成后，需要到现场进行踏勘选点，在充分了解测区概况的基础之上再确定控制点的位置，并埋设标石。

1. 踏勘

现场踏勘时需要详细了解以下信息：

(1) 测区行政归属与地理位置。测区行政归属信息主要包括测区所属的省、市、县、乡(镇)及各级政府所在地；地理位置信息主要包括测区的经纬度与高程及测区所在高斯投影分带的中央子午线。

(2) 测区交通状况。主要包括测区公路、铁路分布状况，以便根据交通状况合理布设点位并安排物资保障。

(3) 测区的气候状况。主要包括测区各季节的平均温度、降水量、雨季时间等信息，为合理安排工期，做好生产防护工作打下基础。

(4) 测区的土质植被状况。主要包括测区植被覆盖状况、植被种类、土质状况、有无滑坡体、水系分布等信息，为点位选择提供参考依据。

(5) 测区的风俗民情。主要包括测区的风俗习惯、宗教禁忌等信息，特别是少数民族聚居区，以避免引起纠纷。

(6) 已有控制点的分布状况及保存情况。主要包括资料上已有的高等级控制点的实地位

置及保存状况，为后续 GNSS 控制点点位的确定打下基础。

(7) 居民点的分布状况。主要包括居民地的位置、类型、人口数量等信息，以便确定测量物资的存储与运输方案以及安排后勤保障。

2. 选点

踏勘结束后，要根据踏勘结果进行合理的网形、网点设计，以确保后续观测工作能够顺利进行。根据《全球定位系统(GPS)测量规范》(GB/T 18314—2009)中的相关规定，GNSS 控制点的点位设置要满足以下主要要求。

(1) 应便于安置接收设备和操作，视野开阔，视场内障碍物的高度角不宜超过 15°，确保建筑物不会遮挡卫星信号。

(2) 应远离大功率无线电发射源(如电视台、电台、微波站等)，其距离不小于 200m，同时要远离高压输电线和微波无线电信号传送通道，其距离不应小于 50m。

(3) 附近不应有强烈反射卫星信号的物件(如大型建筑物、大面积水域等)，以尽量避免多路径效应对测量结果的影响。

(4) 控制点应设置在交通方便之处，并应有利于其他测量手段的扩展和联测，因此，最好要确保控制点能与相邻的 1～2 个点相通视。

(5) 地面基础应稳定可靠，要易于标石的长期保存。

(6) 要充分利用符合要求的已有控制点；当利用旧点时，应检查旧点的稳定性、可靠性和完好性，符合要求方可利用。

(7) 选站时应尽可能使测站附近的局部环境(地形、地貌、植被等)与周围的大环境保持一致，以减少气象元素的代表性误差。

(8) 点位选定好，应按规定的时限与要求绘制点之记，其主要内容应包括点位文字说明与略图、点位交通状况及选点情况等。

(9) 需要水准联测的 GNSS 点，应实地踏勘水准路线情况，选择联测水准点并绘出联测路线图；点位周围有高于 10° 的障碍物时，应绘制点的环视图。

当全部选点工作完成后应上交 GNSS 网点点之记、环视图、选点图、选点工作总结等资料。当测区较小时，通常选点、埋石与观测一起完成，此时可以用展点图来代替。

3. 埋石

GNSS 控制点点位选定之后，要根据不同的等级埋设不同类型的标石，GNSS 点的标石类型可以分为基岩标石、基本标石和普通标石。基岩标石主要用于 A 级网，其又可分为基岩天线墩、一般基岩标石、土层观测墩、岩层天线墩等类型；基本标石主要用于 A、B 级网，其又可分为岩层基本标石、冻土基本标石、沙丘基本标石、一般标石等类型；普通标石是应用最为广泛的标石，主要用于 B～E 级网，其又可分为岩层标石、建筑物上标石等类型。

各种类型的标石应设有中心标志，基岩和基本标石的中心标志应用铜或不锈钢制作，普通标石的中心标志可用铁或坚硬的复合材料制作。标志中心应刻有清晰、精细的十字线或嵌入不同颜色金属创作的直径小于 0.5mm 的中心点。用于区域似大地水准面精化的 GPS 点，其标志还应满足水准测量的要求。

根据《全球定位系统(GPS)测量规范》(GB/T 18314—2009)中的相关规定，在埋设 GNSS

点标石时，应注意以下问题：

(1) 标石应该用混凝土灌制，在有条件的地区，也可用整块花岗石、青石等坚硬石料凿制。

(2) 埋设天线墩、基岩标石、基本标石时，应现场浇灌混凝土，而普通标石可预先制作，然后运往各点埋设。

(3) 埋设标石时须使各层标志中心严格在同一铅垂线上，其偏差不应大于 2mm。

(4) 埋石所占土地，应经土地使用者或管理部门同意，并办理相应手续。新埋标石时应办理测量标志委托保管书，一式三份，交标石的保管单位或个人、上交和存档各一份。利用旧点时需对委托保管书进行核实，若委托保管情况不落实应重新办理。

(5) B、C 级 GNSS 网点标石埋设后，至少需经过一个雨季，冻土地区至少需经过一个冻解期，基岩或岩层标石至少需经一个月后，方可用于观测。

标石埋设完成后，需要上交完整的 GNSS 点之记、测量标志委托保管书、建造标石所拍摄的照片、埋石工作总结等资料。

9.5.4　GNSS 外业观测

GNSS 的外业观测方法与定位方式有关，定位方式不同，外业观测方法也有很大的差别，目前工程中常用的定位方式主要有静态数据采集、RTK 测量和 CORS 测量三种形式。

1. 静态数据采集的观测方法

目前 GNSS 接收机的自动化程度比较高，静态数据采集的外业测量工作比较简单。每台接收机安置于一个控制点上，安置的过程就是仪器对中整平的过程，安置时应注意使天线的定向标志线指向正北，一般要求定向误差不大于±5°。安置后，应在每个观测时段前后各量取一次天线高。接收机开机后应切换至静态工作模式。

一个观测时段的静态数据采集全部由接收机自动完成，并记录在存储卡内，所记录的信息包括载波相位观测值、伪距观测值、GNSS 卫星钟时间、GNSS 接收机钟时间、GNSS 卫星星历、卫星钟差参数、测站初始信息等。

在数据采集过程中，应注意以下问题：

(1) 各测站上的接收机要统一调度，听从统一的命令，按照规定的时间开关机。

(2) 启动接收机之前应仔细检查接收机电源是否已安置、线路连接是否准确、接收机状态是否正常等。

(3) 接收机开始观测并记录后，应该注意查看卫星数量、存储卡状态、接收机电池电量、水准气泡位置等仪器状态，出现异常状况及时处理。

(4) 在一个观测时段中，接收机不得关闭和重新启动，不得改变卫星高度角的限值，不能改变天线高，不得触碰天线或遮挡天线。

(5) 在进行长距离或高精度 GNSS 测量时，应该在观测前后测量气象元素，如果一个时段时间较长，还应该在观测中加测气象元素。

(6) 经过认真检查，确认全面完成了规定的作业项目并符合规范要求，记录和资料完整无误后方可迁站。

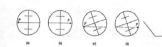

(7) 观测员要细心操作，观测期间防止仪器震动，防止人员和其他物体触碰天线或遮挡信号，观测期间要尽量避免在 50m 内使用电台，尽量避免在 10m 内使用对讲机或通信设备。

(8) 每日观测结束后，应该及时地将接收机内存或存储卡中的数据传输至计算机中，同时检查数据的完整性和正确性，确保数据准确无误的保存在计算机中之后，应及时删除接收机中的数据，以确保下次观测时接收机中有足够的存储空间。

2. 实时动态测量(RTK)的观测方法

利用 RTK 测量时在基准站上安置一台 GNSS 接收机，并在整个作业期间保持不动，对所有可见 GNSS 卫星进行连续观测，并将其观测数据通过无线电传输设备实时的发送给流动站。在流动站上，GNSS 接收机不仅接收 GNSS 卫星的信号，同时也通过无线电传输设备接收基准站传输的观测数据，然后根据相对定位的原理实时计算流动站的三维坐标并评定精度。

RTK 测量的主要工作流程如下：

(1) 架设基准站，并将电台与基准站相连接。

(2) 基准站的 GNSS 接收机开机，并设为 RTK 基准站模式，连接观测手簿，设置基准站的电台频率、数据接口等参数。

(3) 流动站上将 GNSS 接收机与电台相连接，接收机开机并设为 RTK 流动站模式，连接观测手簿，设置成与基准站相同的电台频率、数据接口等参数。

(4) 在流动站观测手簿内建立工程，并设置椭球参数和投影参数等。

(5) 在测区范围内采集不少于四个已知点，利用其已知坐标与 GNSS 坐标求解转换参数。

(6) 在待定点上安放流动站，获得固定解后储存测量坐标，完成一个点的测量工作。

利用 RTK 方法进行测量时，需要注意以下问题：

(1) 基准站应选择在地势较高、对天通视良好、周围无高大建筑、无密集树木的地点，以免有障碍物遮挡卫星信号。

(2) 基准站要远离微波塔、通信塔等大型电磁发射源 200m 外，要远离高压输电线路、通信线路 50m 外。

(3) 观测员要密切注意基准站的工作状态，对出现的不正常状态要及时处理，并通知流动站观测员，避免出现观测错误。

(4) 流动站观测时一定要在固定解的状态下存储点位，以避免定位精度不高的状况发生；

(5) 在信号受影响的点位，为提高效率，可将仪器移到开阔处或升高天线，待数据链锁定后，再小心无倾斜地移回待定点或放低天线。

(6) 流动站作业过程中在穿越树林、灌木林时，应注意天线和电缆勿挂破、拉断，保证仪器安全。

(7) 流动站与基准站之间要保持适当的距离，一般在 15km 以内，以避免由于距离过远造成电台无法传输数据而无法定位的现象发生。

3. 连续运行参考站系统(CORS)的观测方法

连续运行参考站系统(CORS)是近年来城市 GNSS 应用的发展热点之一，它是卫星定位技术、计算机网络技术、数字通讯技术等高新科技多方位、深度结晶的产物。目前，广东、北京、江苏等省或直辖市、深圳、武汉、昆明等地级市已经建立完成或初步建成各自的 CORS 系统，并投入使用，在城市控制网的布设及工程建设中发挥着重要的作用。

利用 CORS 进行外业观测时，无须设立基准站，只须一台 GNSS 接收机作为流动站即可。在流动站中输入 CORS 相关参数后接入 CORS，然后保持 GNSS 接收机天线保持稳定，进行初始化工作，获得固定解后在待定点上稳定观测 2～5s，并记录观测数据。当精度要求较高或利用 CORS 布设控制网时，也可以采用多次观测取平均值的方法，以提高点位的测量精度。

利用 CORS 进行外业观测时需要注意以下问题：

(1) 应确认所使用的 GNSS 接收机是否支持 CORS，并且必须具备网络通信功能。

(2) 使用前需要到 CORS 管理中心申请使用账户，账户信息主要包括用户名、密码、IP 地址、端口、源列表等。

(3) 流动站初始化时要求三维位置精度因子(PDOP 值)不大于 6，卫星高度截止角不小于 6°，有效的观测卫星数不少于 6 颗，并且初始点要避开隐蔽地带、成片水域和强电磁波干扰源附近。

(4) 如果 CORS 所采用的坐标系统与实际需要的坐标系统不一致，数据采集完成后则需要进行坐标系统的换算。

(5) 流动站要尽量避开障碍物的遮挡，避开强磁场、强电场的干扰，要在 CORS 覆盖的范围内使用。

9.6　GNSS 的数据处理

与其他测量方式相同，GNSS 外业测量结束之后要进行内业的数据处理工作，而 RTK 和 CORS 模式测量所得的数据基本无须再次进行处理，所以 GNSS 的数据处理主要针对静态数据采集。

GNSS 的数据处理工作量巨大，而且处理过程复杂，所以目前的 GNSS 数据处理一般都是利用 GNSS 接收机自带的数据处理软件或商业软件自动完成。故本书重点介绍数据处理的步骤与方法，不针对数学模型的解算进行深入研究。

GNSS 数据处理的主要包括数据的预处理、基线向量的解算、基线网的平差计算、坐标系统转换等。

9.6.1　数据的预处理

GNSS 数据预处理的主要目的是净化观测值，去除无效数据，将各类数据形成标准化格式的平差计算所需要的文件。预处理所采用的模型、方法的好坏将直接影响观测成果的质量，其主要工作内容有以下几方面：

(1) 数据的传输。其主要工作是将 GNSS 接收机中的观测数据传输至计算机的磁盘上或者其他储存介质上，以便于数据的处理和保存。

(2) 数据的分流。该项工作是从原始记录中，通过解码将各项数据分类整理，剔除无效观测值和冗余信息，形成各种数据文件，如星历文件、观测文件和测站信息文件等。

(3) 数据的平滑滤波。该项工作是对观测数据进行平滑滤波检验，根据检验结果剔除粗差，删除无效数据。

(4) 统一数据文件格式。该项工作是将不同类型接收机的数据记录格式、项目和采样间隔，统一为标准化的文件格式，以便统一处理。

(5) 卫星轨道的标准化。为了统一不同来源卫星轨道信息的表达方式，和平滑 GPS 卫星每小时更新一次的轨道参数，一般采用多项式拟合法，使观测时段的卫星轨道标准化，以简化计算工作，提高定位精度。

(6) 探测周跳，确定整周未知数。该项工作主要是采用曲线拟合等数学方法探测并修复整周跳变，同时确定整周未知数。

(7) 对观测值进行各项必要的改正。该项工作主要对观测值进行电离层折射改正和对流层折射改正，而且要求改正后的观测值文件必须标准化，包括记录格式标准化、记录类型标准化、记录项目标准化、采样密度标准化、数据单位标准化等，形成标准化的观测值文件后，可直接输入数据处理软件进行平差计算。

9.6.2 GNSS 测量的重测和补测

GNSS 观测受到外界因素的影响较大，而且往往在外业观测过程中难以发现超限项目，所以内业数据处理时首先要判断数据的有效性和完整性，如果数据超限或不完整，则需要进行重测或补测。在《全球定位系统(GPS)测量规范》(GB/T 18314—2009)中规定，若发生以下情况，应进行重测或补测。

(1) 未按施测方案要求，外业缺测、漏测，或数据处理后，观测数据不满足表 9-3 中的规定时，有关成果应及时补测。

表 9-3　GNSS 网观测的基本技术要求

项　目	B 级网	C 级网	D 级网	E 级网
卫星截止高度角/°	10	15	15	15
同时观测有效卫星数	≥4	≥4	≥4	≥4
有效观测卫星总数	≥20	≥6	≥4	≥4
观测时段数	≥3	≥2	≥1.6	≥1.6
时段长度	≥23h	≥4h	≥1h	≥40min
采样间隔/s	30	10～30	5～15	5～15

(2) 一个控制点上没有与 2 条合格独立基线相连接，则在该点上应补测或重测不少于 1 条独立基线。

(3) 对需补测或重测的观测时段或基线，要具体分析原因，在满足要求的前提下，尽量安排一起进行同步观测。

(4) 补测或重测的分析应写入数据处理报告。

(5) 一个测站多次重测仍不能满足各项限差规定时，可按技术设计要求另增选新点进行重测。

重测或补测工作完成后需要对观测值重新进行平差计算。

9.6.3　基线向量解算

GNSS 基线解算的过程实质上是一个平差的过程，所采用的观测值一般为双差观测值。基线解算一般分为三个阶段进行，即第一阶段进行初始平差，解算出实数形式的整周未知数参数和基线向量的实数解，即浮动解；第二阶段将实数形式的整周未知数固定成整数；第三阶段将确定了的整周未知数作为已知值，仅将待定的测站坐标作为未知参数，再次进行平差解算，求出基线向量的最终解，即整数解，也就是固定解。

基线向量一般采用接收机和卫星间求二次差的模型进行解算，如式(9-15)所示。所以，双差法的基线向量解算其观测量为站、星二次差分观测值，未知量为测站间的基线向量，以此列出误差方程式，并组成法方程式。

假设测站 i,j 的坐标分别为 (x_i, y_i, z_i) 和 (x_j, y_j, z_j)，在任意历元 t_1 对测站和卫星 p,q 求解双差，列立线性误差方程。当两个测站同步观测了 s 个卫星，则可列出 $s-1$ 个误差方程，相应要引入 $s-1$ 个初始整周未知数，即 t_1 历元共有 $(s-1)+3$ 个未知数。若测站 i,j 对所有卫星进行了 n 次连续观测，则总共有 $m = n(s-1)$ 个误差方程。

若将所有误差方程写成矩阵形式，则有：

$$V = AX + L \tag{9-17}$$

式中：

$$\left.\begin{aligned}
V &= (v_1 \quad v_2 \quad \cdots \quad v_m)^{\mathrm{T}} \\
X &= (\delta_x \quad \delta_y \quad \delta_z \quad \delta_{N_1} \quad \delta_{N_2} \quad \cdots \quad \delta_{N_{m-1}})^{\mathrm{T}} \\
L &= (\omega_1 \quad \omega_2 \quad \cdots \quad \omega_m)^{\mathrm{T}}
\end{aligned}\right\} \tag{9-18}$$

A 为 $m \times [(s-1)+3]$ 阶的误差方程系数阵。

设各类双差观测值等权且彼此独立，即权阵 P 为一单位阵，于是可组成法方程：

$$NX + B = O \tag{9-19}$$

式中，$N = A^{\mathrm{T}}A$，$B = A^{\mathrm{T}}L$。

可以解得：

$$X = -N^{-1}B = -(A^{\mathrm{T}}A)^{-1}(A^{\mathrm{T}}L) \tag{9-20}$$

基线向量平差值为：

$$\left.\begin{aligned}
\Delta x_{ij} &= \Delta x_{ij}^0 + \delta_{x_{ij}} \\
\Delta y_{ij} &= \Delta y_{ij}^0 + \delta_{y_{ij}} \\
\Delta z_{ij} &= \Delta z_{ij}^0 + \delta_{z_{ij}}
\end{aligned}\right\} \tag{9-21}$$

同时也可得到基线长度平均值和整周未知数平差值。

为了评定基线向量的精度，可用常规方法计算单位权中误差 m_0，并取协因数阵 N^{-1} 的相应对角元素 $Q_{x_i y_i}$，按下式计算任一分量中误差：

$$m_{xi} = m_0 \sqrt{Q_{x_i x_i}} \tag{9-22}$$

9.6.4　基线向量网的平差

在实际工作中，当 GNSS 接收机的数量为三台或多于三台时，在同一观测时段中，便会在多个测站上产生同步观测网，该网称为 GNSS 基线向量网。GNSS 基线向量网的平差是以 GNSS 基线向量为观测值，以其方差阵的逆阵为权，进行平差计算，消除许多图形闭合条件不符值，求定各 GNSS 网点的坐标并进行精度评定。

GNSS 基线向量网的平差可以分为经典自由网平差、非自由网平差、GNSS 网与地面网的联合平差三类。

1. 经典自由网平差

经典的自由网平差，又称为无约束平差，平差时固定网中某一点的坐标，平差的主要目的是检验网本身的内部符合精度以及基线向量之间有无明显的系统误差和粗差，同时为用 GNSS 大地高与公共点正高或正常高联合确定 GNSS 网点的正高或正常高提供平差处理后的大地高程数据。

GNSS 基线向量提供的尺度和定向基准属于 WGS-84 的地心坐标系，进行三维无约束平差时，需要引入位置基准，引入的位置基准不应引起观测值的变形和改正。引入位置基准的方法有三种，一种是网中有高级的 GNSS 点时，将高级 GNSS 点的坐标作为网平差时的位置基准；第二种方法是网中无高级 GNSS 点时，取网中任一点的伪距定位坐标作为固定网点坐标的起算数据；第三种方法是引入合适的近似坐标系统下的亏秩自由网基准。一般 GNSS 自由网平差均采用前两种方法。

2. 非自由网平差

非自由网平差，又称为约束平差，平差时以国家大地坐标系或地方坐标系的某些点的坐标、边长和方位角为约束条件，顾及 GNSS 网与地面网之间的转换参数进行平差计算，其平差结果属于国家统一坐标系统。

实际应用中以国家坐标系或地方坐标系的一个已知点和一个已知基线的方向作为起算数据，平差时将 GNSS 基线向量观测值及其方差阵转换到国家坐标系或地方坐标系的二维平面或球面上，然后在国家坐标系或地方坐标系中进行二维约束平差。转换后的 GNSS 基线向量网与地面网在一个起算点上位置重合，在一条空间基线方向上重合。这种转换方法避免了三维基线网转换成二维向量时地面网大地高不准确引起的尺度误差和变形，保证 GNSS 网转换后整体及相对几何关系的不变性。转换后，二维基线向量网与地面网之间只存在尺度差和残余的定向差，因而进行二维约束平差时只要考虑两网之间的尺度差参数和残余定向差参数。

3. 联合平差

当地面网除了已知数据，如已知点坐标、已知边长和已知方位角以外，还有常规观测值，如方向、边长等，则将 GNSS 基线向量观测值与地面网的已知数据和常规观测值一起进行的平差叫作 GNSS 基线向量网与地面网联合平差。

联合平差可以两网的原始观测量为根据，也可以两网单独平差的结果为根据。平差时，引入坐标系统的转换参数，平差的同时完成坐标系统的转换。

9.6.5　坐标系统的转换

　　GNSS 测量直接获得的坐标值为 WGS-84 坐标系统下的坐标，而在工程建设或城市控制网布设过程中往往采用国家大地坐标系或地方坐标系中的坐标，因此，必须明确 GNSS 网平差采用的坐标系统和起算数据，即 GNSS 网的平差基准。根据 GNSS 网的平差基准即可进行相应的坐标转换，GNSS 的平差基准包括位置基准、尺度基准和方位基准。

　　位置基准一般是由给定的已知点坐标确定。所布设的 GNSS 网的成果与原有成果的吻合程度与起算点个数与起算点的分布有关，起算点越多吻合程度越高，一般情况下，至少需要三个起算点，而且已知点应均匀分布于控制范围内。如果要求所布设的 GNSS 网的成果是独立的，则只要有一个起算点即可。同时，在确定 GNSS 的位置基准时，应注意已知点之间的兼容性。

　　尺度基准一般由高精度电磁波测距边长确定，数量可视测区大小和网的精度要求而定。电磁波测距边长可设置在网中任何位置，也可由两个以上起算点之间的距离确定，或者由 GNSS 基线向量确定。

　　方位基准一般以给定的起算方位角确定，起算方位不宜太多，可布置在网中任何位置，也可由 GNSS 向量的方位而定。

习　　题

　　1. 名词解释：全球导航卫星系统；伪距；载波相位测量；整周跳变；整周模糊度；绝对定位；相对定位；差分定位；载波相位实时动态差分定位(RTK)；连续运行卫星定位服务综合系统(CORS)；多路径效应；同步环；异步环；独立基线；非独立基线。

　　2. 目前已经投入使用或正在建设的卫星系统有哪几套？分别介绍其概况。

　　3. GNSS 系统由哪几部分组成？各自的主要作用是什么？

　　4. 伪距法定位和载波相位法定位的基本原理是什么？

　　5. 利用 GNSS 定位时最少需要观测几颗卫星？为什么？卫星在空中的分布对 GNSS 定位精度有何影响？

　　6. 什么是差分定位？差分定位包括哪几种情况？各种差分方法主要可以消除或减弱哪些误差的影响？

　　7. RTK 和 CORS 有哪些共同点和不同点？

　　8. GNSS 测量中有哪些主要的误差来源？在作业中应该采取哪些措施来减弱其影响？

　　9. GNSS 测量按照精度和用途可以分为哪几个级别？各个级别的主要精度要求有哪些？

　　10. GNSS 控制网有哪几种主要的布设形式？各种形式各有哪些优缺点？

　　11. GNSS 控制网在踏勘选点时应注意哪些问题？

　　12. GNSS 静态数据采集一般应进行哪些主要工作？

　　13. 简述 RTK 测量的主要工作流程，在观测过程中应注意哪些问题？

　　14. GNSS 测量的数据处理一般包括哪些主要工作？简述数据处理流程。

参 考 文 献

[1] 孔祥元，郭际明. 控制测量学(第 3 版)(上册)[M]. 武汉：武汉大学出版社，2006.

[2] 孔祥元，郭际明. 控制测量学(第 3 版)(下册)[M]. 武汉：武汉大学出版社，2006.

[3] 田林亚，岳建平，梅红. 工程控制测量[M]. 武汉：武汉大学出版社，2011.

[4] 李玉宝，沈学标，吴向阳. 控制测量学[M]. 南京：东南大学出版社，2013.

[5] 杨国清. 控制测量学(第 2 版)[M]. 郑州：黄河水利出版社，2010.

[6] 孔祥元，郭际明，刘宗泉. 大地测量学基础[M]. 武汉：武汉大学出版社，2005.

[7] 施一民. 现代大地控制测量[M]. 北京：测绘出版社，2003.

[8] 武汉测绘学院控制测量教研组，同济大学大地测量教研室. 控制测量学(上册)[M]. 北京：测绘出版社，
    1986.

[9] 武汉测绘学院控制测量教研组，同济大学大地测量教研室. 控制测量学(下册)[M]. 北京：测绘出版社，
    1986.

[10] 宁津生，陈俊勇，李德仁，刘经南，张祖勋. 测绘学概论(第 2 版)[M]. 武汉：武汉大学出版社，2008.

[11] 刘玉梅，王井利. 工程测量[M]. 北京：化学工业出版社，2011.

[12] 顾孝烈，鲍峰，程效军. 测量学(第 4 版)[M]. 上海：同济大学出版社，2011.

[13] 合肥工业大学，重庆建筑大学，天津大学，哈尔滨建筑大学. 测量学(第 4 版)[M]. 北京：中国建筑工
    业出版社，1995.

[14] 王侬，过静珺. 现代普通测量学(第 2 版)[M]. 北京：清华大学出版社，2009.

[15] 武汉大学测绘学院测量平差学科组. 误差理论与测量平差基础(第 2 版)[M]. 武汉：武汉大学出版社，
    2012.

[16] 徐绍铨，张华海，杨志强. GPS 测量原理及应用(第 3 版)[M]. 武汉：武汉大学出版社，2008.

[17] 张勤，李家权. GPS 测量原理及应用[M]. 北京：科学出版社，2005.

[18] 祝国瑞. 地图学[M]. 武汉：武汉大学出版社，2004.

[19] 蔡孟裔，毛赞猷，田德森，周占鳌. 新编地图学教程[M]. 北京：高等教育出版社，2000.

[20] 周秋生. 测量控制网优化设计[M]. 北京：测绘出版社，1992.

[21] 工程测量规范(GB50026—2007). 北京：中国计划出版社，2007.

[22] 城市测量规范(CJJ/T 8—2011). 北京：中国建筑工业出版社，2011.

[23] 全球定位系统(GPS)测量规范(GB/T 18314—2009). 北京：中国建筑工业出版社，2009.

[24] 国家三、四等水准测量规范(GB/T 12898—2009). 北京：中国建筑工业出版社，2009.

[25] 国家一、二等水准测量规范(GB/T 12897—2006). 北京：中国建筑工业出版社，2006.

[26] 三、四等导线测量规范(CH/T 2007—2001). 北京：测绘出版社，2003.